Schöne Fragen aus der Geometrie

Jürgen Bokowski

Schöne Fragen aus der Geometrie

Ein interaktiver Überblick
über gelöste und noch offene
Probleme

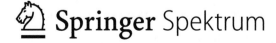

Jürgen Bokowski
Fachbereich Mathematik
Technische Universität Darmstadt
Darmstadt, Deutschland

ISBN 978-3-662-61824-0   ISBN 978-3-662-61825-7   (eBook)
https://doi.org/10.1007/978-3-662-61825-7

Die Deutsche Nationalbibliothek verzeichnet diese Publikation in der Deutschen Nationalbibliografie; detaillierte bibliografische Daten sind im Internet über http://dnb.d-nb.de abrufbar.

Springer Spektrum ist ein Imprint der eingetragenen Gesellschaft Springer-Verlag GmbH, DE und ist ein Teil von Springer Nature.
Die Anschrift der Gesellschaft ist: Heidelberger Platz 3, 14197 Berlin, Germany

Für **Barbara Maria Martha Alma** *und*
unsere Kinder mit ihren Ehepartnern:
Boris mit Petra und Julia mit Rainer
und für unsere sieben Enkel:
Kira Malou,
Josephine Katharina Marie,
Felix Kolia,
Leonhard Paul Ferdinand,
Finn Bennet,
Wanja Marlin,
Konstantin Carl Theodor

Vorwort

Auf die Frage, was ich beruflich mache, möchte ich gerne ausführlich antworten, aber mein Gegenüber hat in der Regel nur die Schulmathematik als mathematisches Hintergrundwissen. Besonders bei interessiertem Nachfragen, möchte ich gerne mehr über offene Fragen in der Geometrie berichten, ohne den Gesprächsstoff fachspezifisch werden zu lassen. Dieser Wunsch kann als mein Ausgangspunkt angesehen werden, einige Kapitel über forschungsrelevante Fragen in der Mathematik aufzuschreiben mit dem Ziel, dass fachfremde Personen sie verstehen können. Natürlich bleiben die Aussagen auch für an der Mathematik begeisterte Leser relevant. Zu vielen Aspekten mathematischer Erklärungen habe ich Modelle angefertigt. Sie unterstützen den Einstieg in die Welt der Geometrie. Zum Text finden die Leser zahlreiche Bilder und oft wird das Verständnis der dargestellten Zeichnungen und Modelle zusätzlich durch Filme auf YouTube gefördert. So wie ein Zeitungsleser aus vielen Bereichen ohne Spezialwissen Informationen aufnimmt, wünsche ich mir, dass viele Leser große Teile des Textes verstehen, wobei sie sich so fühlen sollten, wie sich Zoobesucher an Tieren erfreuen, die sie erstmalig sehen. Mein Wunsch, Teile der Geometrie verständlich erklärt zu haben, mag nicht immer in Erfüllung gehen, aber ich habe jedenfalls versucht, das Niveau niedrig zu halten durch Verzicht auf Beweise und durch Unterstützung durch viele Zeichnungen, Modelle und Filme.

Darmstadt, Mai 2020   *Jürgen Bokowski*

Danksagung

Die fast dreißig mathematisch motivierten Keramik-Modelle des Autors wurden über viele Jahre vom Autor selbst im Töpferatelier von Gabriela Hein in Wiesbaden gefertigt. Ihr gebührt mein herzlicher Dank für die stete beratende Unterstützung, um meine mathematischen Ideen zur Form, eine Keramikversion werden zu lassen. Der Wechsel von der sonstigen Fertigung von Objekten der Teilnehmer an den Töpferkursen von Gabriela Hein zu den ihr ungewöhnlichen Formen aus der Mathematik führte in der Anfangsphase bis hin zum letzten Modell immer wieder zu Streitgesprächen von der Art *Das geht so nicht* bis zum gefeierten Ergebnis: *Es gab beim Brennen keine Probleme.* Für die mir dadurch ermöglichten Ausstellungen der Modelle in Darmstadt, Ungarn, Österreich und Slowenien und vor allem für die Verwendung der Modelle in dieser Monografie danke ich ihr außerordentlich herzlich.

Für die gewissenhafte Durchsicht des gesamten Textes mit ihrem mathematischen Hintergrundwissen danke ich sehr herzlich meiner ehemaligen Doktorandin Frau Dr. Susanne Mock. Herzlichen Dank lieber Leonhard für die Hilfe bei der Produktion einiger Filme mithilfe der komplexen Software Blender. Deine kompetente Unterstützung hat mir viel Zeit erspart. Die ständige Begleitung während der Entstehung des Buches durch Frau Dr. Annika Denkert und später auch durch Frau Janina Krieger war mir eine sehr hilfreiche Unterstützung bei der Copyrightproblematik und bei allen weiteren Aspekten, die zu einem erfolgreichen Gelingen des Manuskriptes führten.

Jürgen Bokowski

Inhaltsverzeichnis

Kapitel 1
Einleitung

Zusammenfassung Große Teile der Mathematik sind nur für wenige Experten verstehbar. Daher wird der Öffentlichkeit wenig über forschungsrelevante Aspekte der Mathematik vermittelt. Kann man als Mathematiker eine Auswahl von Forschungsproblemen aus der Mathematik oder einige interessante Anwendungsbeispiele der Mathematik einem Abiturienten erklären, wenn die Mathematik-Kenntnisse aus der Schule eher verblasst sind? Kann man einem Mathematik-Lehrer einige ungelöste Probleme aus der Mathematik erklären, die zur Beschreibung nur den Einsatz elementarer Begriffe aus der Mathematik erfordern? Dann könnte er solche Probleme auswählen, die er für einen möglichen Einsatz in der Schule einstuft. Das vorliegende Buch möchte Antworten auf diese Fragen geben. Die Fülle der standardmäßig an Universitäten für alle Fachbereiche vermittelten Kenntnisse der Mathematik müssen anderen Lehrwerken vorbehalten bleiben. Bei Problemen aus der Geometrie sollen meine Modelle und viele Abbildungen helfen, einen schnellen Zugang zu ausgewählten Problemen der Geometrie zu finden.

1.1 An wen wendet sich das Buch?

Ich wende mich mit dem Buch an Leser, die (noch) keine Experten auf dem Gebiet der Geometrie sind. In der Regel werde ich den unter Mathematikern üblichen Wunsch, zu den Aussagen auch Beweise zu liefern, nicht erfüllen. Ich möchte aktuelle und vor allem ungelöste Probleme beschreiben, ohne die Leser zu überfordern. Der Verzicht auf Beweise soll die Lesbarkeit verbessern. Es bleibt dennoch genug aus der Geometrie zu berichten. Das Buch soll einen verständlichen Überblick über einen Teil der Geometrie geben und dafür sind mathematische Beweise in der üblichen Form nicht notwendig (oder hilfreich).

Teile des Buches sind aus meiner Sicht für einen interessierten Zeitungsleser geeignet, der Zeitungsartikel zur Mathematik vermisst hat. Insbesondere soll eine Auswahl forschungsrelevanter Probleme aus der Geometrie mit elementaren Methoden so beschrieben werden, dass der Leser mit einer geringen eher spielerischen Erweiterung seiner Schulmathematik in die Lage versetzt wird, sich eine Vorstellung von der Arbeit eines Geometers zu verschaffen.

Zusatzmaterial online
Zusätzliche Informationen sind in der Online-Version dieses Kapitel (https://doi.org/10.1007/978-3-662-61825-7_1) enthalten.

Wenn sich ein Leser unserer Zeit für ungelöste Probleme der Mathematik interessiert, dann wird er im Internet unter Wikipedia eine Antwort suchen. Unter den Stichworten *Ungelöste Probleme in der Mathematik* oder *List of unsolved problems in mathematics* findet er dazu viele kompetente Aspekte. Aber selbst ein forschender Mathematiker bleibt danach erstaunt, in wie wenig der angesprochenen Fälle er dazu einen verständlichen und kompetenten Kommentar für einen interessierten Nicht-Spezialisten liefern kann. Immerhin der Eindruck verbleibt, dass es eine große Anzahl ungelöster Probleme in der Mathematik gibt, eine eher unbekannte Tatsache für einen an der Wissenschaft interessierten Menschen. Unter Wikipedia finden wir: *Im Prinzip lassen sich beliebig viele ungelöste mathematische Probleme beschreiben.* Die Beschränkung auf mathematische Probleme, die der Geometrie zugeordnet werden können, ändert an dieser Aussage wenig, aber in diesem Teilgebiet der Mathematik sind eher unterstützende Zeichnungen anzufertigen, die die Probleme beschreiben helfen. In einigen Fällen stelle ich den Lesern Zeichnungen zur Verfügung, die interaktiv bewegt werden können. Beispielsweise kann man das Ikosaeder in Abb. 1.1 durch die dynamische Zeichensoftware Cinderella, [14], bewegen, wenn man die Ecken des Spurdreiecks in der Zeichnung mit der Maus in eine andere Lage verschiebt. Das *Spurdreick* hat die Eckpunkte, die durch den Schnitt der drei Koordinatenachsen eines kartesischen Koordinatensystems in allgemeiner Lage mit der Zeichenebene entstehen, auf die wir in diesem Fall das Ikosaeder senkrecht projizieren.

Vor etwa 60 Jahren erschien das Buch von Herbert Meschkowski, [17], mit dem Titel *Ungelöste und unlösbare Probleme der Geometrie.* Vielleicht hat Meschkowski an ähnliche Leser gedacht, an die sich dieses Buch ebenfalls richten will. Aber in den letzten sechs Jahrzehnten hat die Mathematik eine erstaunliche Entwicklung erfahren, und die Bereiche der Geometrie in diesem Buch spiegeln auch Teile meiner Forschungstätigkeit in den letzten 50 Jahren wider.

Es wäre schön, wenn der Mathematikunterricht an Schulen und Universitäten nicht nur die eher rezeptartige Vermittlung von Lösungen zu Aufgaben beschreiben, sondern die Mathematik so verständlich vermitteln würde, wie sie sich den an der Mathematik beteiligten Forschern darstellt. In den Medien wird über Mathematik selten berichtet. Einen Nobelpreis für Mathematik gibt es nicht, und Berichte über die Verleihung der Fields-Medaille (eine vergleichbare Auszeichnung für Mathematiker) wird kaum von der Öffentlichkeit wahrgenommen. Fragen von der Art: *Was machst Du als Mathematiker?* oder: *Wozu ist das gut?* haben mir oft gezeigt, dass diese Aspekte in der Schulmathematik selten angesprochen werden. *Forschung im Bereich der Mathematik? Man kennt doch schon alle Zahlen!* Diese Bemerkung einer Schülerin mag typisch sein für das fehlende Wissen über ungelöste Probleme in der Mathematik in der Öffentlichkeit. Dieses Buch soll jedenfalls meine Antwort sein auf die Frage, was ich als Mathematiker zu lösen versuche. Die intensive Beschäftigung mit der Mathematik im Wettstreit mit den international konkurrierenden Forschern hat nicht zuletzt den Effekt, dass unser Wissen über Lösungsmethoden in der Mathematik ständig auf diesem Gebiet erweitert wird und dass dieses Wissen dadurch an zukünftige Generationen weitergegeben wird. Für das Denken der unterschiedlichen Berufe gibt es Situationen, in denen speziell der Fachmann gefragt ist. So wird man sich im Streitfall mit dem Nachbarn an einen Rechtsanwalt wenden, bei Gesundheitsproblemen sucht man einen Arzt auf, und bei Verhaltensauffälligkeiten wendet man sich an einen Psychologen. Das bedeutet aber auch, dass es Bereiche gibt, in denen der Mathe-

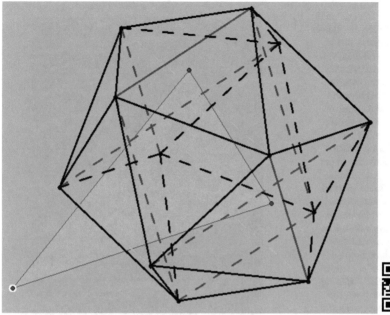

Abbildung 1.1 Das Ikosaeder kann bewegt werden, wenn man die zugehörige Cinderella Datei verwendet und darin die Eckpunkte des Spurdreiecks mit der Maus bewegt. Über den QR-Code kann man sich einen Film dazu ansehen. Das Ikosaeder ist eines der fünf platonischen Körper und betrifft das Kapitel über platonische Körper und deren Analoga und daher auch das Kapitel über reguläre Karten. Felix Kleins *Vorlesungen über das Ikosaeder und die Auflösung der Gleichungen vom fünften Grade* betrifft ebenfalls ein wichtiges Beispiel einer regulären Karte, war aber auch entscheidend für die Wiederbelebung des Studiums von Punkt-Geraden-Konfigurationen in der Ebene

matiker als Fachmann anzusprechen ist. Die Lehre für Studenten fast aller Fachbereiche einer Universität benötigt Teile der Mathematik, die von Hochschullehrern aus dem jeweiligen Fachbereich Mathematik angeboten werden. Bei Ingenieuren des Maschinenbaus, bei Informatikern, bei Bauingenieuren und bei Wirtschaftsingenieuren fällt es besonders leicht, auf solche erforderlichen Kenntnisse hinzuweisen; bei Medizinern oder Psychologen erwartet man aber ebenfalls Grundkenntnisse aus der Stochastik oder bei Architekten Informationen aus der Statik.

Dieses Buch will eine Reihe von Beispielen aufzeigen, die forschungsrelevante Probleme aus der Mathematik betreffen, die einfach beschreibbar sind. Die Lösungsmethoden darzustellen, erfordert oft erheblich mehr mathematisches Wissen. Ich halte mich daher mit mathematischem Fachwissen zurück, um die Leser eher zu gewinnen. Eine Vielzahl offener Probleme in der Mathematik wird für den Leser dadurch erkennbar.

Aspekte der Mathematik einer größeren Öffentlichkeit verständlich zu beschreiben, kann nicht durch ein einziges Buch gelingen. Ich verweise dazu exemplarisch auf Mathematiker des 19. Jahrhunderts, wie etwa den bedeutenden Geometer Felix Klein, vgl. Abb. 1.2, der im Vorstand des Deutschen Museums in München gewirkt hat. Ein bedeutendes Ergebnis von ihm betrachten wir im Kapitel über reguläre Karten. Der Mathematiker Walt-

Abbildung 1.2 Der berühmte
Mathematiker Felix Klein hat
in seiner Erlanger Antritts-
rede, 1872, geschrieben, vgl.
[13]: *Aber vom allgemein
menschlichen Standpuncte
ist die geringe Verbreitung
mathematischer Kenntnisse
zu beklagen.* Dieses vorliegende Buch wendet sich an
eine mathematisch interes-
sierte Leserschaft, die an der
positiven Korrektur dieses
Sachverhaltes interessiert ist.
Felix Klein formulierte auch:
*Ist doch bei der eigenthuem-
lichen Schwierigkeit, welche
jede ungewohnte mathema-
tische Gedankenoperation
mit sich fuehrt, eine einmali-
ge mathematische Vorlesung
nur zu leicht selbst engeren
Fachkreisen unverstaendlich!*
Durch den Einsatz nur we-
niger unbekannter Konzepte
sollen Problemstellungen in
diesem Buch verständlich
werden. Quelle: Bildarchiv
des Mathematischen For-
schungsinstituts Oberwolfach

her von Dyck, dessen reguläre Karte uns auch im achten Kapitel begegnen wird, war sogar
Mitbegrnder dieses Museums.

Kehren wir zurück zu dem, was mit einem Buch erreicht werden kann. Wer an einem
Einstieg in die Welt der Mathematik bis hin zu offenen Fragen in der Mathematikfor-
schung interessiert ist und dabei mit wenigen mathematischen Vorkenntnissen auskommen möchte, wie es ein Zeitungsleser für andere Thematiken gewohnt ist, dem werden
mit dieser Monografie mehrere entsprechende Kapitel angeboten. Es ist dabei auch gut
möglich, dass Studenten der Mathematik, Kollegen oder Mathematiklehrer daraus lernen
können, einerseits sind evtl. für sie die Probleme für sich interessant, andererseits werden
sie möglicherweise angeregt, wie auch sie ihre mathematischen Themen einer größeren
Öffentlichkeit, und sei es auch nur im Gespräch auf einer Party, darstellen können. So
wie die Physiker in ihren Vorlesungen ihre mathematischen Methoden benutzen, ohne die
Hörer mit Beweisen zu belasten, oder so wie Ärzte ihren Patienten medizinische Erkennt-
nisse vermitteln, ohne dabei viel Fachvokabular zu verwenden, möchte ich einige offene
Fragen aus der mathematischen Forschung dem interessierten Leser erklären, wie sie sonst
in den Medien kaum vermittelt werden. Nach der Idee, das oben beschriebene Vorhaben
in die Tat umzusetzen, wurde mir klar, wie wenig eine solche spezielle Sammlung offener
Probleme in der Mathematik beim Leser eine Korrektur gewachsenen Verständnises der

Mathematik erreichen kann. Auch die Einsichten in die Forschung anderer Fachgebiete, nehmen wir als Beispiele etwa die Medizin, die Physik oder die Psychologie, kann kaum von einem einzelnen Fachvertreter allein kompetent beschrieben werden. Meine Aufgabe entspricht etwa dem Versuch eines Abiturienten, einem Schulanfänger seine Kenntnisse nach der Abiprüfung zu beschreiben.

Die Liste von offenen Problemen in der Mathematik wird ständig in den einzelnen Teildisziplinen der Mathematik von jedem Forscher mehr oder weniger beobachtet, von einigen besonders intensiv gesammelt und von Zeit zu Zeit in Forschungsmonografien veröffentlicht, vgl. dazu z.b. *Handbook of Convex Geometry*, herausgegeben von Gruber und Wills, [6]. Die Frage nach der Anwendungsrelevanz, die häufig gestellt wird, hat in diesen Listen viele ausgezeichnete Beispiele. Ich würde beispielsweise jedem Raucher gerne das Verfahren aus der Integralgeometrie erläutern, wie man seine Lungenoberfläche ausmessen kann, wenn sie sich am Ende seines Lebens stark verkleinert hat, vgl. den Springer-Kalender von 1979 [15] und [5].

In diesem Buch werden nach Möglichkeit nur wenige ungewohnte Gedankenoperationen durchgeführt. Bei der häufig gestellten Frage, wo die eine oder andere Thematik aus der Mathematik ihre Anwendungen hat, bezieht sich die Thematik häufig allein auf die Anwendungen der Schulmathematik und nicht auf die Mathematik, die erst nach dem Studium der Mathematik und evtl. einer weiteren Spezialisierung zum Einsatz in Medizin, Physik, Maschinenbau, Informatik und allen weiteren Studienrichtungen kommt. Dieses Buch soll einen interessanten Ausschnitt an leicht erklärbaren forschungsrelevanten Fragestellungen beschreiben. Eine Antwort auf die Frage nach der Anwendungsrelevanz der Mathematik beantworte ich indirekt durch die Vielzahl der Vorlesungen der Hochschullehrer aus dem Fachbereich Mathematik für die anderen Fachbereiche einer Universität.

1.2 Hilfreiche Software zum Verständnis

Der Einsatz von Rechnern und speziellen Softwareprogrammen hat in vielen Bereichen der Mathematik die Bearbeitung von mathematischen Problemen verbessert. Der Umgang mit kostenpflichtiger entsprechender Software, aber auch der Einsatz von frei verfügbarer Software ist erstaunlich angewachsen. Die meisten Mathematiker schreiben ihre Veröffentlichungen mit dem international frei verfügbaren Schreibprogramm für mathematische Texte *Latex*. Es ermöglicht das Anfertigen von Schriftstücken durch seine komfortablen Möglichkeiten der Formelsetzung gegenüber üblichen Textverarbeitungssystemen, allerdings erfordert das Schreibprogramm im Vergleich zu herkömmlichen Textverarbeitungssystemen eine längere Einarbeitungszeit. Die Einarbeitungszeit ist auch bei anderer Software zum Umgang mit mathematischen Objekten nicht zu vernachlässigen. Studenten schreiben häufig lieber ein neues Programm in einer ihnen bekannten Programmiersprache, als sich in ein vorhandenes Programmsystem einzuarbeiten. Wir gehen im Folgenden auf die Software, die für dieses Buch benutzt wurde, kurz ein.

1.2.1 Die dynamische Zeichensoftware: Cinderella

Wir benutzen für dieses Buch eine dynamische Zeichensoftware *Cinderella* mit Dateien
der Endung *.cdy* [14]. Wir empfehlen jedem, dieses Programmsystem für eigene Zeichnungen zu testen. Der große Vorteil eines dynamischen Programms besteht in der Möglichkeit
einer späteren Veränderung der Parameter, die man im Laufe der Erstellung der Zeichnung
benutzt hat. Damit lassen sich Größenveränderungen nachträglich vornehmen. Bei vielen
mathematischen Problemen kann aber auch eine weitere Bedingung zu einem späteren
Zeitpunkt getestet werden. Wenn bei den für dieses Buch erstellten Abbildungen der dynamische Aspekt für den Leser hilfreich ist und wenn das Verständnis durch die eigene
interaktive Betrachtung verbessert werden kann, dann empfehle ich, sich die entsprechende Quelldatei vom Springer-Verlag herunterzuladen und mit der Maus in Cinderella die
entsprechende Animation nach eigenen Gesichtspunkten zu erzeugen. Die Autoren der
Software Jürgen Richter-Gebert und Ulrich Kortenkamp haben nicht zuletzt an Benutzer
im Schulbetrieb gedacht, sodass die Handhabung einfach gestaltet wurde. Gerade bei der
Thematik der Punkt-Geraden-Konfigurationen nach dieser Einleitung, bei der auch vom
Autor einer Forschungsmonografie, Branko Grünbaum, eine dynamische Zeichensoftware
aus den USA eingesetzt wurde, habe ich *Cinderella* als sehr hilfreich empfunden. In Abb.
1.3 sehen sie die Symbole für die Werkzeuge in Cinderella, die dem Benutzer durch kurze
Hinweise erklärt werden.

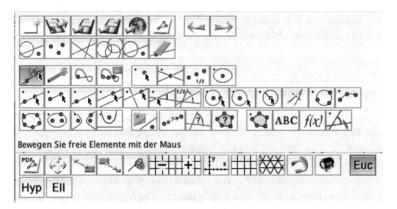

Abbildung 1.3 Ein Teil der Benutzeroberfläche der dynamischen Zeichensoftware Cinderella [14]

Es kann z.B. sein, wie im ersten Beispiel im letzten Abschnitt bei Abb. 1.1, dass eine variable Projektion interaktiv vom Benutzer erzeugt werden kann, sodass man ein
räumliches Objekt besser versteht. Die Software Cinderella ist zwar für zweidimensionale
Zeichnungen gedacht, aber es gibt Interpretationen, die auch höherdimensionale Aspekte
veranschaulichen können. Ich habe eine große Anzahl von Zeichnungen für dieses Buch
mit Cinderella erstellt. Natürlich erfordert der Umgang mit jeder Software eine gewisse
Einarbeitungszeit, aber viele geometrische Optionen, wie etwa der Übergang zur polaren
Zeichenoberfläche oder der Einsatz projektiver Transformationen, um nur zwei Aspekte

herauszugreifen, sind für manche Anwendungen in der Geometrie höchst wertvoll. Davon habe ich an mehreren Stellen Gebrauch gemacht.

1.2.2 Die 3-D-Software: Blender

Eine andere mit sehr vielen 3-D-Optionen versehene und frei verfügbare Software wurde für eine Reihe von Bildern in diesem Buch herangezogen. Sie hat den Namen *Blender*, sie verwendet die englische Sprache und erfordert weit mehr Kenntnisse, um sie für eigene Zwecke einzusetzten. Aber die Option, sich dreidimensionale Objekte auf dem Bildschirm anzusehen, sie zu drehen und den Maßstab zu verändern, wenn die Objekte schon erstellt wurden, ist denkbar einfach. In Abb. 1.4 sieht man ein Modell mit sieben Henkeln. Die Komplexität wird erst gut erkannt, wenn man das Objekt selbst drehen kann. Dies ist mit der Software Blender leicht möglich. Wenn man die Software installiert und eine .blend-Datei geladen hat, dann muss man nur mit der Maus auf einen der Farbpunkte in der oberen rechten Ecke gehen und kann dann das Objekt mit der Maus bewegen. Zusätzliche Erklärungen zum Umgang mit dieser Software Blender findet man in vielen Videos unter YouTube.

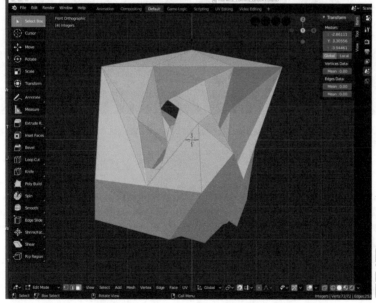

Abbildung 1.4 Ein Polyeder als Standbild in einem Blender-Fenster. Durch die Bewegung mit der eigenen Maus gewinnt man ein besseres Verständnis. Über den QR-Code kann man sich einen Film dazu ansehen

Noch einmal: Die Blender-Software einzusetzen erfordert je nach Zielsetzung eine umfangreichere Einarbeitungszeit. Sie erlaubt aber erstaunlich viele Möglichkeiten, um mit 3-D-Objekten umzugehen. Eine schöne Option ist die Erzeugung der ebenen Seitenflächen eines Polyeders in wahrer Gestalt. Und das ist nur der Beginn für die vielfältige Farbgebung komplexer Modelle. Das Beispiel in Abb. 1.5 zeigt ein weiteres Polyeder in einer durchschnittsfreien Realisation von Egon Schulte und Jörg M. Wills aus dem Jahr 1985 zu der regulären Karte von Felix Klein aus dem Jahr 1879. Die 56 Dreiecke dieses Polyeders sind im linken Teil des Bildes in wahrer Gestalt abgebildet.

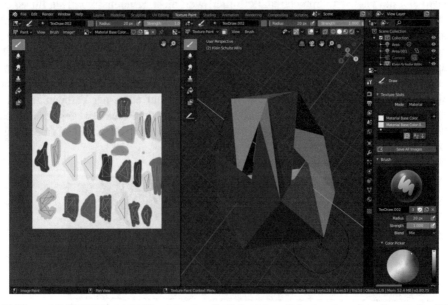

Abbildung 1.5 Eine Option von Blender zeigt alle Seiten eines Polyeders in wahrer Gestalt (im Bild links) und man kann sie färben

Wenn es für ein geometrisches Objekt sinnvoll ist, um es z.B. besser zu verstehen oder wenn die Komplexität des Objekts eine einwandfreie 3-D-Darstellung erfordert, dann stelle ich die entsprechende Datei im .blend-Format den Lesern zur Verfügung. Die räumlichen Objekte können dann mit der Software Blender gedreht werden.

Ich stelle auch eine (farblose) stl-Datei zur Verfügung, die mit vielen 3-D-Programmen betrachtet werden kann. Eine App, um sich stl-Dateien auf einem Smartphone mit dem Betriebssystem Android anzusehen ist: *Fast STL Viewer*.

1.2.3 Das Programmsystem für mathematische Gruppen: GAP

Wer einführende Aspekte zur Gruppentheorie aufgenommen hat, wird sich die Software GAP für endliche Gruppen ansehen wollen oder sie schon kennen. Wer aber diese Kenntnisse nicht besitzt, dem werde ich einige Beispiele von Permutationsgruppen erklären und dabei GAP benutzen. GAP steht für Groups, Algorithms, and Programming und ist eine frei verfügbare Software.

1.3 Welche Thematiken werden behandelt?

Wir stellen in diesem Abschnitt aus den einzelnen Kapiteln eine Übersicht bereit, die die behandelten Themen kurz vorstellen. Dabei halten wir uns an die Reihenfolge nach der Einleitung, die diesem Buch zugrunde liegt.

1.3.1 Punkt-Geraden-Konfigurationen

In Kap. 2 über Punkt-Geraden-Konfiguration behandle ich Probleme in der Ebene. Diese Thematik erscheint auf den ersten Blick besonders einfach. Höhere Dimensionen sind dabei nicht im Spiel. Zwei Bücher sind in den letzten Jahren über diese Punkt-Geraden-Konfigurationen erschienen, zunächst ein umfassendes Werk von B. Grünbaum, [9], im Jahr 2009, mit vielen Referenzen aus alter Zeit und später, im Jahr 2013, ein Buch aus graphentheoretischer Sicht zu dieser Thematik von T. Pisanski und B. Servatius, [18]. Nach dem Erscheinen dieser Bücher wurden einige dort untersuchte Probleme gelöst, die ich in Verbindung mit ungelösten Problemen behandle.

Es geht in diesem Kapitel um Punkt-Geraden-Konfigurationen, von denen wir in Abb. 1.6 ein wichtiges Beispiel sehen. Es zeigt eine Punkt-Geraden-Konfiguration mit 21 Geraden. Es gibt dazu $3 \times 7 = 21$ Punkte, durch die jeweils vier dieser Geraden verlaufen. Von diesen 21 Punkten liegen dann jeweils vier auf jeder der 21 Geraden. Diese Konfiguration wurde zunächst im Komplexen von Felix Klein behandelt und bildete durch Grünbaum und Rigby [10] vor etwa 30 Jahren den Ausgangspunkt, über reelle Punkt-Geraden-Konfigurationen nachzudenken, wie es Mathematiker bereits im 19. Jahrhundert begonnen hatten.

Die uralten projektiven Inzidenztheoreme von Pappus (ca. 300 n. Chr.) und Desargue (1593-1662) haben zu verallgemeinerten Fragestellungen geführt, bei denen man den Eindruck gewinnen kann, dass es einfach zu lösende Probleme sind. Der Schein kann aber trügen.

Zur Desargue-Konfiguration, bzw. dem Schließungssatz von Desargue, betrachte man Abb. 1.7, und man denke an die folgenden Schritte einer Konstruktion.

- Man startet mit vier schwarzen Punkten in allgemeiner Lage, diese Punkte bilden dann eine projektive Basis,

Abbildung 1.6 Eine auf
dem Weihnachtsmarkt be-
stellte Punkt-Geraden-
Konfiguration, die von
Grünbaum und Rigby [10]
in der reellen Ebene gefunden
wurde. Ausgangspunkt dazu
war eine komplexe Version
von Felix Klein. Mathematische Objekte haben oft auch
für sich ihren Reiz. Es sind
vor allem die Methoden, mit
denen man Probleme lösen
kann, die Mathematiker sam-
meln. Bei Konfigurationen
stellte sich heraus, dass auch
die algebraische Geometrie
an den Untersuchungen über
Konfigurationen interessiert
ist

- man zeichnet die sechs Verbindungsgeraden durch die Paare der schwarzen Punkte,
- man wählt ein grünes Dreieck durch drei schwarze Eckpunkte,
- auf den drei Geraden, die keine Seiten des Dreiecks bilden, wählt man jeweils einen
  weiteren grünen Punkt und damit ein zweites Dreieck.

Dann liegen die Schnittpunkte der Geraden, die entsprechende Seiten der Dreiecke bilden, auf einer (roten) Geraden.

Bei dieser Thematik sollte der Leser den Übergang von der uns gewohnten euklidischen
Ebene zu der projektiven Ebene verstehen. In der projektiven Ebene haben auch parallele
Geraden einen Schnittpunkt, und die entsprechenden Aussagen über projektive Inzidenz-
theoreme und verallgemeinerte Punkt-Geraden-Konfigurationen vereinfachen sich damit.
Daher ist es gut, wenn der Leser in diesem Kapitel die projektive Ebene kennenlernt.

Das Konzept der Pseudogeraden-Arrangements, vgl. z.B. [8], erlaubt es, die geometrischen Konfigurationen zu topologischen Konfigurationen zu verallgemeinern. Problemlösungen für geometrische Konfigurationen wurden gefunden, indem man die Fragestellung zunächst in der Verallgemeinerung zu Pseudogeraden-Arrangements behandelt
hat, um danach wieder zu den geometrischen Konfigurationen zurückzukommen. Eine Situation, die der Mathematiker bei der Behandlung der reellen Nullstellen von Polynomen
kennt. Man betrachtet zunächst alle komplexen Nullstellen (deren Anzahl ist nur vom Grad
des Polynoms abhängig), um danach über die reellen Nullstellen nachzudenken.

Natürlich ist es stets berechtigt, nach den Anwendungen mathematischer Methoden zu
fragen, aber es gibt bisweilen auch den Bezug zur Kunst in der Mathematik und oft haben symmetrische Objekte in der Mathematik eine schöne Ausstrahlungskraft. Gerade bei
der Untersuchung von Punkt-Geraden-Konfigurationen haben symmetrische Konfigurationen eine besondere Rolle gespielt. Das Beispiel einer beweglichen Konfiguration mit 78
Punkten und 78 Geraden von Leah Berman in Abb. 1.8 und das Beispiel von Grünbaum

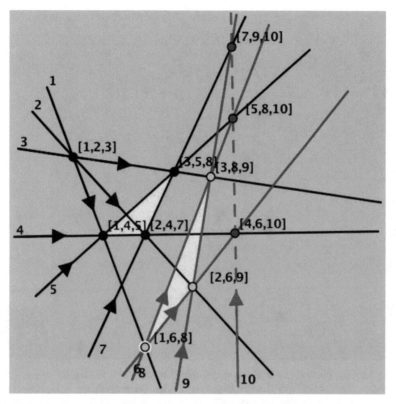

Abbildung 1.7 Die Desargue-Konfiguration bzw. der Schließungssatz von Desargue

mit einer Konfiguration von 60 Punkten und von 60 Geraden in Abb. 1.9 zeigen schöne Ergebnisse in diesem Sinne.

Von einem Kollegen aus Slowenien, Tomasz Pisanski, erhielt ich in einer Mail die folgende Beschreibung einer Anwendung einer Punkt-Geraden-Konfiguration. In der Zeit vor den Wahlen eines Präsidenten in Slowenien gab es acht Kandidaten. Der nationale Fernsehsender beabsichtigte, zwei Wochen lang jeden Tag eine Fernsehdebatte mit jeweils drei Kandidaten zu senden, nicht aber an Wochenenden und nicht am Freitag, der für Sport reserviert blieb. Jeder Kandidat bekam drei Termine, und es sollten nie zwei Kandidaten mehrfach zusammentreffen. Der Fernsehsender fand dafür keine Lösung. Tomasz Pisanski schrieb dem Fernsehsender einen Brief mit der Lösung, die ihm als Möbius-Kantor-Konfiguration als Lösung bekannt war. Die acht Kandidaten werden dabei als acht Punkte gedeutet, und die acht Fernsehdebatten deutet man als Geraden. Bei den nächsten Wahlen wurde er mit einer Kollegin (Arjana Zitnik) vom dortigen Fernsehsender in Slowenien für die Strukturierung der Sendezeiten der nächsten Fernsehdebatten als Beraterteam hinzugezogen.

Wir deuten in Abb. 1.10 die acht Kandidaten als rote Punkte und die acht Wochentage durch schwarze (Montag), blaue (Dienstag), braune (Mittwoch) oder grüne (Donnerstag)

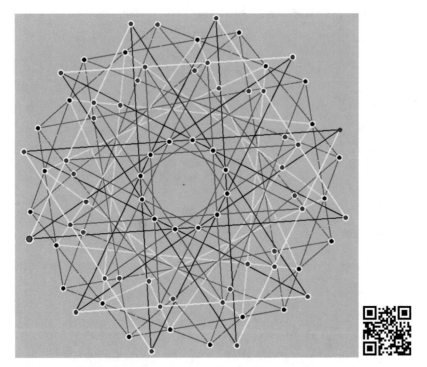

Abbildung 1.8 Eine Punkt-Geraden-Konfiguration mit 78 Punkten und 78 Geraden. Durch jeden Punkt gehen vier Geraden, und auf jeder Geraden liegen vier Punkte. Der größer dargestellte blaue Punkt links kann mit der Maus in der zugehörigen Cinderella Datei bewegt werden. Dabei bleibt die Konfigurationseigenschaft erhalten

Kreise. Dann stellen wir fest, dass es auch möglich ist, jedem Kandidaten drei verschiedene Wochentage für seine Fernsehdebatten zu geben. Es gibt zwei Arbeiten dazu in slowenischer Sprache. In einem Fall existiert dazu eine Zusammenfassung in englischer Sprache:

```
www.obzornik.si/51/1578-Pisanski-Zitnik-abstract.pdf
```

1.3.2 Zellzerlegte geschlossene Flächen

In Kap. 3 behandle ich geschlossene Flächen, die sich durch Anfügung von Henkeln an eine Sphäre oder an die projektive Ebene ergeben. Wenn man Zellzerlegungen dieser Flächen betrachtet, dann gibt es eine Reihe von interessanten Ergebnissen, die in diesem Kapitel vorgestellt werden.

Ich betrachte insbesondere in Kap. 3 Polyeder ohne Diagonalen. Das Tetraeder ist jedem bekannt als ein solches Polyeder ohne Diagonalen, aber die von Möbius angegebene Zellzerlegung des Torus in Abb. 1.11 würde ebenfalls ein solches Polyeder ohne Diagonalen liefern. Kann man ein solches Polyeder finden? Die Antwort ist positiv. Wir sehen uns

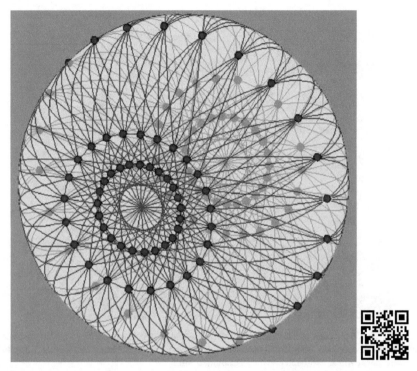

Abbildung 1.9 Eine Punkt-Geraden-Konfiguration mit 60 Punkten und 60 Geraden. Durch jeden Punkt gehen fünf Geraden, und auf jeder Geraden liegen fünf Punkte. Gegenüberliegende Punkte auf der Kugel zählen dabei nur einfach

die vier verschiedenen symmetrischen Beispiele dazu an. In Abb. 1.12 ist eine Version als Explosionszeichnung zu sehen.

Lange Zeit war es unbekannt, ob man ein Polyeder ohne Diagonalen mit zwölf Ecken im dreidimensionalen Raum finden kann. Die Verbindungsstrecken aller Punktpaare wären dann Kanten des Polyeders. Von jeder Ecke gehen dann elf Kanten aus, aber man hätte so die Kanten doppelt gezählt. Die Anzahl der Kanten ergibt sich daher zu $12 \times 11/2 = 66$. Jede Kante hat zwei Dreiecke als Nachbarn, dann hat man aber jedes Dreieck dreimal gezählt. Die Anzahl der Dreiecke ergibt sich daher zu $66 \times 2/3 = 44$. Die zunächst 66 krummen Kanten sieht man in einem Modell in Abb. 1.13. Die Antwort, ob man zu den insgesamt 59 wesentlich verschiedenen denkbaren Polyederversionen jeweils eine Version mit ebenen Kanten und durchschnittsfreien Dreiecken finden kann, gibt ein Ergebnis im Kapitel über zellzerlegte geschlossene Flächen.

Wenn man die Polyederdefinition verallgemeinert und nicht darauf besteht, dass die Facetten an einer Ecke eine zyklische Reihenfolge bilden, dann erhält man weitere Beispiele von Polyedern ohne Diagonalen. Auch diese eher unbekannten Polyeder werden in Kap. 3 vorgestellt.

Abbildung 1.10 Deutet man jeden Punkt als einen Kandidaten und jeden Kreis als eine Fernsehdebatte mit den drei Kandidaten auf dem Kreis, dann kann man die 8 Fernsehdebatten mit jeweils 3 Kandidaten senden, ohne dass zwei Kandidaten zweimal zusammentreffen

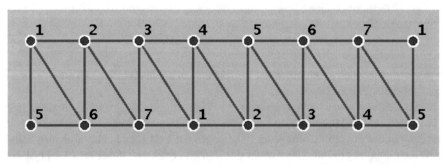

Abbildung 1.11 Eine von Möbius angegebene kombinatorsiche Beschreibung einer Zellzerlegung des Torus. Die oberen sieben Kanten treten unten erneut in derselben Reihenfolge auf und sollen mit den unteren sieben Kanten verklebt werden. Verklebt man zusätzlich die linke Kante noch mit der rechten Kante, dann entsteht ein *Schwimmring*, d.h. ein Torus, aber geht das durchdringungsfrei auch mit ebenen Dreiecken?

1.3.3 Platonische Körper und Analoga

Die platonischen Körper bilden seit der Antike den Ausgangspunkt, um über geometrische Symmetrien nachzudenken. Als ein Beispiel sehen wir in Abb. 1.15 das Ikosaeder. Erst im

Abbildung 1.12 Eine Version einer polyedrischen symmetrischen durchschnittsfreien polyedrischen Realisation eines Möbiustorus mit sieben Ecken. In der Darstellung wurden jeweils zwei Teile nach außen verschoben

19. Jahrhundert wurden durch Schläfli die Verallgemeinerungen in höheren Dimensionen gefunden. Ich möchte die interessierten Leser mit einigen Verallgemeinerungen der platonischen Körper vertraut machen, z.B. mit den Verallgemeinerungen der platonischen Körper auf höhere Dimensionen. Es gab historisch einen Widerstand von Mathematikern, die Arbeit von Schläfli zu verstehen. Das Nachdenken über höhere Dimensionen kann z.B. mit dem Rand eines vierdimensionalen Würfels beginnen. Die Darstellung eines bekannten Ölgemäldes von Salvador Dali im Metropolitan Museum of Art, New York City, mit der Bezeichnung *Crucifixion* kann man sich dazu im Internet ansehen. Dali traf mit mehreren Mathematikern zusammen, die ihm diese Gestalt erklärt hatten. Die acht Facetten des vierdimensionalen Würfels sind dreidimensionale Würfel. Eine Abwicklung des Randes des vierdimensionalen Würfels in unseren dreidimensionalen Raum zeigt Abb. 1.14. Dali hatte sie durch seinen Kontakt mit Mathematikern in seinem Werk ebenso dargestellt.

Neben den von Schläfli gefundenen sechs regulären konvexen Polyedern in der Dimension vier sind das selbstduale 24-Zell, das 120-Zell mit 120 regulären Dodekaedern als Facetten und das 600-Zell nicht auf höhere Dimensionen verallgemeinerbar. Das 600-Zell hat 600 reguläre Tetraeder als Facetten und jeweils fünf dieser Facetten haben eine gemeinsame Kante. Ich wiederhole die Frage von Peter McMullen, ob durch Löschen solcher Kanten und geeignete Einfügung eines Fünfecks die Randstruktur eines vierdimensionalen konvexen Polyeders entstehen kann. Zur Struktur der konvexen Polyeder ist nach wie vor die Monografie von Branko Grünbaum [7] eine Quelle wichtiger Ergebnisse.

Besonders viele Anwendungen der Mathematik, nach denen doch so oft gefragt wird, betreffen Optimierungsprobleme. Diese zu verstehen, gelingt nur durch einen vertrauten Umgang mit konvexen Polyedern in höheren Dimensionen. Durch die Beschäftigung mit diesem Problem wird man mit konvexen Polyedern in der Dimension 4 vertrauter. Das dreidimensionale Sogo-Spiel wird für den spielerischen Zugang zum vierdimensionalen Würfel behandelt, siehe Kap. 3. Insbesondere für das Verständnis zur Behandlung eines

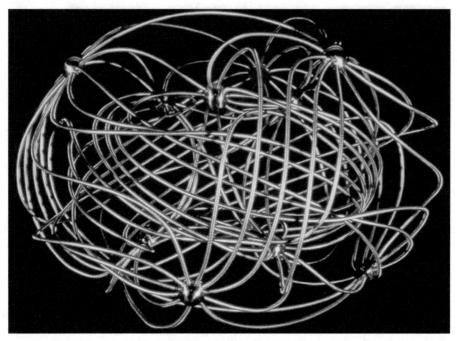

Abbildung 1.13 Gibt es ein Polyeder mit zwölf Ecken, 66 geradlinigen (!) Kanten und mit 44 ebenen (!) Dreiecken, die sich nicht durchdringen? In diesem Bild sind zunächst nur zwölf Ecken und 66 sie verbindende krummlinige Kanten zu sehen. Wenn man aber jeweils in einem Endpunkt ein benachbartes Kantenpaar mit einer Gummimembran verbinden würde, die bis zu dem jeweiligen Endpunkt der Kanten und auch zu der diese Endpunkte verbindenden Kante reicht, dann würden 44 krummlinig begrenzte Dreiecksflächen aus Gummimembranen entstehen. Das wäre die Randstruktur eines solchen gesuchten Polyeders

Problems in Kap. 7, in dem eine spezielle Verbindung von Mathematik zur Architektur behandelt wird, ist diese Vorbereitung hilfreich. Es geht in diesem Kapitel um den Entwurf eines Messestandes.

Ich werde die platonischen Körper für die Beschreibung von Symmetrien durch Permutationsgruppen in Kap. 6 über Symmetrien genauer betrachten, und der Verallgemeinerung der Symmetriegruppen der platonischen Körper zu regulären Karten und deren polyedrischen Realisierungen ist Kap. 4 gewidmet.

1.3.4 Die 3-Sphäre zerlegt in Dürer-Polyeder

In einem weiteren Kapitel beginne ich mit der dreidimensionalen Randstruktur eines fraglichen vierdimensioalen Polyeders. Jede Facette soll dabei die Struktur des Dürer-Polyeders aus dem Kupferstich *Melencholia I* besitzen. Der Kupferstich *Melencholia I* von Albrecht Dürer aus dem Jahr 1514 ist wohl der Gegenstand in der Kunstgeschichte,

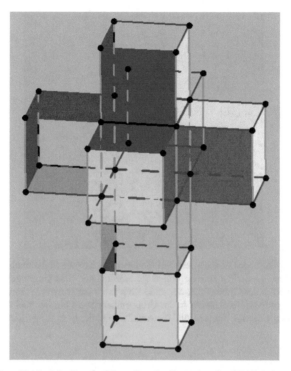

Abbildung 1.14 Diese Version der Randstruktur des vierdimensionalen Würfels hat auch Dali in seinem Werk *Corpus Hypercubus* dargestellt. Es befindet sich im Metropolitan Museum of Art in New York

der am häufigsten in der einschlägigen Literatur der letzten Jahrhunderte behandelt worden ist. Bei diesem Kupferstich handelt sich um einen der drei Meisterstiche von Dürer. Im Internet erhält man bei der Eingabe *Melencolia I* etwa 188.000 Einträge.

Das Polyeder in diesem Kupferstich von Dürer, vgl. Abb. 1.16, hat acht Facetten, zwei Dreiecke und sechs Fünfecke. Wenn wir die Randstruktur dieses Polyeders beibehalten, nicht jedoch unbedingt die Abstände zwischen den Eckpunkten, und wenn wir auch Kantenverformungen zulassen, dann kann man zehn dieser Polyeder längs der Facetten so verkleben, dass man beim Verlassen eines dieser zehn Dürer-Polyeder durch eine der acht Facetten immer zu einem Dürer-Nachbar-Polyeder gelangt. Es ist gut, sich dazu die Polyeder vielleicht zunächst aus *Kuchenteig ohne Loch* vorzustellen, den man aber außen durch möglicherweise krummlinige Dreiecke und Fünfecke begrenzt hat, wie es das Dürer-Polyeder zeigt. Das gelingt mit *Kuchenteig* jedenfalls im vierdimensionalen Raum und es entsteht ein Teil des vierdimensionalen Raumes, der von diesen zehn Dürer-Polyedern berandet ist. So, wie wir es z.B. vom Würfel kennen, der einen Teil des dreidimensionalen Raumes einnimmt und der von sechs Quadraten begrenzt wird. Von jedem Quadrat kann man als zweidimensionales Wesen immer nur zu einem Nachbarquadrat gelangen.

Wir wissen vom Würfel, dass die Verklebung der Quadrate nicht in einer Ebene gelingt. Wir schaffen es nur, wenn wir uns in den dreidimensionalen Raum begeben.

Abbildung 1.15 Das Ikosaeder ist einer der fünf platonischen Körper. Mathematisch interessieren seine Eigenschaften in unterschiedlichen Teildisziplinen der Mathematik. Sein Graph gebildet aus Eckpunkten und Kanten interessiert in der Graphentheorie, seine Konvexität interessiert in der Konvexgeometrie, [6], seine geometrische Symmetrie interessiert in der Gruppentheorie, als ein Beispiel für eine reguläre Karte bringt er uns in diese zugehörige Theorie, und die Aufzählung könnte so fortgeführt werden

Ebenso können wir im Fall unserer zehn Dürer-Polyeder, durch die Verklebung längs der Facetten, diese Gesamtheit von zehn Polyedern als dreidimensionales Wesen nicht verlassen. Wir befinden uns auf dem Rand eines vierdimensionalen Objektes. Ich lade die Leser in Kap. 5 ein, diese Argumentation zu durchdenken.

1.3.5 *Symmetrien und Permutationsgruppen*

Zur Beschreibung der Symmetrien der zu behandelnden mathematischen Objekte wird der Gruppenbegriff aus der Mathematik zunächst am Beispiel regulärer *n*-Ecke erklärt und dann anhand der platonischen Körper weiter vertieft. Damit gebe ich eine sehr kurze Einführung in die Theorie der Permutationsgruppen. Natürlich kann nur ein kleiner Einstieg in die Gruppentheorie angegeben werden. Eine Beschreibung offener Probleme der Gruppentheorie ist aus meiner Sicht weit jenseits dessen, was mit einfachen Mitteln einem interessierten Leser mit Abiturkenntnissen verständlich beschrieben werden kann.

Das Lebenswerk des bedeutenden Mathematikers H.S.M. Coxeter betrifft die Symmetrien konvexer Polyeder. Es gibt viele Monografien zu dieser Thematik von ihm. Die Werke von Coxeter und ein neueres Werk von McMullen und Schulte, [16], gehen sicher über den Rahmen dieses Buches weit hinaus, aber die Essays, geschrieben in Verbindung zu einer Symmetrie-Ausstellung in Darmstadt, vgl. [12] bleiben auf etwas verständlicherem Niveau.

Abbildung 1.16 Kupferstich *Melencholia I* von Albrecht Dürer (1514), vgl. [20]. ©duncan1890 / Getty Images / iStock

Coxeter hatte seinem Jugendfreund Petrie zu Ehren den Begriff *Petrie-Polygon* definiert. Diese Polygone, erste Beispiele zeigt Abb. 1.17, werden anhand der platonischen Körper in diesem Kapitel erklärt. Die Tragweite zur Einführung dieses Begriffs bleibt aber verborgen.

1.3.6 Architektur und Mathematik

In diesem Kapitel wird auf die Vielfalt der Verbindungen von Architektur und Mathematik hingewiesen. Ein Artikel aus der Zeitschrift *Nexus*, die sich dieser Thematik widmet, wird genauer beschrieben. Dabei ging es um ein Studienprojekt der Architekten in Darmstadt, bei dem eine mathematische Behandlung erforderlich war, um schließlich aus den

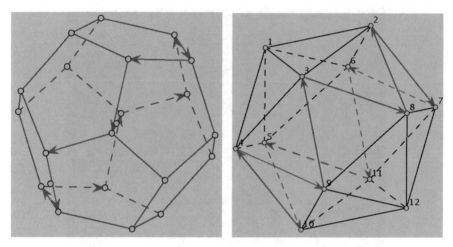

Abbildung 1.17 Die Petrie-Polygone des Dodekaeders und des Ikosaeders der Länge zehn

Entwürfen der Studenten exakte Koordinaten für einen Messestand zu gewinnen, vgl. dazu Abb. 1.18.

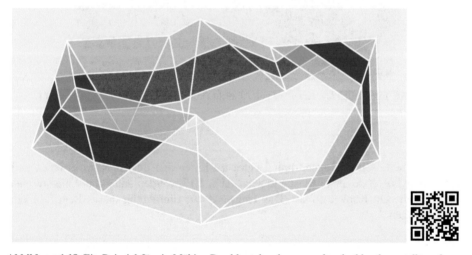

Abbildung 1.18 Ein Beispiel für ein Möbius-Band bestehend nur aus den dunkler dargestellten ebenen Trapezen mit gleichen Abmessungen. Die Ermittlung der exakten Koordinaten der Eckpunkte war eine mathematische Aufgabe. Für die 17 *Scharniere* sollen 17 Winkel gefunden werden, sodass sich das Möbius-Band schließt. Das sind gesuchte 17 Koordinaten in einem 17-dimensionalen Würfel mit den Kantenlängen von null bis 360 Grad

Ein völlig anderer Gesichtspunkt betrifft die Minimalflächen, die in der Architektur zum Einsatz kommen. Diese kennt man durch die Form der Seifenhäute, sie sind seit langem Gegenstand mathematischer Untersuchungen und haben gute statische Eigenschaften für die Bauwerke in der Architektur.

1.3.7 Reguläre Karten

Kap. 8 ist den regulären Karten gewidmet. Dies sind zunächst abstrakte Zellzerlegungen von geschlossenen Flächen, die wie die platonischen Körper überall zweidimensionale Zellen mit der gleichen Eckenanzahl besitzen und bei denen an jeder Ecke gleich viele dieser Zellen in zyklischer Form angrenzen.

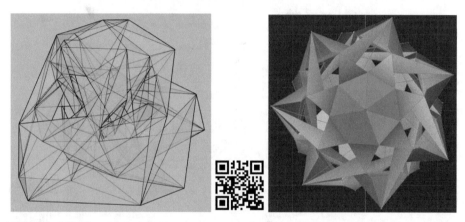

Abbildung 1.19 Eine durchschnittsfreie polyedrische Realisation einer regulären Karte von Adolf Hurwitz aus dem Jahr 1893. Reguläre Karten bilden Verallgemeinerungen der platonischen Körper. Wie bei Tetraeder, Oktaeder und Ikosaeder sind bei diesem Polyeder alle 168 Seiten Dreiecke. Wie bei einem platonischen Körper liegen zudem an jeder Ecke gleichviele Seiten, hier sieben. Die sieben abgehenden Kanten von jeder Ecke sind im linken Bild überall gut erkennbar. Die geschlossene Fläche entspricht einem Ball mit sieben Henkeln. Dieses Polyeder wurde 2017 von Michael Cuntz aus Hannover und mir gefunden. Die hohe kombinatorische Symmetrie des Objekts kann man z.B. daran erkennen, dass man den Kantengraphen mit neunfacher, siebenfacher, dreifacher und zweifacher Symmetrie zeichnen kann. Eine geometrische Symmetrie der Ordnung 7 zeigt das rechte Bild. Kann man die dort fehlenden Dreiecke noch durchschnittsfrei einsetzen?

Eine reguläre Karte soll aber noch eine weitere kombinatorische Symmetrie haben, die wir von platonischen Körpern kennen. Wenn man die Symmetrie durch Permutationen der Ecken beschreibt, die die Zellzerlegung wieder in sich überführt, dann soll es zu jedem Fahnenpaar (der Begriff einer Fahne wird erst später erklärt) der Zellzerlegung eine Permutation geben, die die erste Fahne in die zweite Fahne überführt.

Wir interessieren uns für solche reguläre Karten, die als geometrische Polyeder ohne Selbstdurchdringungen realisiert werden können. Polyeder bilden stets durch die Menge ihrer Eckpunkte und durch die Menge ihrer Kanten einen Kantengraphen. Die Graphentheorie erhält daher durch das Studium der Polyeder viele Beispiele. Auch die Kanten-

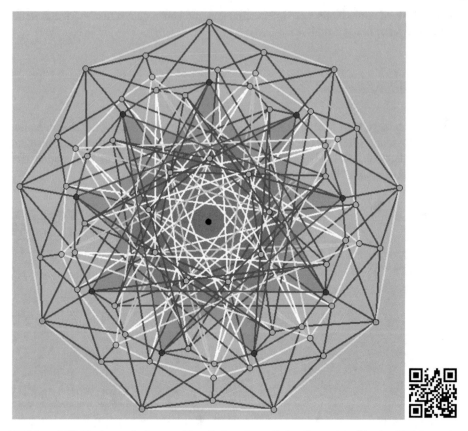

Abbildung 1.20 Kantengraph einer regulären Karte mit neunfacher Symmetrie. Von den 72 Ecken gehen jeweils sieben Kanten aus. Rechnet man 7 x 72, dann hat man die Kanten zweimal gezählt. Es gibt daher 252 Kanten. Zu jeder Kante gibt es genau zwei Dreiecke. Rechnet man 2 x 252, dann hat man jedes Dreieck dreimal gezählt. Es gibt also 168 Dreiecke

graphen der regulären Karten bilden solche Beispiele symmetrischer Graphen. So liefert beispielsweise die auf Adolf Hurwitz zurückgehende reguläre Karte mit 168 Dreiecken, 252 Kanten und 72 Ecken einen Kantengraphen mit der Symmetrie eines regulären Neunecks, den wir in Abb. 1.20 sehen.

Auf eine erst vor Kurzem gefundene polyedrische durchschnittsfreie Realisation mit diesem Kantengraphen in Abb. 1.19 gehe ich genauer ein. Ich möchte die Frage klären, ob es nicht auch eine entsprechende symmetrische Realisation gibt.

1.3.8 Sphärensysteme

In Kap. 2 über Punkt-Geraden-Konfigurationen traten in natürlicher Weise Großkreise auf, als das Konzept der projektiven Ebene erläutert wurde, und die Pseudogeraden-Arrangements konnten als topologische eindimensionale Sphärensysteme interpretiert werden. In diesem Kapitel werden Großsphärensysteme und topologische Sphärensysteme auch in höherdimensionalen Fällen *mit guten Schnitteigenschaften* behandelt. Zunächst aber noch einmal der Übergang von einer Punkt-Geraden-Konfiguration in der Ebene zu ihrer topologischen Darstellung in der projektiven Ebene. In Abb. 1.21 (links) sehen wir indirekt eine Ebene mit einer Punkt-Geraden-Konfiguration mit 18 Punkten und 18 Geraden, die man auf den Rand einer Kugel gelegt hatte, um die Punkte und Geraden auf den Rand der Kugel zu übertragen.

Eine Gerade durch den Mittelpunkt der Kugel geschnitten mit der Ebene liefert zwei antipodische Punkte auf dem Rand der Kugel. So kann jeder Punkt in der Ebene und auch jede Gerade in der Ebene auf die Kugeloberfläche abgebildet werden. Der obere Teil der Kugeloberfläche genügt, um die Punkt-Geraden-Konfiguration zu verstehen. In Abb. 1.21 (rechts) sieht man eine topologische Punkt-Pseudogeraden-Konfiguration mit 18 Punkten und 18 Pseudogeraden. Sie zeigt uns ein topologisches 1-Sphären System, eine Verallgemeinrung einer Punkt-Geraden-Konfiguration. Beide Abbildungen sind eng miteinander verbunden.

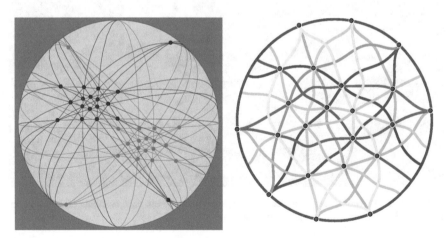

Abbildung 1.21 Es gibt gute Gründe, das Nachdenken über Punkte und Geraden in der Ebene in die Struktur auf der Oberfläche der Kugel zu übertragen. Es genügt dabei, nur die obere Hälfte der Kugeloberfläche zu betrachten. Wenn die 1-Sphären dabei zu topologischen 1-Sphären, bzw. zu Pseudogeraden, werden, dann ist eine Darstellung in der Form (rechts) hilfreich. Der äußere Kreis (rechts) entspricht ebenfalls einer Geraden. Gegenüberliegende Punkte auf ihm zählen aber nur einmal

Die folgende Erklärung ist sicher recht anspruchsvoll, aber sie erklärt die Überlegungen zum Modell in Abb. 1.22. Man kann allgemeiner höherdimensionale topologische Sphärensysteme definieren, bei denen man verlangt, dass jede (noch zu präzisierende)

kleine Auswahl der Sphären sich so schneidet, als wäre diese kleine Auswahl eine Menge von Großsphären. Ich erspare hier dem Leser das präzise Axiomensystem. Es macht die Überlegungen nicht anschaulicher.

Abbildung 1.22 Das Modell beschreibt ein System von Pseudoebenen, bzw. zweidimensionale topologische Sphären im dreidimensionalen projektiven Raum

Wenn man eine Menge von Ebenen im Raum betrachtet, dann hat man wieder im euklidischen Raum keine Schnittgeraden bei zueinander parallelen Ebenen. Das wäre aber nützlich. Wie beim Übergang von der euklidischen Ebene zur projektiven Ebene, bei der eine Ferngerade hinzukommt, gelangt man durch vergleichbare Überlegungen mithilfe einer vierdimensionalen Kugel zum projektiven Raum. Den dreidimensionalen euklidischen Raum legt man als Tangentialhyperebene *auf* eine vierdimensionale Kugel, und Punkte im Raum werden zu Doppelpunkten auf dem Rand der vierdimensionalen Kugel, einer 3-Sphäre, durch Geraden, die durch den Mittelpunkt der Kugel verlaufen. Die zu einer Ebene im dreidimensionalen Raum parallele Ebene durch den Mittelpunkt der vierdimensionalen Kugel schneidet die 3-Sphäre in einem Großkreis. Dieser Großkreis entsteht auch durch alle zur gewählten Ebene parallelen Ebenen. Dieser Großkreis enthält alle Schnittpunkte paralleler Ebenen. Wenn man unseren dreidimensionalen euklidischen Raum parallel durch den Mittelpunkt der vierdimensionalen Kugel verschiebt, dann erhält man auf dem Rand der Kugel eine zweidimenisonale Großsphäre. Die Doppelpunkte dieser Großsphäre nimmt man hinzu, sie bildet die *Fernebene* im projektiven Raum, die dann die Schnittgeraden von zueinander parallelen Ebenen enthält. Vom Konzept einer Pseudogeraden kann man entsprechend zum Konzept einer Pseudoebene gelangen. Zwei Pseudoebenen schneiden sich dann stets in einer Pseudogeraden.

Wenn man nun ein Pseudoebenen-Arrangement hat, dann liefert das eine Zellzerlegung des projektiven Raums, genauso wie ein Ebenen-Arrangement eine Zellzerlegung des projektiven Raums liefert. Im letzten Fall kann man zeigen, dass es dann in der Zellzerlegung mindestens so viele Tetraederzellen gibt, wie es die Anzahl der Ebenen angibt. Wenn der Leser zeigen könnte, dass es bei einem Pseudoebenen-Arrangement jedenfalls mindestens eine solche tetraedrische Zelle gibt, dann würde ihn die Fachwelt beglückwünschen. Er hätte dann ein lange offenes Problem in diesem Teilbereich der Geometrie gelöst. Im Kapitel über Sphärensysteme gehe ich auf dieses Problem näher ein.

Unter der Thematik der Sphärensysteme verbergen sich Überlegungen zur Theorie der sogenannten *orientierten Matroide*. Von einem bedeutenden Mathematiker des letzten Jahrhunderts, Gian Carlo Rota, Professor für Angewandte Mathematik am Massachusetts Institut of Technology (MIT), wurde die Bezeichnung *Matroid* als unglücklich empfunden. Sie soll an die Verallgemeinerung des Matrixbegriffs erinnern. Dieser Teil der Mathematik ist recht anspruchsvoll, und durch die Ursprünge in vielen mathematischen Teildisziplinen, sowie durch die Entstehungsgeschichte in vielen Teilen der Mathematik und an vielen Orten bildet dieser Teil der Mathematik ein Beispiel für die überraschende gleichzeitige Entwicklung einer gemeinsamen neuen Theorie innerhalb der Mathematik in den letzten Jahrzehnten. Es gibt Monografien zu dieser Thematik, vgl. [2], [3], [4] und [8].

1.3.9 Integralgeometrie

Die Bezeichnung *Integralgeometrie* hat W. Blaschke geprägt. Eine erste Monografie zu dieser Thematik erschien von ihm 1935, [1]. Ich stelle einige Fragen, die mit Methoden der Integralgeometrie behandelt wurden. Für Mathematiker, die sich mit dieser Thematik näher beschäftigen wollen, verweise ich auf das Werk von Rolf Schneider, [19] und die dort zu findenden ausführlichen Literaturangaben. Ein älteres Werk von Hugo Hadwiger gibt es in deutscher Sprache, [11]. Ich behandle nur einige zufällig herausgegriffene Thematiken, die diesem Teil der Geometrie zuzurechnen sind.

1. Wenn man einen konvexen Körper in zwei Teile zerlegen möchte mit vorgegebenen Volumen der beiden Teile, kann man dann Aussagen über die Größe der Trennfläche machen?

2. Wenn man zufällig Geraden auf einen Einheitskreis wirft, die den Kreis treffen, kann man dann etwas über die Wahrscheinlichkeit aussagen, die die Länge der Sehne betrifft?

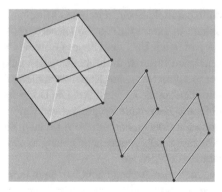

Abbildung 1.23 Zwei Würfel treffen zufällig aufeinander, welche Kollision ist wahrscheinlicher, Kante gegen Kante oder Ecke gegen Seite?

3. Kann man die Oberfläche von einem Ei aus dem Mittelwert der Flächen seiner Schatten ermitteln?

4. Siehe dazu Abb. 1.23. Wenn zwei Würfel aufeinandertreffen, dann ist es höchst unwahrscheinlich, dass eine Ecke des einen Würfels eine Ecke des anderen Würfels trifft oder dass eine Seitenfläche genau mit einer anderen zusammenfällt, aber trifft eher eine Kante des einen Würfels eine Kante des anderen Würfels, oder trifft eher eine Ecke des einen eine Seite des anderen?

5. Wie gelingt die Ausmessung der Lungenoberfläche unter dem Mikroskop mit Mitteln der Integralgeometrie?

6. Eine Seifenblase enthält ein gewisses Luftvolumen, und die zugehörige Oberfläche der Blase möchte so klein wie möglich sein. Die zugehörige mathematische Aussage betrifft die isoperimetrische Ungleichung zwischen Volumen und Oberfläche.

Einer konvexen Menge K in der Ebene oder im Raum (auch in höheren Dimensionen) kann man eine Vielzahl von geometrischen Kenngrößen zuordnen. Durch die Namen dieser Kenngrößen ist oft schon klar, um welche Begriffe es sich handelt. Der Durchmesser $D(K)$, der Umkugelradius $R(K)$, der Inkugelradius $r(K)$, der Flächeninhalt $A(K)$ und der Umfang $U(K)$ von ebenen Mengen oder das Volumen $V(K)$ und die Oberfläche $O(K)$ im Raum sind Beispiele solcher Kenngrößen. Es gibt eine Vielzahl von Ungleichungen, in denen diese Kenngrößen verglichen werden.

1.4 Welche Themen werden nicht behandelt?

Diese Frage kann ich nicht beantworten. Die Fülle der Mathematikprobleme, selbst die die Geometrie betreffend, ist so groß, dass nur ein sehr kleiner Teil behandelt werden konnte. Die folgende Argumentation soll das erklären.

Es gibt über 400 mathematische Zeitschriften mit einer gewissen Rangordnung. Ob diese Rangordnung eine brauchbare Qualitätsbeurteilung der Beiträge in diesen Zeitschriften darstellt, ist umstritten, aber wir können davon ausgehen, dass mit jedem Beitrag in einer dieser Zeitschriften mindestens ein ungelöstes Problem der Mathematik behandelt wird. Wir müssen nicht die Anzahl der Arbeiten pro Jahr in jeder Zeitschrift zählen, und wir müssen nicht die Jahrzehnte angeben, die wir bei der Anzahlschätzung mathematischer Probleme berücksichtigen wollen. Wir erkennen durch diese Betrachtung, es gibt selbst für Spezialisten eine unüberschaubare Vielfalt mathematischer Probleme.

Die Auswahl der Themen in diesem Buch wurden dadurch bestimmt, dass ich mich mit diesen Fragen beschäftigt habe und dass ich zum großen Teil Beiträge aus diesen Bereichen veröffentlicht habe. Durch den Wunsch, nur solche Dinge darzustellen, bei denen es relativ leicht ist, mit wenig mathematischen Konzepten und Bildern an die Fragen der Forschung zu gelangen, wurde die Themenauswahl weiter stark eingeschränkt.

Dennoch kann ein solcher kleiner Ausschnitt aus der Geometrie von Interesse sein. Durch einen Zoobesuch werden wir nicht zum Tierarzt. Ein Konzert kann uns gefallen, ohne selbst Musiker zu sein. Dem Leser sei empfohlen, die mathematischen Themen so wahrzunehmen, wie die Kunstgegenstände in einer Galerie.

Das entspräche auch der Zieletzung der Organisation the bridges organization, die es sich zur Aufgabe gemacht hat, auf Tagungen, die Verbindungen der Mathematik mit Kunst, Musik, Architektur, Erziehung und Kultur hervorzuheben und zu fördern.

1.5 Zu den Keramikmodellen

Ich stelle in diesem Buch meine über viele Jahre von mir angefertigten Keramikmodelle vor, die die Beschreibung von mathematischen Überlegungen unterstützen. Viele Dinge lassen sich gut durch 3-D-Grafiken am Rechner darstellen, ein Modell in der Hand stellt eine neue Qualität dar, das weitere Einsichten ermöglicht. Die schöne Form unterstreicht oft die Thematik in gleicher Weise. Alle Keramikmodelle wurden über viele Jahre von mir im Töpferatelier von Gaby Hein in Wiesbaden gefertigt.

Abb. 1.24 wurde mit einer Kamera aufgenommen, die rundum einen Winkel von 360 Grad erfasst hat. Mit einer 3-D-Brille hat man die Gelegenheit, sich die Objekte genauer anzusehen, wenn man entsprechend mit der Brille die Blickrichtung ändert. Abb. 1.25 zeigt eine Auswahl dieser Modelle auf einer Symmetrietagung in Ungarn.

Die Gummifäden in Abb. 1.26 bilden keine Großkreise, damit die maximale Anzahl der Dreieckzellen, die bei diesem Sphärensystem die wesentliche Rolle spielt, besser zum Ausdruck kommt, vgl. Kap. 9 über Sphärensysteme. Der QR-code neben der Abbildung zeigt das fertige Keramik-Modell auf einer rotierenden Platte. Die Verallgemeinerung eines Systems von Großkreisen zu einem solchen System von geschlossenen Kurven auf dem Rand der Kugel spielt eine zentrale Rolle in diesem Buch. Die geschlossenen Kurven verlaufen auf der Gegenseite einer Halbkugel in den entsprechenden antipodischen Punkten. Die paarweisen Schnitte solcher geschlossenen Kurven treffen sich jeweils in einem Paar antipodischer Punkte, in denen sie sich schneiden.

Neben den Keramik-Modellen, die auf verschiedenen Ausstellungen auch im Ausland in Ungarn, in Österreich und in Slowenien gezeigt wurden, gibt es eine Reihe weiterer Modelle zur Mathematik, die in den folgenden Kapiteln beschrieben werden. Obgleich

Abbildung 1.24 Eine Übersicht über einen Teil meiner Modellsammlung, die in diesem Buch in Einzelbildern dargestellt werden. Über den QR-Code kann man sich die Objekte etwas genauer im Film ansehen. Die jeweiligen Beschreibungen dazu finden sich dann in den nachfolgenden Kapiteln

Abbildung 1.25 Meine Ausstellungsstücke in Tihany, Ungarn

die Computergrafik weit fortgeschritten ist, bleiben dreidimensionale Darstellungen wie die von meinem Kollegen Artmann zur 3-Sphäre in Kap. 5 oder mein Modell aus dem

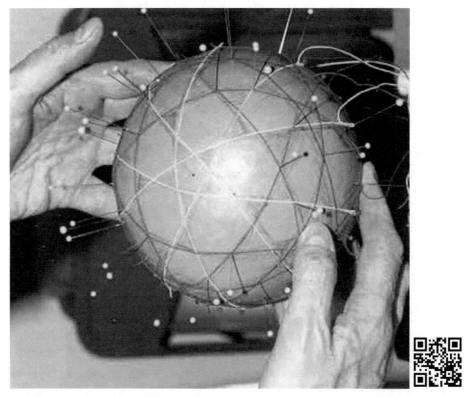

Abbildung 1.26 Zum Entstehungsprozess eines meiner Keramik-Modelle. Das fertige Modell kann man über den QR-Code auf YouTube im Film ansehen

Schwanenhalsmaterial für Lampen in Kap. 3 für ein denkbares Polyeder mit zwölf Ecken ohne Diagonalen durchaus interessante vergleichbare Objekte.

Literatur

1. Blaschke, W.: Vorlesungen über Integralgeometrie, 2 Bände 1935, 1937, 3. Auflage VEB Deutscher Verlag der Wissenschaften (1955)
2. Björner, A., Las Vergnas, M., Sturmfels, B., White, N., Ziegler, G. M.: Oriented Matroids. Cambridge University Press, (1993), 2nd ed. (1999)
3. Bokowski, J.: Computational Oriented Matroids, Equivalence classes of matrices within a natural framework. Cambridge UP (2006)
4. Bokowski, J., Sturmfels, B.: Computational Synthetic Geometry. Lecture Notes in Mathematics 1355, Springer (1989)
5. Gambarelli J., Gurinel G., Chevrot L., Matti M.: Ganzkörper-Computer-Tomografie. Springer, Berlin, Heidelberg (1977) doi: 10.1007/978-3-662-07372-8-7
6. Gruber, P. M., Wills, J.M. eds.: Handbook of Convex Geometry. Vols. A,B, North-Holland, (1993) doi: 10.1016/C2009-0-15705-7
7. Grünbaum, B.: Convex Polytopes. Ziegler, G.M., ed., Graduate Texts in Mathematics, Springer (1967) doi: 10.1007/978-1-4613-0019-9
8. Grünbaum, B.: Arrangements and Spreads. AMS, Conference Board of the Mathematical Sciences, 114 p. (1972)
9. Grünbaum, B.: Configurations of Points and Lines. AMS, Providence (2009)
10. Grünbaum, B., Rigby, J. F.: The real configuration (21_4). Journal of the London Mathematical Society, Second Series, 41 (2): 336-346 (1990) doi: 10.1112/jlms/s2-41.2.336
11. Hadwiger, H.: Vorlesungen über Inhalt, Oberfläche und Isoperimetrie. Springer Berlin, Göttingen, Heidelberg. Die Grundlehren der Mathematischen Wissenschaften 93 (1975)
12. Hofmann, K.H. und Wille, R., eds.: Symmetry of Discrete Mathematical Structures and Their Symmetry Groups. A Collection of Essays, Heldermann Berlin, Research and Expositon in Mathematics, Vol. 15 (1991)
13. Klein, F.: Handschriftlicher Nachlass. Mathematisches Institut der Friedrich Alexander Universität, (Konrad Jacobs), Erlangen, November (1977)
14. Kortenkamp, U., Richter-Gebert, J.: Cinderella.

    `http://Cinderella.de (1998)`

15. Mathematics Calendar 1979 Springer-Verlag Berlin, Heidelberg, New York (1979)
16. McMullen, P., Schulte, E.: Abstract Regular Polytopes. Encyclopedia of Mathematics and its Applications 92, Cambridge (2002)
17. Meschkowski, H.: Ungelöste und unlösbare Probleme der Geometrie. Vieweg, Braunschweig (1960) doi: 10.1007/978-3-322-98556-9
18. Pisanski, T., Servatius, B.: Configurations from a Graphical Viewpoint. Birkhäuser (2013)
19. Schneider, R.: Convex bodies: the Brunn-Minkowski theory. Cambridge UP, 1993, 2. Auflage (2014)
20. Schuster, P. K.: *Melencolia I*, Dürers Denkbild. 2 Bände, Berlin (1991)

Kapitel 2
Punkt-Geraden-Konfigurationen

Zusammenfassung In diesem Kapitel stelle ich sehr einfach zu formulierende offene mathematische Probleme zu Punkt-Geraden-Konfigurationen in der Ebene vor. Ich starte mit einer Anwendung: Vor den Wahlen eines Präsidenten in Slowenien gab es acht Kandidaten. Der nationale Fernsehsender beabsichtigte, an acht Tagen je eine Fernsehdebatte mit jeweils drei Kandidaten zu senden. Jeder Kandidat bekam drei Termine. Es sollten nie zwei Kandidaten mehrfach zusammentreffen. Wir deuten die $n = 8$ Kandidaten als Punkte und die $n = 8$ Fernsehdebatten als Geraden. Jede Gerade enthält $k = 3$ Punkte, und durch jeden Punkt gehen $k = 3$ Geraden. Wir sprechen dann von einer (n_k)-Punkt-Geraden-Konfiguration. Diese Punkt-Geraden-Konfigurationen wurden in den letzten 30 Jahren erneut in der mathematischen Forschung aufgegriffen. Im Fall $k = 4$ wurde für alle natürlichen Zahlen n geklärt, ob es eine entsprechende Punkt-Geraden-Konfiguration gibt, nur der Fall $n = 23$ blieb auf überraschende Weise bisher offen.

2.1 Zur Problematik des Fernsehsenders

Ich starte mit dem Problem beim nationalen Fernsehsender in Slowenien aus der Zusammenfassung, Ich hatte es in der Zusammenfassung als abstraktes (8_3)-Punkt-Geraden-Konfiguration gedeutet. Man kann aber in diesem Fall keine Konfiguration mit Acht Geraden in der Ebene finden. Daher wähle ich für eine Zeichnung für dieses Problem eine Punkt-Kreis-Konfiguration. Ich deute die $n = 8$ Kandidaten als Punkte und die $n = 8$ Fernsehdebatten als Kreise. Jeder Kreis enthält $k = 3$ Punkte, und durch jeden Punkt gehen $k = 3$ Kreise. Ich spreche von einer (n_k)-Punkt-Kreis-Konfiguration, aber der Wechsel von den Kreisen zurück zu den Geraden wird uns in diesem Kapitel hauptsächlich beschäftigen.

Wir deuten in Abb. 2.1 die acht Kandidaten als rote Punkte und die acht Wochentage durch schwarze (Montag), blaue (Dienstag), braune (Mittwoch) oder grüne (Donnerstag) Kreise. Die Freitage und die Wochenenden waren wegen der Sportsendungen nicht vorgesehen. Dann stellen wir fest, dass es auch möglich ist, jedem Kandidaten drei verschiedene Wochentage für seine Fernsehdebatten zu geben.

Zusatzmaterial online

Zusätzliche Informationen sind in der Online-Version dieses Kapitel (https://doi.org/10.1007/978-3-662-61825-7_2) enthalten.

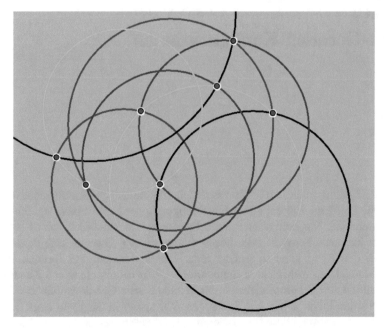

Abbildung 2.1 Deutet man jeden Punkt als einen Kandidaten und jeden Kreis als eine Fernsehdebatte mit den drei Kandidaten auf dem Kreis, dann kann man die acht Fernsehdebatten mit jeweils drei Kandidaten senden, ohne dass zwei Kandidaten zweimal zusammentreffen

Noch einmal zurück nach Slowenien. Dragan Marusic stellte fest, dass der nationale Fernsehsender das Problem nicht lösen konnte. Es gab zwei Kandidaten, die zweimal zusammentrafen. Tomasz Pisanski erkannte das Problem als ein bekanntes Konfigurationsproblem, und Tomasz Pisanski und Dragan Marusic schrieben daraufhin eine Arbeit über Inzidenzstrukturen und Fernsehdebatten in einer slowenischen Zeitschrift (*Presek*) für Schüler, wobei sie auch die Fälle für sieben und neun Kandidaten diskutierten.

`http://www.presek.si/28/1452-Marusic-Pisanski.pdf`

In einer weiteren Arbeit für Lehrer im Jahr 2004 schrieb Tomasz Pisanski mit Arjana Zitnik einen Artikel, der weit komplexer war, der sieben Parteien mit Sitzen im Parlament betraf sowie sechs Parteien ohne Sitze im Parlament. Das slowenische Fernsehen hat daraufhin diese Arbeit bei der nächsten Wahl berücksichtigt. Die Arbeit ist ebenfalls in slowenischer Sprache geschrieben, aber es gibt eine englische Zusammenfassung.

`www.obzornik.si/51/1578-Pisanski-Zitnik-abstract.pdf`

2.2 Von Felix Klein zur Grünbaum-Rigby-Konfiguration

In diesem Abschn. 2.2 betrachten wir eine von Felix Klein in der komplexen Ebene be-schriebene Konfiguration, von der Grünbaum und Rigby erstmals gezeigt haben, dass sie auch in der reellen Ebene realisiert werden kann. Sie war vor über 30 Jahren der Ausgangs-punkt zum Studium ähnlicher Konfigurationen, die in diesem Kapitel betrachtet werden. Mit dieser Konfiguration als Beispiel in der reellen Ebene sollen einige grundlegende Kon-zepte erläutert werden, die im weiteren Verlauf dieses Kapitels benötigt werden: zunächst der Begriff einer (n_k)-Konfiguration selbst, dann die Erweiterung unserer reellen Ebene zur projektiven Ebene und die Erweiterung des Geradenbegriffs zu Pseudogeraden. Neben einer Transformation in der Ebene, die durch eine Bewegung (denkbare Translation und denkbare Drehung) hervorgerufen wird, gibt es in der projektiven Ebene weitere Transfor-mationen, die alle Geraden wieder in Geraden überführen (projektive Transformationen), wobei die Inzidenzen der Punkte auf den Geraden erhalten bleiben. Eine projektive Trans-formation wird bestimmt durch das Bild von vier Punkten in allgemeiner Lage, d.h., keine drei der vier Punkte liegen auf einer Geraden.

Auf einer internationalen Konferenz im Jahre 2019 in Bled, Slowenien, über Graphen-theorie wurde jedem der über 300 Teilnehmer ein Hemd mit der auf Felix Klein [22] zurückgehenden Punkt-Geraden-Konfiguration (21_4) überreicht. B. Grünbaum und J. F. Rigby [21] hatten 1990 diese Version aus der komplexen projektiven Ebene bei Felix Klein in die reelle projektive Ebene übertragen. Die Arbeit von Felix Klein ist sicher nicht leicht zu verstehen, aber nach der Übertragung in die reelle Ebene ist jedem diese Konfiguration leicht erklärbar. Zwei Bilder sind in Abb. 2.2 zu sehen.

Sie war ein Ausgangspunkt, um über alle (n_4)-Konfigurationen nachzudenken. Das be-reits in der Zusammenfassung zu diesem Kapitel formulierte mathematische Problem be-sagt, man soll klären, ob es eine solche Konfiguration auch mit 23 Geraden und 23 Punkten gibt. Können wir aus bekannten anderen Beispielen lernen, wie man zu einer Lösung kom-men kann? Sicher können wir kaum mit einer symmetrischen Lösung rechnen, oder? Wie könnte man nachweisen, dass es eine solche Konfiguration nicht gibt? Sieht es so aus, dass ein sinnvolles Probieren eine Lösung liefern könnte? Vielleicht möchte der Leser selbst ein wenig probieren?

Ich möchte offene Probleme in der Mathematik erläutern, ohne viele Konzepte aus der Mathematik zu benutzen, die dem Leser nicht vertraut sind. Bei den Punkt-Geraden-Konfigurationen hat man den Eindruck, dass dies besonders leicht gelingt? Punkte und Geraden in der Ebene sind jedem Leser sehr vertraut. Dennoch mute ich dem Leser zu, über die uns vertraute Ebene nachzudenken und die Erweiterung zur projektiven Ebene als neues Konzept kennenzulernen.

Ich glaube, dass auch *Pseudogeraden* als geschlossene Kurven in der projektiven Ebene leicht zu verstehen sind und dass wir die Abbildungen, die die projektive Ebene auf sich abbilden und dabei Geraden wieder in Geraden überführen, sogenannte *projektive Trans-formationen*, einsetzen sollten, um Aspekte der Punkt-Geraden-Konfigurationen besser beschreiben zu können.

Es ist bei der Betrachtung der Punkt-Geraden-Konfigurationen gut, wenn man unsere vertraute Ebene, man spricht von der *euklidischen Ebene*, um die Punkte auf einer wei-teren zusätzlichen Gerade erweitert. Dieses Konzept der *projektiven Ebene* soll zunächst

Abbildung 2.2 Eine Punkt-Geraden-Konfiguration (21_4). Links eine meiner Keramikversionen dazu, rechts eine Darstellung auf dem Hemd für die über 300 Tagungsteilnehmer einer internationalen Konferenz über Graphentheorie in Bled, Slowenien, 2019. In beiden Fällen hat man sich bei der Darstellung der Geraden nur auf wesentliche Strecken beschränkt

Abbildung 2.3 Eine Ebene auf einer Kugel liegend. Eine Gerade durch den Mittelpunkt M der Kugel überträgt jeden Punkt in der Ebene auf ein Punktepaar auf der Kugel. Der zur Ebene parallele Äquator auf der Kugel wird dabei nicht erreicht. Die Punktepaare auf dem Äquator deuten wir als *Fernpunkte* in unserer Ebene. Zu zwei parallelen Geraden in der Tangentialebene gehört derselbe Fernpunkt, bestimmt durch eine weitere Parallele (im Raum) durch M

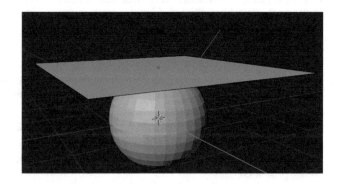

erläutert werden. In diesem erweiterten Ebenenmodell haben auch voneinander verschiedene parallele Geraden einen Schnittpunkt. Wenn man die Abbildung 2.3 mit der nebenstehenden Erklärung betrachtet hat, dann ist dies evtl. schon klar geworden. Wenn man die Ebene mit einer Konfiguration als Tangentialebene auf eine Kugel legt, dann kann man durch eine Gerade $g(P, M)$ durch den Mittelpunkt M der Kugel und einen Punkt P in der Ebene zu diesem Punkt P in der Ebene zwei (diametral) entgegengesetzte Punkte auf der Kugeloberfläche erhalten als Schnittpunkte der Geraden $g(P, M)$ mit dem Rand der Kugel.

   Wir wollen ein Punktepaar auf der Kugeloberfläche als einen Punkt (einen Doppelpunkt) betrachten, den *Bildpunkt BP* des Ausgangspunktes P. Die Menge der Punkte auf einer Geraden in der Ebene liefert dann einen Großkreis auf der Kugel? Nein, ein Punktepaar (also ein Doppelpunkt) hatte keinen Ausgangspunkt in der euklidischen Ebene. Die zu der Ausgangsgeraden in der Ebene parallele Gerade durch den Mittelpunkt der Kugel

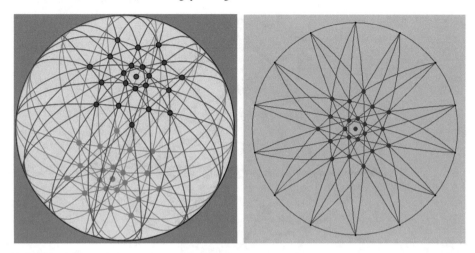

Abbildung 2.4 Bei dieser Darstellung der Konfiguration aus Abb. 2.2 sieht man ein sphärisches Bild. Die Geraden sind zu Großkreisen geworden. Wenn man nur die obere Hälfte der Kugel betrachtet und daran denkt, dass auf dem Äquatorkreis die gegenüberliegenden Punkte zu identifizieren sind, dann ist auch eine Darstellung in Form einer Kreisscheibe ausreichend. Den Rand dieser Kreisscheibe haben wir gewissermaßen der euklidischen Ebene hinzugefügt. Wir haben damit ein Modell der projektiven Ebene

hatte in der Ebene keinen Punkt, durch den sie definiert werden konnte. Diesen Punkt gibt es jetzt in dem erweiterten Modell der euklidischen Ebene, er ist ein Schnittpunkt von (verschiedenen) zueinander parallelen Geraden in der Ebene. Mit dieser Erweiterung der reellen Ebene zur projektiven Ebene kann jetzt jede Gerade in der Ebene auf einen kompletten Großkreis auf der Kugel abgebildet werden. Abb. 2.4 zeigt links das sphärische Bild der Konfiguration aus Abb. 2.2, die rechte Kreisscheibe liefert ebenfalls ein Modell für die projektive Ebene mit der sogenannten Ferngeraden (Rand der Kreisscheibe) mit den Schnittpunkten paralleler Geraden in der euklidischen Ebene.

An dieser Stelle ist es sinnvoll, auch den Begriff des *Pseudogeraden-Arrangements* in der projektiven Ebene anzusprechen und zu erklären. Der Begriff des Pseudogeraden-Arrangements geht auf eine Arbeit von Friedrich Levi aus dem Jahr 1926 zurück [23]. Ein Buch von B. Grünbaum mit dem Titel *Arrangements and Spreads* [19] hatte diesem Konzept im Jahre 1972 große Beachtung geschenkt. H.S.M. Coxeter hatte dazu in den *Mathematical Reviews* darüber geschrieben: *This unusual monograph, on what Hilbert would have called **anschauliche Geometrie**, is packed with interesting theorems and conjectures, enough to occupy a whole generation of future geometers set forth in a commendably clear style, with references to books and papers by more than two hundred authors.*

Bald danach erfuhr das Konzept der Pseudogeraden eine noch bedeutendere Erweiterung nicht nur auf höhere Dimensionen. Inzwischen gab es viele internationale mathematische Tagungen über Pseudogeraden-Arrangements und deren Verallgemeinerungen. Ich gehe auf diese Erweiterung seit den 70-er Jahren des letzten Jahrhunderts noch in anderem Zusammenhang ein.

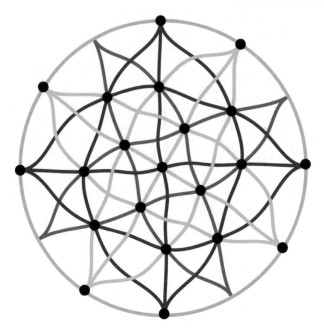

Abbildung 2.5 Die kleinste Punkt-Pseudogeraden-Konfiguration (17_4) in der projektiven Ebene. Gegenüberliegende Punkte auf dem Kreisrand zählen nur als ein Punkt, sie sind zu verheften

Eine *Pseudogerade* ist eine einfache geschlossene Kurve in der projektiven Ebene, die sich nicht selbst schneidet bzw. sich nicht selbst berührt und die zusätzlich die projektive Ebene nicht in zwei Teile zerlegt, wie es etwa der Rand einer Ellipse tun würde. Von einem Pseudogeraden-Arrangement, d.h. einer endlichen Menge von Pseudogeraden, fordert man, dass nicht alle Pseudogeraden durch einen Punkt verlaufen und dass sich je zwei Pseudogeraden in genau einem Punkt schneiden. Ein wichtiges Beispiel zur Thematik der Konfigurationen sehen wir in Abb. 2.5. Sie zeigt die kleinste Punkt-Pseudogeraden-Konfiguration (17_4), also mit 17 Punkten und 17 Pseudogeraden in der projektiven Ebene.

Bevor wir mit der weiteren Einführung in die Thematik der Konfigurationen beginnen, haben wir bereits eine einwandfreie mathematische Grundlage. Wir können verschiedene Punkt-Geraden-Konfigurationen unterscheiden.

Definition: Eine (n_k)-Konfiguration ist eine Menge von n Punkten und n Geraden, sodass jeder Punkt auf genau k dieser Geraden liegt und jede Gerade genau k dieser Punkte enthält.

Dabei unterscheiden wir drei Fälle.

Fall 1: Wenn die Geraden die üblichen Geraden in der projektiven Ebene sind, dann sprechen wir von einer *geometrischen (n_k)-Konfiguration*.

Fall 2: Wenn die Geraden Pseudogeraden sind und wir ein Pseudogeraden-Arrangement haben, dann sprechen wir von einer *topologischen (n_k)-Konfiguration*.

Fall 3: Wenn die Geraden abstrakte Geraden sind, dann sprechen wir von einer *abstrakten (n_k)-Konfiguration*.

Wenn die Punkte mit Indizes versehen sind, dann ist ein abstrakter Punkt nur dieser Index, und eine abstrakte Gerade einer abstrakten Konfiguration ist die Menge derjenigen Indizes von Punkten, die auf der Gerade liegen würden, wenn sie uns geometrisch vorliegen würde.

Ein Beispiel für eine abstrakte (9_3)-Konfiguration soll diesen Fall erläutern. Wir definieren neun Punkte durch die Buchstaben A, B, C, D, E ,F, G, H, K und neun abstrakte Geraden durch die Punktmengen $\{A,B,C\}$ $\{G,H,K\}$ $\{D,EF\}$ $\{A,G,E\}$ $\{A,F,K\}$ $\{B,D,G\}$ $\{B,F,H\}$ $\{C,D,K\}$ $\{C,H,E\}$.

In Abb. 2.7 sehen wir, dass es zu dieser abstrakten (9_3)-Konfiguration eine geometrische Konfiguration gibt.

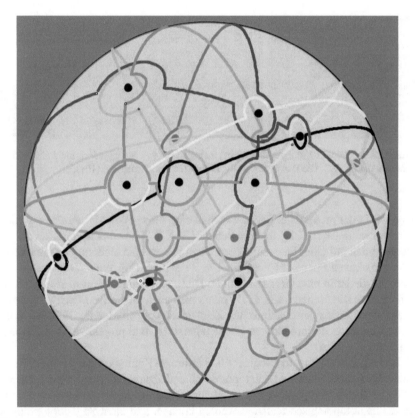

Abbildung 2.6 Dieses Beispiel zeigt ein Pseudogeraden-Arrangement mit neun Pseudogeraden, dargestellt auf der Sphäre, das nicht durch Großkreise auf der Sphäre dargestellt werden kann. Durch keinen Punkt gehen mehr als zwei Pseudogeraden. Das ist ein Beispiel für Verbindungen von Punkt-Geraden Konfigurationen zu anderen mathematischen Teildisziplinen. Im Kapitel über Sphärensysteme wird diese Thematik aufgegriffen

Bei dem Pseudogeraden-Arrangement mit neun Pseudogeraden in Abb. 2.6 handelt es sich nicht um eine topologische Konfiguration. Es gibt nur neun Pseudogeraden. Die eingezeichneten Punkte sind nicht Teil der Konfiguration. Das Beispiel zeigt aber, dass die Pappus-Konfiguration aus Abb. 2.7 zur Konstruktion dieses Bildes Pate gestanden hat. Würde man die Pseudogeraden *strecken*, um aus ihnen Großkreise zu machen, wobei die durch sie gebildete Zellzerlegung erhalten bleiben soll, dann würden sie sich schließlich in den schwarzen Punkten treffen und es würde sich eine Pappus-Konfiguration ergeben. Dieser Grenzfall hat dann aber die Zellzerlegung schon verändert. In Abb. 2.6 gibt es keine Schnittpunkte mit mehr als zwei Pseudogeraden. Wenn man diese Eigenschaft erhalten möchte, dann gibt es also für dieses Beispiel eines Pseudogeraden-Arrangements kein entsprechendes Großkreis-Arrangement mit der gleichen Zellzerlegung. Dies ist ein kleinstes Beispiel dieser Art und wurde schon von Levi [23] im Jahr 1916 angegeben.

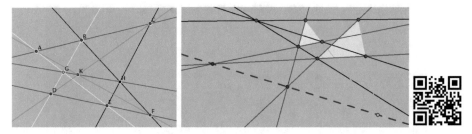

Abbildung 2.7 Die Pappus-Konfiguration (links) ist vom Typ (9_3). Sie ist jedoch nicht die einzige Konfiguration von diesem Typ. Die Desargue-Konfiguration (rechts) ist vom Typ (10_3).

Wenn wir in der projektiven Ebene zweimal eine Menge von vier Punkten wählen, sagen wir die Punkte $\{A,B,C,D\}$ und die Punkte $\{W,X,Y,Z\}$, wobei jeweils drei der jeweils vier Punkte nicht auf einer Geraden liegen, dann gibt es eine eindeutig bestimmte Abbildung der projektiven Ebene auf sich, die A in W, B in X, C in Y und D in Z abbildet und jede Gerade wieder in eine Gerade abbildet. Diese Abbildung nennt man eine *projektive Transformation*. Die Menge $\{A,B,C,D\}$ nennt man auch *projektive Basis*. Wir empfehlen dem Leser den Einsatz der dynamischen Zeichensoftware Cinderella. In dieser Software wird das Arbeiten in der projektiven Ebene unterstützt, und projektive Transformationen können benutzt werden.

Wir hatten geometrische, topologische und abstrakte Konfigurationen erklärt. Eine geometrische Konfiguration ist zugleich topologisch und abstrakt und eine topologische Konfiguration ist ebenfalls zugleich als abstrakt anzusehen. Es gibt aber abstrakte Konfigurationen, die nicht topologisch realisiert werden können, und nicht zu jeder topologischen Konfiguration gibt es eine geometrische Realisation. Wir erwähnen noch, dass aber jede abstrakte Konfiguration dennoch eine topologische Realisation besitzt, wenn man die topologische Realisation erweitert und sie als Kurven-Arrangement auf einer geschlossenen Fläche interpretiert. Diese Realisation wurde 2017 in einer Arbeit von Bokowski, Kovic, Pisanski und Zitnik [16] mit dem Titel *Combinatorial configurations, quasiline arrangments, and systems of curves on surfaces* veröffentlicht. Die Zitate zu Originalarbeiten sind aber in den meisten Fällen nur für diejenigen bestimmt, die sich wirklich weiter in die Thematik einarbeiten wollen. Ein weiteres Zitat betrifft eine Arbeit, die jeder (n_k)-Konfiguration eine Mannigfaltigkeit zuordnet: *A manifold associated to a topological* (n_k)

configuration [13]. Sie sei erwähnt, da sie zeigt, dass bei der Beschäftigung mit einer Thematik in der Mathematik häufig unerwartete Verbindungen zu anderen Konzepten der Mathematik auftreten, wie hier eine Mannigfaltigkeitsstruktur oder wie in Abschn. 2.9 die Verbindung zur algebraischen Geometrie.

2.3 Punkt-Geraden-Konfigurationen

Die Schließungssätze von Pappus und Desargue aus der projektiven Geometrie sind sehr bekannt. Man findet unter diesen Stichpunkten eine Fülle von Zeichnungen im Internet. Die Pappus-Konfiguration hat neun Geraden und neun Punkte. Drei Punkte liegen jeweils auf einer Geraden, und durch jeden Punkt gehen jeweils drei Geraden.

Wenn man auf zwei verschiedenen blauen Geraden in der projektiven Ebene jeweils drei Punkte A, B, C und D, E, F wählt, man also mit insgesamt sechs verschiedenen Punkten startet, dann liegen die Schnittpunkte der gelben, grünen und schwarzen Geraden in Abb. 2.7 auf einer (roten) Geraden.

Die sechs roten Punkte in der Cinderella-Datei zur Pappus-Konfiguration: Pappus.cdy lassen sich bewegen, ohne dass die Schließungseigenschaft verloren geht. Probieren Sie es aus mit der dynamischen Zeichensoftware Cinderella.

In der Desargue-Konfiguration, vgl. Abb. 2.7 rechts, haben wir zehn Geraden und zehn Punkte. Wieder gilt: Drei Punkte liegen jeweils auf einer Geraden, und durch jeden Punkt gehen jeweils drei Geraden. Diese geometrische Konfiguration ist vom Typ (10_3). Diese beiden Konfigurationen, die von Pappus (ca. 300 n. Chr.) und die von Desargue (1593-1662), können als Einstieg in die Thematik der Punkt-Geraden-Konfigurationen dienen. Bei der Desargue-Konfiguration liegen die Ecken zweier Dreiecke auf den drei schwarzen Strahlen von einem Punkt aus, wie in Abb. 2.7 gezeichnet. Wenn man dann die jeweiligen roten, blauen und grünen Seiten der Dreiecke verlängert und deren Schnittpunkte bildet, dann liegen diese drei Punkte stets auf einer Geraden.

Bisweilen kann man sich an Punkt-Geraden-Konfigurationen allein aufgrund ihrer Symmetrie erfreuen.

Das Buch von Branko Grünbaum [20] mit dem Titel *Configurations of Points and Lines* hat in hervorragender Weise den Stand der Forschung auf diesem Teilgebiet der Geometrie bis zu seinem Erscheinen im Jahr 2009 beschrieben. Wer nach dem Lesen dieses Kapitels an der Thematik Gefallen gefunden hat, wird sicher in dieses Buch schauen wollen. Wir geben hier eine deutsche Fassung des Textes zu diesem Buch wieder, die zugleich nochmals eine Definition von (n_4)-Konfigurationen enthält: *Dies ist das einzige Buch (Stand 2009) zum Thema: Geometrische Konfigurationen von Punkten und Geraden. Sie stellt die Geschichte des Themas mit ihrem Aufstieg und ihrem Niedergang seit ihrem Beginn im Jahr 1876 detailliert dar. Sie deckt alle Fortschritte auf diesem Gebiet ab, seit das Interesse an geometrischen Konfigurationen vor etwa 20 Jahren wieder auflebte. Die Beiträge des Autors (Branko Grünbaum) sind von zentraler Bedeutung für diese Wiederbelebung. Insbesondere leitete er die Untersuchung von (n_4)-Konfigurationen ein, d.h. solche Konfigurationen, bei denen vier Punkte auf jeder Geraden liegen und bei denen vier Geraden durch jeden Punkt gehen. Die Ergebnisse sind im Text ausführlich beschrieben. Die wich-*

tigste Neuheit im Umgang mit allen geometrischen Konfigurationen ist die Konzentration
auf ihre Symmetrien, die es ermöglichen, mit großen Konfigurationen umzugehen. Das
Buch bringt die Leser auf einfache Weise an die Grenzen des gegenwärtigen Wissens, so-
dass sie das Material genießen können und sodass sie dazu verleitet werden, sich an der
Erweiterung zu versuchen.

Es gab inzwischen weitere Ergebnisse auf diesem Gebiet, u.a. ein weiteres Buch von
Pisanski und Servatius [25] über die Thematik der Punkt-Geraden-Konfigurationen aus der
Sicht der Graphentheorie. Wir widmen dieses Kapitel der Thematik der Punkt-Geraden-
Konfigurationen und weisen insbesondere auf die offene Fragestellung hin, die einfach zu
beschreiben ist und für die evtl. Antworten gefunden werden können.

2.4 Kleine (n_4)-Konfigurationen

Nach dem Erscheinen zweier Bücher, [20] und [25], über Punkt- Geraden-Konfigurationen
(wir sprechen ab hier kurz von *Konfigurationen*) gab es eine Reihe weiterer Ergebnisse
über (n_4)-Konfigurationen, die wir hier darstellen wollen, da es interessanterweise nur
einen einzigen ungelösten Fall für die Anzahl n gibt, von dem man nicht weiß, ob es eine
solche geometrische Konfiguration gibt. Die Existenz topologischer (n_4)-Konfigurationen
ist vollständig gelöst, vgl. [15]. Das Ergebnis stimmt mit dem Titel dieser Arbeit überein:
Topological configurations (n_4) *exist for all* $n \geq 17$. Das kleinste Beispiel haben wir in
Abb. 2.5 dargestellt. Die kleinste Zahl n, für die es geometrische (n_4)-Konfigurationen
gibt, ist 18. In diesem Fall kennt man sogar die Anzahl aller wesentlich verschiedenen
Konfigurationen dieses Typs, es gibt genau zwei Beispiele, die wir in Abb. 2.10 und 2.11
zeigen.

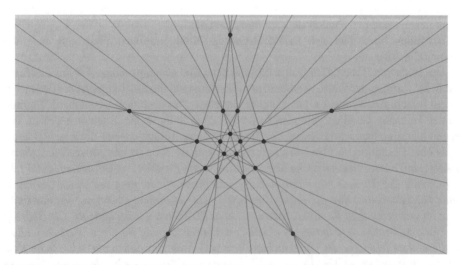

Abbildung 2.8 Grünbaums (20_4)-Konfiguration. Ist dies die einzige (20_4)-Konfiguration?

Grünbaum schreibt in seinem Buch über Konfigurationen [20] dazu auf Seite 162, dass in der Arbeit [21] vermutet wurde, dass es keine (n_4)-Konfiguration für $n < 21$ gibt, und in drei weiteren Arbeiten von ihm hatte er diese Vermutung wiederholt. Dann fand Grünbaum sein Beispiel einer (20_4)-Konfiguration in Abb. 2.8, und er vermutete danach, dass dies das kleinste Beispiel sei.

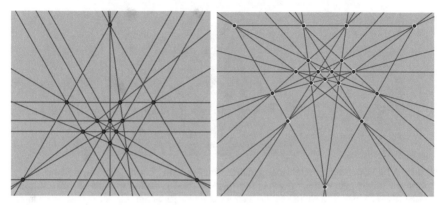

Abbildung 2.9 Eine Konfiguration vom Typ (18_4) in der projektiven Ebene aus [12] in zwei Versionen, die sich nur durch eine projektive Transformation voneinander unterscheiden. Links: Bei dieser Darstellung ist eine Symmetrie der Ordnung 3 erkennbar, drei Punkte sind unendlich ferne Punkte in der projektiven Ebene. Rechts: Alle 18 Punkte liegen im Endlichen

Ein Rückblick in die *Lecture Notes in Mathematics* Nr. 1355 [14] mit meinem damaligen Doktoranden zeigt auf Seite 41 noch das Problem 3.10: *Is there a real realizable* (n_4) *configuration for some* $n \le 20$ *?* Dieses Problem ist durch mehrere Publikationen inzwischen gelöst.

Es gibt nur zwei Konfigurationen vom Typ (18_4). Abb. 2.9 zeigt die zuerst gefundene Konfiguration aus der Arbeit [12], und Abb. 2.11 zeigt die zweite, auch recht spät gefundene Konfiguration aus [7]. Zum Zeichnen dieser zweiten Konfiguration kann man mit einer projektiven Basis starten, vier gelbe Punkte in Abb. 2.11 rechts unten, und dann zunächst einen grünen Punkt auf der einen Geraden wählen. Dann beginnt man weitere Geraden und Schnittpunkte zu ermitteln, wie es die Konfiguration verlangt. Sowie ein erzeugter Schnittpunkt oder eine neu erzeugte Gerade eine Inzidenz verletzt, d.h., das verlangte Zusammentreffen einer Geraden mit einem Punkt tritt nicht ein, dann korrigiert man die Lage des grünen Punktes so gut wie möglich, um eine gute Näherung zu erhalten. Hat man dies genau genug gemacht, dann tritt bei den anderen geforderten Inzidenzen ebenfalls eine gute Näherung der Konfiguration ein. Der Beweis, dass dies im besten Fall tatsächlich eine Lösung liefert, wurde in der angesprochenen Veröffentlichung geliefert. Zurück zum Zeichenproblem: Mit einer dynamischen Zeichensoftware, z.B. mit Cinderella, kann man dann vier frei wählbare Punkte (im Bild hier grün gewählt) als projektive Basis für die rechts blau gewählten Punkte wählen. In Cinderella steht diese Option jedenfalls zur Verfügung. Die Konstruktion der entsprechenden projektiven Transformation, die die blauen Punke in die grünen Punkte überführt, erlaubt anschließend, diese grüne pro-

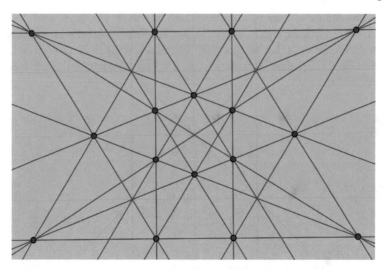

Abbildung 2.10 Eine geometrische Konfiguration vom Typ (18_4) in der projektiven Ebene aus [12] in einer weiteren Version, die sich nur durch eine projektive Transformation von den beiden vorherigen unterscheidet. Zwei Punkte sind Schnittpunkte von jeweils vier parallelen Geraden, also Fernpunkte. Wir haben eine Symmetrie der Ordnung 4.

jektive Basis z.B. als Eckpunkte eines Rechtecks zu wählen, was zu der links dargestellten Form dieser Konfiguration geführt hat und uns eine Symmetrie der Konfiguration in Form einer Drehung um 180 Grad um die Mitte zeigt.

Für $n = 19$ konnte im Jahre 2015 in [8] gezeigt werden, dass es keine geometrische (n_4)-Konfiguration gibt. Der entsprechende Beweis basiert auf der Untersuchung aller entsprechenden topologischen Konfigurationen. Wenn es eine geometrische Konfiguration vom Typ (19_4) gibt, dann muss sie in der Liste aller topologischen Konfigurationen vom Typ (19_4) enthalten sein. Die 4028 topologischen Konfigurationen vom Typ (19_4) waren aber alle nicht geometrisch realisierbar.

Diese Bemerkung soll noch einmal hervorgehoben werden, da sie eine allgemeine Lösungsstrategie von Problemen betrifft. Das Konzept der Pseudogeraden-Arrangements erlaubt es, die geometrischen Konfigurationen zu topologischen Konfigurationen zu verallgemeinern. Problemlösungen für geometrische Konfigurationen wurden gefunden, indem man die Fragestellung zunächst in der Verallgemeinerung zu Pseudogeraden-Arrangements behandelt hat, um danach wieder zu den geometrischen Konfigurationen zurückzukommen. Eine Situation, die jeder Mathematiker bei der Behandlung der reellen Nullstellen von Polynomen kennt. Man betrachtet zunächst alle komplexen Nullstellen (deren Anzahl ist nur vom Grad des Polynoms abhängig), um danach über die reellen Nullstellen nachzudenken.

In letzter Zeit wurden auch Punkt-Kreis-Konfigurationen betrachtet. Jede Gerade kann ja als ein entarteter Kreis mit großem Radius angesehen werden. Daher ist die folgende Punkt-Kreis-Konfiguration mit 19 Punkten und 19 *Kreisen* in Abb. 2.12 von Interesse.

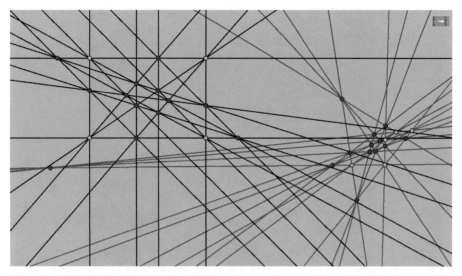

Abbildung 2.11 Die zweite Konfiguration vom Typ (18_4) in der projektiven Ebene aus [7]. Wenn man die Konfiguration zeichnen möchte, wird das nicht jedem leicht gelingen

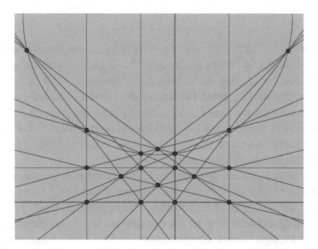

Abbildung 2.12 Eine Punkt-Kreis-Konfiguration (19_4) mit 18 Geraden als entartete Kreise gibt es aber. Der 19. Kreis ist rot

Wir haben nicht das Ziel, eine Forschungsmonografie zu schreiben, die eine Übersicht über alle Ergebnisse darzustellen hätte, aber im Hinblick auf die ungelöste Frage, ob es eine geometrische (23_4)-Konfiguration gibt, ist eine Arbeit von Cuntz [17] von Bedeutung, in der erst vor Kurzem die vorher unbekannten Fälle (22_4) und (26_4) positiv geklärt wurden. Abb. 2.13 zeigt eine symmetrische Darstellung dieser geometrischen Konfiguration vom Typ (22_4).

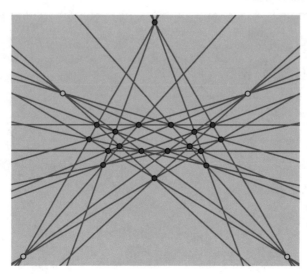

Abbildung 2.13 Diese geometrische Konfiguration von M. Cuntz aus dem Jahr 2018 [17] vom Typ (22_4) hat eine Symmetrieachse mit zwei Punkten. Gibt es evtl. eine geometrische Konfiguration vom Typ (23_4) mit einer Symmetrieachse mit drei Punkten?

Für ein ungelöstes Problem sind alle Hinweise möglicherweise nützlich, die auf einen Lösungsweg hindeuten. Die beiden Bilder aus Abb. 2.14 übereinander gelegt würden 23 Punkte und 23 Geraden ergeben. Kann man dabei erreichen, dass in beiden Situationen die sieben blauen Punkte des einen Bildes auf die blauen Geraden des anderen Bildes treffen? Dann hätte man doch eine Lösung, oder? Findet man so evtl. viele topologische (23_4)-Konfigurationen, die man auf Realisierbarkeit testen könnte? Bei mathematischen Aufgaben in der Schule war man immer sicher, dass man eine Lösung finden würde. Offene mathematische Probleme haben eine andere Qualität.

In einer Veröffentlichung aus dem Jahr 2017, [9], wurden Bausteine bereitgestellt, die man evtl. zur Konstruktion einer denkbaren geometrischen (23_4)-Konfiguration verwenden kann. Es mag sinnvoll sein, sich auch diese Bausteine anzusehen.

Eine weitere Hilfe auf dem Weg zu einer geometrischen (23_4)-Konfiguration wäre eine möglichst vollständige Sammlung aller topologischen (23_4)-Konfigurationen. Für die Konstruktion der topologischen (19_4)-Konfigurationen wurde in [7] ein Algorithmus verwendet, der aber wohl für den Fall (23_4) verbessert werden muss. Vielleicht bestimmt man zunächst nur die symmetrischen topologischen (23_4)-Konfigurationen?

Wir kennen ein solches Beispiel aus der Veröffentlichung [15], und Abb. 2.15 zeigt dieses Beispiel. Aus der Veröffentlichung [24] wissen wir, dass die Anzahl der abstrakten (19_4)-Konfigurationen 269 224 652 beträgt, und aus der Arbeit [8] kennen wir die Anzahl der topologischen (19_4)-Konfigurationen. Es gibt davon 4028. Die entsprechenden Anzahlen im Falle der (23_4)-Konfigurationen sind weit höher zu erwarten. Im Fall der (19_4)-Konfigurationen konnte aber gezeigt werden, dass es zu keiner der 4028 topologischen Konfigurationen eine zugehörige geometrische Konfiguration gibt.

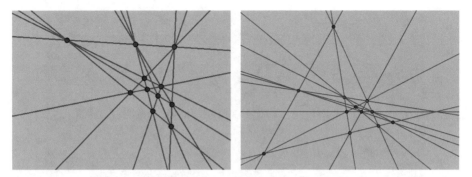

Abbildung 2.14 Zwei Teilkonfigurationen, die sich gut ergänzen würden, um eine Lösung für das offene Problem einer geometrischen (23_4)-Konfiguration einer Lösung zuzuführen

Wir möchten für dieses Beispiel der topologischen (23_4)-Konfiguration in Abb. 2.15 andeuten, wie man zeigen könnte, warum es nicht gelingen kann, zu diesem Fall eine zugehörige geometrische (23_4)-Konfiguration zu erhalten.

Wir wählen dazu die projektive Basis mit den vier grünen Punkten 5,6,13,16, vgl. dazu Abb. 2.16. Damit sind fünf schwarze Geraden und die Schnittpunkte 3 und 17 bestimmt. Wir wählen jetzt die Punkte 12 und 23 auf den jeweiligen schwarzen Geraden, ohne sie zunächst endgültig festzulegen. Sie sind vorerst noch frei auf diesen Geraden verschiebbar. Wir denken sie als zwei unabhängige Parameter, über die wir später verfügen wollen. Liegen sie aber fest, dann kann man eine Reihenfolge von Geraden und Schnittpunkten konstruieren, die nur von der Lage der projektiven Basis und diesen beiden Punkten 12 und 23 abhängen. Durch die topologische Beschreibung der Konfiguration liegen jetzt die eingezeichneten weißen Punkte und die weißen Geraden fest. Die rote Gerade durch die Punkte 2 und 14 muss den Punkt 23 enthalten, und die gestrichelte Gerade durch die Punkte 15 und 19 muss den Punkt 11 enthalten. Das wurde durch die Festlegung der Punkte 12 und 23 für Abb. 2.16 in etwa erreicht. Es sind aber noch nicht alle Punkte und alle Geraden eingezeichnet. Wenn man dies jetzt nicht vervollständigen kann, dann wäre der Widerspruch gefunden.

Wenn Sie noch immer an Versuchen interessiert sind, sich dem offenen Problem zu widmen, dann schlage ich vor, sich die Cinderella-Datei to-play.cdy in Abb. 2.17 vorzunehmen und mit ihr zu spielen. Die Schließungseigenschaften in diesem Beispiel, durch gestrichelte Geraden angegeben, sind evtl. in geeigneter Form modifiziert einsetzbar. Man kann die großen Punkte verschieben. Die vier blauen Punkte bilden eine projektive Basis. Man könnte drei dieser Punkte als Eckpunkte eines gleichschenkligen Dreiecks wählen und den vierten Punkt als Mittelpunkt dieses Dreiecks. Die drei weiteren verschiebbaren Punkte bewegen nur eine eine kleine Anzahl weiterer Geraden. Wenn man einen solchen Punkt neu auf seiner Geraden wählt und die weiteren Geraden erzeugt, dann geht jeweils die letzte Gerade (gestrichelt) durch drei Punkte. Wenn man diese Struktur genauer studiert, wird man erkennen, dass es sich dreimal um den Schließungssatz von Desargue handelt.

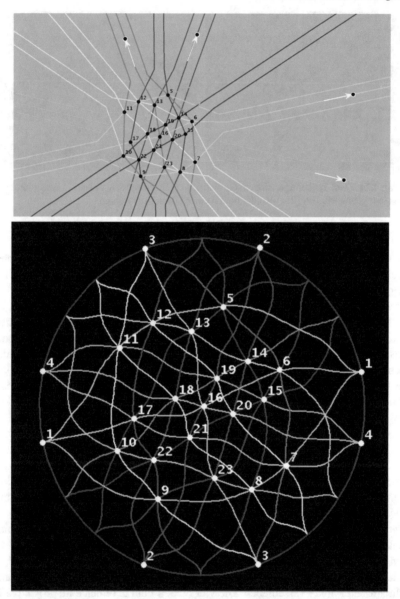

Abbildung 2.15 Dies ist eine topologische (23_4)-Konfiguration. Im oberen Bild wurde die Pseudogerade mit den Punkten 1,2,3 und 4 als Ferngerade gewählt. Kann man mit ihr starten und weitere topologische (23_4)-Konfigurationen finden? Warum ist diese nicht geometrisch realisierbar?

Solche Beispiele wie in Abb. 2.18 oder Beispiele mit noch mehr Valenzen gilt es zu finden. Wenn Sie dieses Beispiel selbst genauer verstehen wollen, dann starten Sie mit den vier grünen Punkten als eine projektive Basis. Die schwarzen Geraden sind dadurch

Abbildung 2.16 Wie man zeigen könnte, warum die topologische (23_4)-Konfiguration aus Abb. 2.15 nicht realisiert werden kann, soll durch diese Zeichnung klar werden

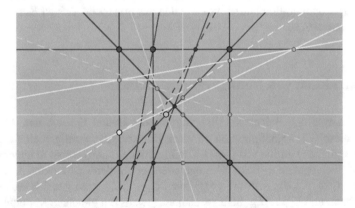

Abbildung 2.17 Ein Schließungssatz der projektiven Geometrie, der evtl. zu neuen Konfigurationen führt? Es gibt viele Schließungssätze, die man mit einer dynamischen Zeichensoftware wie Cinderella finden kann und die keinen Namen verdienen. Hier handelt es sich aber um eine dreifache Anwendung des bekannten Schließungssatzes von Desargue

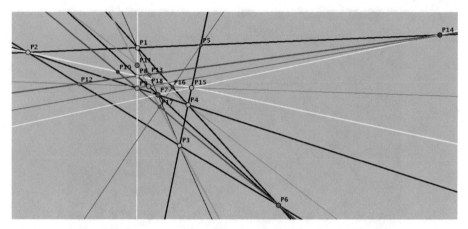

Abbildung 2.18 Die Behauptung, dass es viele Schließungssätze der projektiven Geometrie gibt, soll durch wenigstens ein weiteres Beispiel in dieser Abbildung belegt werden. In diesem Fall gibt es 18 Punkte und 18 Geraden, Jeweils elf Geraden und elf Punkte sind 4-valent, und die restlichen Punkte und Geraden sind 3-valent. Mit Valenz bezeichnet man dabei das Zusammentreffen von Punkten und Geraden

bestimmt. Dann wählen Sie den gelben Punkt P8, der sich zunächst noch verschieben lässt. Dann können Sie sukzessive die weiteren Geraden und Punkte konstruieren, um schließlich im letzten Schritt noch über die endgültige Wahl des Punktes P8 zu verfügen. Sie werden dabei erkennen, dass, noch bevor Sie die letzte Gerade einzeichnen, dreimal ein Inzidenztheorem erkennbar wird. Damit haben wir einige Ansätze zu Problemlösungen gezeigt. Es sind aber sicher neue Ideen gefragt, um 23 Punkte und 23 Geraden zu finden, die eine (23_4)-Konfiguration bilden. Wir wenden uns in Abschn. 2.5 der Konstruktion von Konfigurationsserien zu.

2.5 Konstruktion von Konfigurationsfamilien

Nach der Analyse des Beispiels (18_4) von Bokowski und Schewe aus Abb. 2.9 hat Grünbaum diese (18_4)-Konfiguration zu einer Konstruktion verallgemeinert, sodass sie zu einer unendlichen Familie von $(6m_4)$-Konfigurationen führt, wobei m ungerade ist.

Er wählt fünf reguläre m-Ecke mit ungeradem m mit den Eckpunkten $A_1, A_2, \ldots, A_m$, rot gezeichnet, $B_1, \ldots, B_m$, schwarz gezeichnet, $C_1, \ldots, C_m$, grün gezeichnet, $D_1, \ldots, D_m$, gelb gezeichnet, und $E_1, \ldots, E_m$, blau gezeichnet, jeweils mit gleichem Mittelpunkt, wobei die Reihenfolge der jeweiligen Ecken eines m-Ecks entgegen dem Uhrzeigersinn gewählt wurde. Vergleichen Sie dazu die Abb. 2.19. Die Seiten aller fünf m-Ecke definieren 5m Geraden. Die Punkte $B_1, B_2, \ldots, B_m$ sind Mittelpunkte der Seiten des regulären m-Ecks mit den Ecken $A_1, A_2, \ldots, A_m$. Punkt B_1 ist Mittelpunkt der Strecke von A_1 nach A_2. Weitere m Geraden (türkis gezeichnet) verlaufen durch die Punkte A_i und $B_{i+(m-1)/2}$. Sie bilden die Symmetrieachsen des roten m-Ecks mit den Ecken $A_1, A_2, \ldots, A_m$. Auf der Geraden durch B_i und B_{i+1} wird der Punkt C_i so gewählt, dass die Gerade durch C_i und C_{i+1} durch A_{i+2}

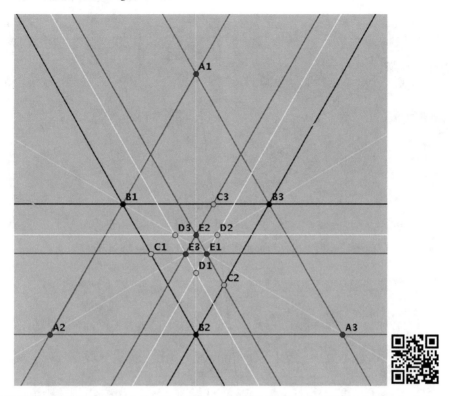

Abbildung 2.19 Noch einmal die Konfiguration aus Abb. 2.9 mit den Farben der Beschreibung zur Grünbaum-Konstruktion. Über den QR-Code (rechts) erhält man die Konstruktion für $m = 5$ mit den zwei Möglichkeiten

verläuft. Dafür gibt es zwar zwei Möglichkeiten, aber das Ergebnis liefert keine wirklich neuartige Konfiguration. Das wird im entsprechenden Film erkennbar.

Die Punkte $E_1, E_2, \ldots, E_m$ sind Mittelpunkte des m-Ecks mit den Punkten $D_1, D_2, \ldots, D_m$. Punkt E_i ist Mittelpunkt der Strecke von D_i nach D_{i+1}.

Nachdem die Punkte A_1 bis A_m, die Punkte B_1 bis B_m und die Punkte C_1 bis C_m gezeichnet sind, wählt man später den gelben Punkt D_1 auf der Geraden durch C_1 und C_2 und den blauen Punkt E_1 auf der Geraden durch D_1 und D_2. Die blauen Punkte E_1 bis E_m sollen Mittelpunkte auf den Seiten des gelben m-Ecks sein. Bevor jedoch das gelbe m-Eck entsteht, zeichnet man vorher eine blaue Gerade (sie wird die Ecken E_1 und E_7 enthalten) als Parallele zur roten Geraden durch A_2 und A_3, sodass sie durch den Punkt C_1 verläuft und zeichnet danach die restlichen Geraden des blauen m-Ecks. Damit ist auch die Lage des gelben m-Ecks festgelegt. Auf den dadurch entstandenen jeweils vier parallelen Geraden (m mal) werden noch die restlichen m Fernpunkte gewählt.

In Abb. 2.20 sind die Fälle für $m = 5$ und $m = 7$ gezeichnet.

Solche unendlichen Familien von symmetrischen Konfigurationen haben die Existenz von (n_4)-Konfigurationen für große Zahlen n gesichert. Das folgende Beispiel einer (35_4)-

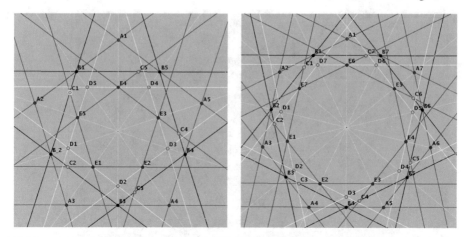

Abbildung 2.20 Dieses sind die entsprechenden Bilder für die Fälle $m = 5$ und $m = 7$

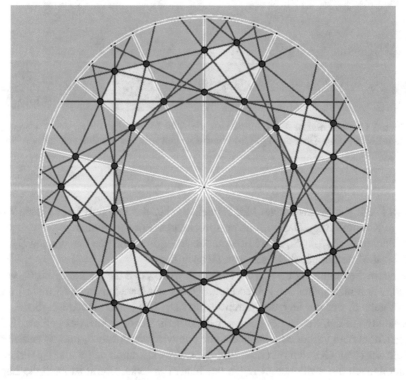

Abbildung 2.21 Eine (35_4)-Konfiguration aus einer unendlichen Familie von (n_4)-Konfigurationen

Konfiguration in Abb. 2.21 zeigt, dass dieses Beispiel ebenfalls zu einer Konfigurationsfamilie gehört. Beginnend mit einem regulären 14-Eck, ergibt sich diese Konfiguration fast von selbst.

Bei den kleineren Anzahlen n gab es häufiger Beispiele mit weniger Symmetrien. Kann man zu dem zweiten Beispiel einer geometrischen (18_4)-Konfiguration in Abb. 2.11 ebenfalls eine unendliche Serie konstruieren? Diese Frage ist offen geblieben.

2.6 Eine dreiecksfreie (40_4)-Konfiguration

Bei einer Konfiguration spricht man von einem Dreieck, wenn es unter der Menge der Punkte drei Punkte gibt, von denen jeweils zwei dieser Punkte auf einer Geraden der Konfiguration liegen. Man kann leicht zeigen, dass jede (n_4)-Konfiguration mit weniger als 40 Punkten mindestens ein solches Dreieck haben muss. Wir finden eine entsprechende Aussage sogar für allgemeine (n_k)-Konfigurationen, die mindestens ein Dreieck enthalten müssen. Für jedes n betrachten wir eine Gerade mit k Punkten. Zu diesen k Punkten gibt es weitere $k \times (k-1)^2$ verschiedene Punkte auf den angrenzenden k Geraden. Wenn einer dieser Punkte zu zwei verschiedenen dieser an der Ausgangsgeraden angrenzenden Geraden gehören würde, hätten wir ja ein Dreieck. Also haben wir mindestens ein Dreieck für $n < k + k \times (k-1)^2$. Für $k = 4$ ergibt sich mindestens ein Dreieck in der Konfiguration $n < 40$ und für $k = 3$ ergibt sich entsprechend $n < 15$.

In Abb. 2.22 sehen wir den sogenannten Levi-Graphen einer (40_4)-Konfiguration, die keine Dreiecke besitzt. Ein Levi-Graph einer Konfiguration entsteht, wenn man für die Punkte einer Konfiguration und für die Geraden einer Konfiguration jeweils Indizes verwendet und sie alle als Punkte eines Graphen verwendet und dann diese Punkte des Graphen, die von Punkten der Konfiguration stammen, mit den Punkten des Graphen verbindet, die von Geraden der Konfiguration stammen. Für die Punkte der zunächst abstrakten Konfiguration wurden Indizes von 1 bis 40 (rot) verwandt und für die Geraden der zunächst abstrakten Konfiguration wurden Indizes von 41 bis 80 (blau) verwandt.

In einer noch nicht veröffentlichten Arbeit mit Hendrik Van Maldeghem, [6], wurde eine solche gefundene topologische (40_4)-Konfiguration angegeben. Sie ist durch Abb. 2.23 dargestellt. Ob es auch eine solche geometrische Geradenkonfiguration gibt, ist offen geblieben. Es wurde jedoch eine Konfiguration gefunden, bei der vier der Geraden durch Kreise ersetzt wurden. Wären diese vier Kreise Geraden, dann wäre dieses Problem gelöst. Abb. 2.24 zeigt dieses immerhin überraschende Ergebnis.

Eine umfangreiche Arbeit aus dem Jahre 2006, [5], gibt eine Übersicht über kleine dreiecksfreie (n_3)-Konfigurationen. Auch die relativ umfangreiche Geschichte der kleinsten dreiecksfreien Cremona-Richmond-Konfiguration in Abb. 2.25 findet sich dort genau dokumentiert.

Wenn wir mathematische Probleme vorstellen, dann sind das forschungsrelevante Probleme, die aus meiner Sicht für eine Veröffentlichung in einer mathematischen Zeitschrift geeignet sind, natürlich trifft immer der Herausgeber der Zeitschrift nach der Beurteilung von fachkundigen Referenten eine solche Entscheidung.

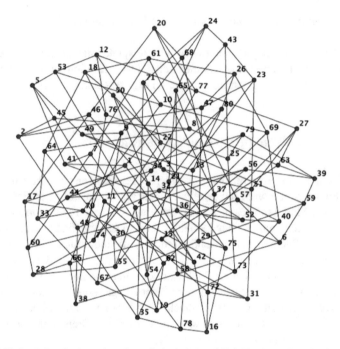

Abbildung 2.22 Levi-Graph einer abstrakten dreiecksfreien (40_4)-Konfiguration. Punkte und Geraden sind unterschiedlich gefärbt, die (40_4)-Eigenschaft ist leicht zu erkennen: Von jedem Punkt des Graphen gehen vier Verbindungen ab

Für den interessierten Leser, der sich durch eigene Experimente mit der Materie einen tieferen Eindruck verschaffen will, möchten wir jetzt eine typische Frage stellen, die sich auch auf viele andere Konfigurationen beziehen kann.

Gelingt es uns, eine Übersicht über alle dreiecksfreien geometrischen Konfigurationen des Typs (15_3) zu erlangen?

Beginnen wir mit der Betrachtung einer beliebigen Geraden, und bezeichnen wir die auf ihr liegenden Punkte mit den natürlichen Zahlen 1, 2 und 3. Die Gerade bezeichnen wir durch die Menge der auf ihr liegenden Punkte $\{1, 2, 3\}$. Dann gibt es durch den Punkt 1 gehend die Geraden $\{1, 4, 5\}$ und $\{1, 6, 7\}$. Wir betrachten weiter durch den Punkt 2 gehend die Geraden $\{2, 8, 9\}$ und $\{2, 10, 11\}$ und durch den Punkt 3 gehend die Geraden $\{3, 12, 13\}$ und $\{3, 14, 15\}$. Damit haben wir alle abstrakten Punkte bereits benannt, und sieben abstrakte Geraden liegen durch die Bezeichnung fest. Wenn wir jetzt eine erste weitere Gerade durch den Punkt 4 betrachten, dann können und müssen wir auf der ersten Geraden einen Punkt aus der Punktmenge $\{8, 9, 10, 11\}$ wählen und danach einen Punkt aus der Menge $\{12, 13, 14, 15\}$, andernfalls erhalten wir ein Dreieck in unserer zunächst zu konstruierenden abstrakten Konfiguration. Die gewählten Punkte und ihre Nachbarpunkte auf den ersten sieben Geraden scheiden für die zweite weitere Gerade durch den Punkt 4 aus. Daher haben wir nur 2×2 Wahlmöglichkeiten in diesem Schritt. Für die beiden Gera-

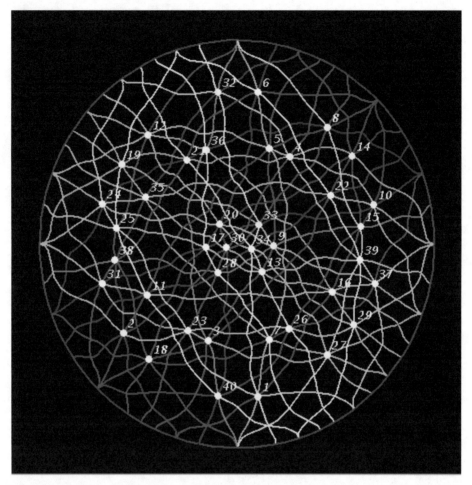

Abbildung 2.23 Eine topologische dreiecksfreie (40_4)-Konfiguration. Die Ferngerade, die durch den Randkreis beschrieben wird, zählt nicht zu den 40 Pseudogeraden

den durch den Punkt 5 bleiben noch vier weitere Wahlmöglichkeiten. Danach können wir auf gleiche Weise die Punkte auf den Geraden durch die Punkte 6 und 7 wählen und erhalten so $(4 \times 4)^2 (2 \times 2)^4$ abstrakte Konfigurationen. Man kann dann in jedem Fall zunächst klären, ob es zu einer solchen abstrakten Konfiguration eine topologische Konfiguration gibt. Wenn es eine zugehörige topologische Konfiguration nicht gibt, dann braucht man auch nicht weiter nach einer geometrischen Konfiguration zu suchen. Im positiven Fall gelingt es in diesem relativ einfachen Fall sicher, zu klären, ob es auch eine geometrische Konfiguration gibt.

Hier ist ein erster Versuch, eine dreiecksfreie Konfiguration (15_3) zu finden. Die Wahl der 15 abstrakten Geraden, wie oben beschrieben, lieferte für die ersten sieben Geraden wie in jedem der Fälle:

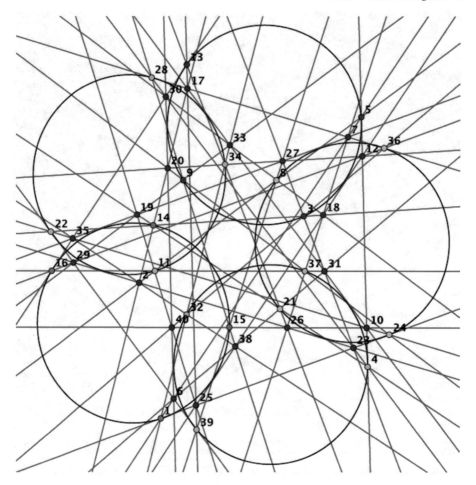

Abbildung 2.24 Wenn jeder Kreis in dieser Abbildung mit dem Zusammentreffen seiner vier Punkte eine Gerade wäre, dann hätten wir ein solches Beispiel. Dann wäre eine geometrische Konfiguration gefunden, von der man jedoch vermutet, dass es sie nicht gibt. Von diesem Problem erwarten wir keine Lösung vom Leser, oder?

$$\{1,2,3\},\{1,4,5\},\{1,6,7\},\{2,8,9\},\{2,10,11\},\{3,12,13\},\{3,14,15\}$$

Die erste gewählte abstrakte dreiecksfreie Konfiguration hatte die weiteren Geraden

$$\{4,8,12\},\{4,10,14\},\{5,11,15\},\{5,9,13\},\{6,9,15\},\{6,10,12\},\{7,8,13\},\{7,11,14\}.$$

Die erste topologische Version durch eine Handzeichnung sieht natürlich noch nicht so aus, dass man auf ihr bereits Kreisbögen hätte wie in Abb. 2.26 (links). Die hellen Punkte sind in der Cinderella-Darstellung in Abb. 2.26 (rechts) noch frei beweglich.

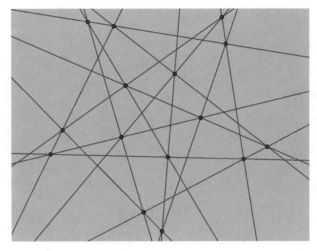

Abbildung 2.25 Eine kleinste dreiecksfreie Konfiguration vom Typ (15_3) ist diese Cremona-Richmond-Konfiguration

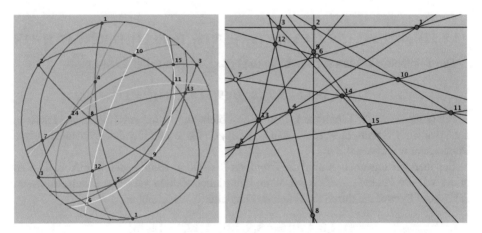

Abbildung 2.26 Eine Konfiguration vom Typ (n_3), aber ohne erkennbare Symmetrie. Links eine topologische Version, rechts eine geometrische Version dazu.

Wir können die Konstruktion sogar so durchführen, dass wir eine symmetrische dreiecksfreie Version erhalten, die in diesem Fall durch die Spiegelung an einer Geraden entsteht. Mit Cinderella oder einer anderen dynamischen Zeichensoftware ist das eine einfache Übungsaufgabe. Eine Lösung sieht man in Abb. 2.27.

Wir haben in der Abb. 2.27 die Punkte wie in der obigen Beschreibung von 1 bis 15 nummeriert. Die Geraden können abstrakt durch die 15 dreielementigen Punktmengen beschrieben werden:

$$\{1,2,3\}, \{1,4,5\}, \{1,6,7\}, \{2,8,9\}, \{2,10,11\}, \{3,12,13\}, \{3,14,15\}$$

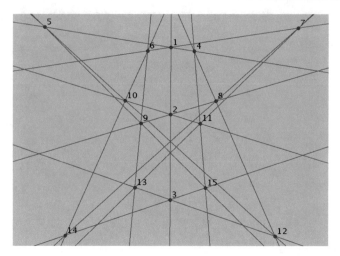

Abbildung 2.27 Dreiecksfreie Konfiguration mit einer Symmetrie, die durch die Spiegelung an einer Geraden entsteht

$$\{4,8,12\},\{4,11,15\},\{5,9,15\},\{5,10,12\},\{6,9,13\},\{6,10,14\},\{7,8,14\},\{7,11,13\}.$$

Die Symmetrie können wir durch die folgende Darstellung beschreiben:

$$(1)(2)(3)(4,6)(5,7)(8,10)(9,11)(12,14)(13,15)$$

Sie besagt, dass die Elemente $1,2$ und 3 fest bleiben, und die anschließenden Paare bei der Symmetrie vertauscht werden. Man könnte auch die fest bleibenden Elemente in dieser Darstellung weglassen.

Schauen wir uns noch einmal die Cremona-Richmond-Konfiguration in Abb. 2.28 an, in der wir die Punkte ebenfalls mit ihren natürlichen Zahlen versehen haben. In diesem Fall ist die Symmetrie durch die folgende Darstellung beschreibbar:

$$(1,2,3,4,5)(6,7,8,9,10)(11,12,13,14,15)$$

Sie beschreibt die zyklische Symmetrie entgegen dem Uhrzeigersinn.

Wir geben noch eine Warnung an jeden Leser, der selbst versucht, eine geometrische Konfiguration zu finden. Die Zeichnungen können ungenau sein, und es bedarf einer Argumentation, dass es die geometrische Konfiguration tatsächlich gibt. Eine sichere Möglichkeit besteht darin, dass man explizite Koordinaten angibt, die für den Nachweis geeignet sind. Wenn man nur einen freien Parameter in einer Cinderella-Version hat und man erkennt, dass bei der Bewegung dieses Parameters die letzte fragliche Inzidenz überschritten wird, dann mag dies durch eine Stetigkeitsbetrachtung ausreichend sein.

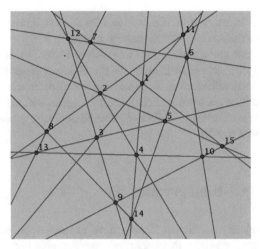

Abbildung 2.28 Eine kleinste dreiecksfreie Konfiguration vom Typ (15_3) ist diese Cremona-Richmond-Konfiguration

2.7 Fehlerhafte Konfigurationen

Ein in der Literatur erst spät entdeckter Fehler betrifft eine abstrakte und topologische (10_3)-Konfiguration, die aber keine entsprechende geometrische (10_3)-Konfiguration besitzt.

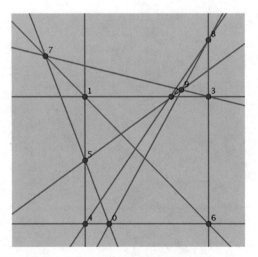

Abbildung 2.29 Dies ist keine geometrische (10_3)-Konfiguration

Können Sie herausfinden, warum die in Abb. 2.29 dargestellten zehn Punkte und zehn Geraden keine geometrische (10_3)-Konfiguration bilden?

Dieses Beispiel dient als Warnung für viele andere Fälle, bei denen man meint, mit der Zeichnung einen ausreichenden Beweis für die Existenz einer Konfiguration gefunden zu haben. Es ist stets erforderlich, aufgrund der Koordinaten nachzuweisen, dass eine gezeichnete Konfiguration auch tatsächlich die Schnitteigenschaften besitzt, die die Zeichnung vorgibt. Solche Beweise sind für die in diesem Kapitel angegebenen Konfigurationen in der Literatur genannt worden.

2.8 Gibt es eine (n_5)-Konfiguration für $n < 48$?

Die Klärung, für welche natürlichen Zahlen n es geometrische Konfigurationen vom Typ (n_5) gibt, ist weit weniger fortgeschritten als der Fall der geometrischen (n_4)-Konfigurationen. Die kleinste bisher bekannte (n_5)-Konfiguration ist die in Abb. 2.30 gezeigte mit 48 Punkten und 48 Geraden, vgl. [3] and [2]. Als das Buch von Grünbaum [20] erschien, hatte die kleinste bekannte geometrische (n_5)-Konfiguration noch 50 Punkte und 50 Geraden. Wenn der Leser eine Konfiguration (n_5) mit einer Zahl $n < 48$ findet, dann kann diese sicher in einer mathematischen Zeitschrift veröffentlicht werden. Vielleicht gibt es ja ein (n_5) Beispiel mit $n < 48$ und geringer Symmetrie?

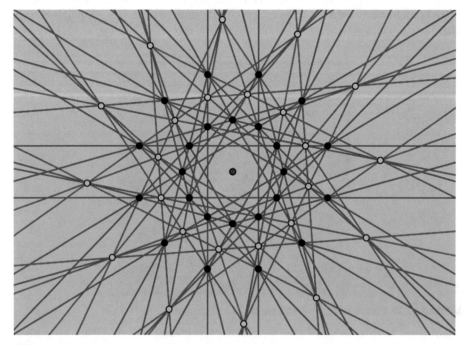

Abbildung 2.30 Die kleinste bisher bekannte geometrische (n_5)-Konfiguration, vgl. [3] und [2]

Es ist sicher sinnvoll, zunächst kleinere topologische (n_5)-Konfigurationen zu bestimmen, die dann hinsichtlich der geometrischen Realisation zu untersuchen wären. Wenn man zwei (n_4)-Konfigurationen, z.B. zwei der jetzt bekannten (22_4)-Konfigurationen, übereinander legt, sodass jede Gerade der einen Konfiguration einen Punkt der anderen Konfiguration enthält, dann hat man jedenfalls bereits eine abstrakte $(2n_5)$-Konfiguration. Wenn man darauf achtet, dass dabei die topologische Eigenschaft nicht verletzt ist, dann ist eine topologische $(2n_5)$-Konfiguration entstanden.

2.9 Verbindung zur algebraischen Geometrie

Wir stellen eine Antwort bereit auf die häufig gestellte Frage, wo die eine oder andere Thematik aus der Mathematik ihre Anwendungen hat. Natürlich sind die Anwendungen der Schulmathematik noch nicht die, die erst nach dem Studium der Mathematik und evtl. einer weiteren Spezialisierung zum Einsatz in Medizin, Maschinenbau, Meteorologie, Materialkunde usw. kommen.

Es stellt sich häufig erst später heraus, dass überraschende Querverbindungen in der Mathematik bestehen und dass dann ein gegenseitiger späterer Austausch von Methoden eintritt. Ein Beispiel dazu war meine Zusammenarbeit mit P. Pokora, vgl. [10] und [11], der sich mit Themen aus der Algebraischen Geometrie beschäftigt hatte. Geometrische Konfigurationen spielten für ein Containment-Problem in der Algebraischen Geometrie eine Rolle, vgl. auch [18]. Es gibt zudem eine Monografie von Barthel, Hirzebruch und Höfer [1], die den Zusammenhang zwischen algebraischen Flächen und Geradenkonfigurationen in der projektiven komplexen Ebene zum Inhalt hat. Die folgenden beiden Punkt-Geraden-Konfigurationen waren für die algebraische Geometrie von Interesse. Die erste dieser Konfigurationen ist in Abb. 2.31 dargestellt. Durch jeden der 19 Punkte gehen drei der zwölf Geraden. Wenn wir die vier blauen Punkte und die dünne rote Gerade löschen, dann ergeben sich elf Geraden mit jeweils vier Punkten, 14 3-valente Punkte und ein 2-valenter Punkt. Kann man diesen Baustein zur Konstruktion unbekannter Konfigurationen verwenden?

Wir zeigen die rechte Konfiguration noch einmal nach einer projektiven Transformation und die gleiche Konfiguration in der dazu polaren euklidischen Zeichenebene. Beim Übergang zur polaren euklidischen Zeichenebene werden aus den Punkten Geraden und umgekehrt. Der Leser sollte sich noch einmal die Idee der projektiven Ebene in der sphärischen Darstellung vorstellen. Zu jedem Doppelpunkt auf der Sphäre betrachten wir die Verbindungsstrecke als Rotationsachse für einen Kreis, dessen Mittelpunkt mit dem Mittelpunkt der Kugel übereinstimmt und der von der Verbindungsstrecke mittig senkrecht getroffen wird. Wenn man diese Doppelpunkte mit den angesprochenen Kreisen vertauscht, dann bedeutet das, dass in der euklidischen Ebene Punkte und Geraden vertauscht werden. Diese Vertauschung führt zur Polarität.

Wir zeigen die rechte Konfiguration noch einmal nach einer projektiven Transformation und die gleiche Konfiguration in der dazu polaren euklidischen Zeichenebene rechts daneben in Abb. 2.32. Wir wählen die zwölf 4-valenten Geraden und die 16 drei-valenten Punkte links. Die polare Konfiguration hat zwölf 4-valente Punkte (zwei unendlich ferne

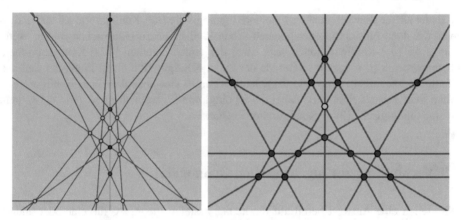

Abbildung 2.31 Diese Konfigurationen waren für die algebraische Geometrie von Interesse. In beiden Fällen haben wir zwölf Geraden, und durch die 19 Punkte gehen jeweils drei Geraden. Das Bild rechts hat eine dreifache Rotationssymmetrie und drei Fernpunkte im Unendlichen

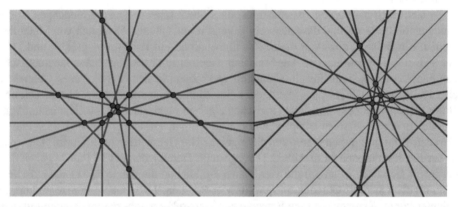

Abbildung 2.32 Die rechte Konfiguration aus Abb. 2.31 haben wir einer projektiven Transformation unterworfen (linkes Bild). Rechts sehen wir die polare euklidische Zeichenebene.

Punkte) und 16 3-valente Geraden. Wenn man beide Konfiguraionen übereinander legt, kann man dann erreichen, dass die 16 3-valenten Punkte auf den 16 3-valenten Geraden liegen? Dann hätte man eine geometrische Konfiguration vom Typ (28_4) gefunden. Versuchen Sie es, dies zu erreichen. Die dynamische Software Cinderella würde dabei helfen. Vielleicht finden Sie auf jeden Fall eine topologische Konfiguration vom Typ (28_4) auf diese Weise?

Kommen wir zurück auf die Einbettung eines Problems in einen allgemeineren Kontext. Das Konzept der Pseudogeraden ist in dieser Hinsicht ein noch schlagkräftigeres Beispiel als das vorher angesprochene, das geometrische Konfigurationen für die algebraische Geometrie bereitstellt.

Wir hatten gesehen, dass ein Großkreisarrangement in natürlicher Weise bei der Erklärung der projektiven Ebene einer geometrischen Konfiguration zugeordnet werden
kann. In entsprechender Weise entsteht durch ein Pseudogeraden-Arrangement ein System von geschlossenen Kurven auf dem Rand der Kugel, die man als topologische (eindimensionale) Sphären deuten kann. Diese topologischen Sphärensysteme (in beliebigen
Dimensionen) wurden in Seattle studiert, eine Dissertation in Ithaka hatte sich mit Optimierung beschäftigt, in Paris wurde über Kreise in Graphen eine fast hundertseitige Arbeit
eingereicht, in Bielefeld führte eine Untersuchung über die Klassifizierung in der Chemie
zu sogenannten Chirotopen. In Darmstadt hatte ich unabhängig von allen anderen Konzepten über den Rand eines denkbaren Polyeders nachgedacht und dabei ebenfalls eine
solche Struktur benutzt. Inzwischen wissen wir, dass alle diese Überlegungen dieselbe
mathematische Struktur betrafen. Nach über 40 Jahren sind die gegenseitigen Erkenntnis-
se in mehreren Büchern dargestellt worden, und auch dieser Teil der Mathematik zeigt sich
inzwischen als ein geflochtenes Ganzes. Ich habe ein späteres Kapitel diesen Sphärensystemen gewidmet.

2.10 Florale Konfigurationen

Die Konfiguration in Abb. 2.33 war der Ausgangspunkt für eine Serie sogenannter *flora-
ler* Konfigurationen. In der Arbeit [4] wurden eine ganze Reihe weiterer Beispiele dieser
Konfigurationen angegeben. Abb. 2.34 zeigt ein weiteres Beispiel. Grünbaum hat in seinem Buch, [20] diesem Thema (florale Konfigurationen) 19 Seiten gewidmet. Dort finden
sich viele weitere Beispiele, die durch ihre Symmetrien einen ansprechenden Charakter
haben.

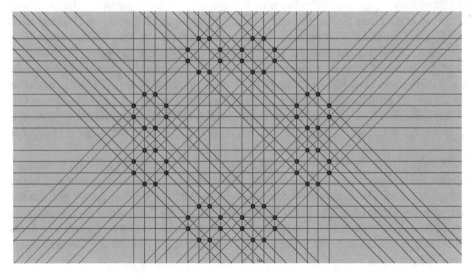

Abbildung 2.33 Diese Konfiguration war der Ausgangspunkt für sogenannte *florale* Konfigurationen

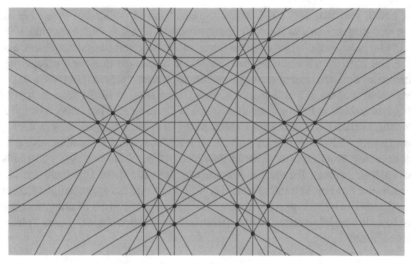

Abbildung 2.34 Ein Beispiel einer weiteren sogenannten *floralen* Konfiguration

2.11 (n_5)-Konfigurationen

Es gibt nur wenige offene Fragen über (n_3)-Konfigurationen. Die Anzahl der offenen Fragen zu (n_4)-Konfigurationen wurden ebenfalls in den letzten Jahrzehnten stark reduziert. Die Situation bei (n_5)-Konfigurationen ist dagegen hochgradig ungeklärt. In der Einleitung stand schon ein erstes Beispiel einer (n_5)-Konfiguration, das Beispiel von Grünbaum mit $n = 60$ Geraden und $n = 60$ Punkten. Wir sehen es nochmals in Abb. 2.35 als ebene Konfiguration. Die Übersicht über die Existenz von topologischen und geometrischen (n_5)-Konfigurationen ist in großen Teilen noch unbekannt. Die besten Ergebnisse findet man in den Arbeiten von Leah Wrenn Berman. Die kleinste geometrische (n_5)-Konfiguration hat sie für $n = 48$ gefunden. Sie erschien in [3] und wurde auch auf Seite 693 erwähnt in [2].

Ich stelle ein kleines Beispiel einer topologischen (36_5)-Konfiguration von ihr in Abb. 2.36 vor. Sie entstand aus zwei (18_4)-Konfigurationen, die in diesem Kapitel angegeben wurden.

Die topologische (36_5)-Konfiguration in Abb. 2.36 wurde von Leah Wrenn Berman gefunden und wurde bisher von ihr noch nicht veröffentlicht. Sie hat mir aber gestattet, dieses Beispiel für dieses Buch zu verwenden. Durch jeden Punkt gehen fünf Pseudogeraden und auf jeder Pseudogeraden liegen fünf Punkte. Wir wollen die Darstellung noch verbessern, um Abb. 2.37 zu erreichen. Dazu spielen alle Schnittpunkte von Pseudogeraden in dieser Abbildung eine Startrolle. Sie werden so verändert, dass die Summe der Strecken dieser Abbildung minimal ausfällt.

(n_5)-Konfigurationen für $n < 36$ zu finden oder zu zeigen, dass es sie nicht geben kann, ist ein offenes Problem. Wenn wir eine Darstellung wie in Abb. 2.36 zeichnen, dann haben

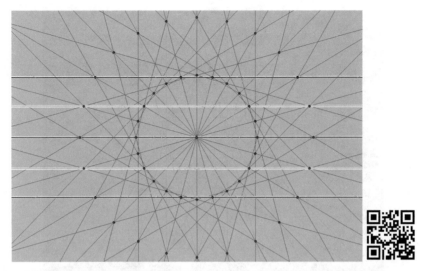

Abbildung 2.35 Eine Punkt-Geraden-Konfiguration mit 60 Punkten und 60 Geraden in der projektiven Ebene. Durch jeden Punkt gehen fünf Geraden, und auf jeder Geraden liegen fünf Punkte. Zu jeweils fünf parallelen Geraden, wie z.B. zu den fünf markierten horizontalen Geraden, gibt es einen Schnittpunkt auf der Ferngeraden der projektiven Ebene

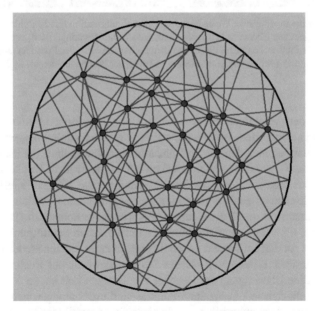

Abbildung 2.36 Eine topologische Punkt-Pseudogeraden-Konfiguration mit 36 Punkten und 36 Pseudo-geraden von Leah Wrenn Berman in der projektiven Ebene. Eine weitere Darstellung dieses Beispiels sehen wir in Abb. 2.37

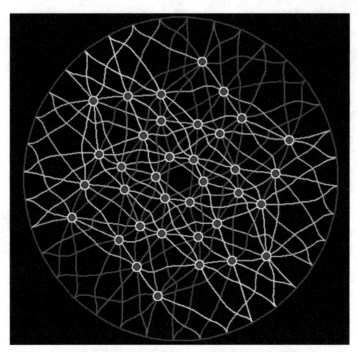

Abbildung 2.37 Eine topologische Punkt-Pseudogeraden-Konfiguration mit 36 Punkten und 36 Pseudogeraden in der projektiven Ebene. Durch jeden Punkt gehen fünf Pseudogeraden, und auf jeder Pseudogeraden liegen fünf Punkte. Nachdem die Gesamtlänge aller Strecken der Pseudogeraden zwischen den
Schnittpunkten minimal gewählt wurde, wurden die Kurven der Pseudogeraden als Splines bestimmt

wir das Modell der projektiven Ebene benutzt. Die antipodischen Punkte auf dem Rand
des Kreises sind zu verheften. Wenn wir die Pseudogeraden durch Polygonzüge zeichnen,
dann kann man darüber nachdenken, ob man nicht die Schnittpunkte der Pseudogeraden so
bestimmt, dass die Gesamtlänge aller Strecken bei vorgegebenem Kreisradius und durch
Verwendung eines regulären 2n-Ecks für die Schnittpunkte auf dem Kreisrand minimal
ausfällt. Diese Idee hatte mein Doktorand J. Richter-Gebert damals während meines damaligen Projekts, finanziert durch die Deutsche Forschungsgemeinschaft (DFG). Zusätzlich
hatte er die Idee, die Pseudogeraden durch die entstandenen Schnittpunkte in Form von
Splines zu legen. An diesem Projekt haben damals mehrere meiner Studenten mitgearbei-
tet. Ein Programm zur Bearbeitung solcher Strukturen wurde auf Rechnern vor über 30
Jahren erstellt. Eine Übertragung auf Rechner der heutigen Zeit hat zu Abb. 2.37 geführt.
Die beiden Koordinaten jedes einzelnen Punktes sind unabhängig voneinander. Man hat
also für eine ebene Zeichnung plötzlich ein Optimierungsproblem in der Dimension 72
zu lösen. Die Kurven wurden für die Pseudogeraden gefunden, bei denen man jeweils die
Verformungsenergie einer geraden Metallstange minimiert. (Stichwort: Spline).

Literatur

1. Barthel, G., Hirzebruch, F., Höfer, T.: Geraden-Konfigurationen und Algebraische Flächen. Vieweg+Teubner Verlag (1987)
2. Berman, L. W., Faudree, J. R.: Highly incident configurations with chiral symmetry. Discrete Comput. Geom. 49, no. 3, 671-694 (2013)
3. Berman, L. W., Ng, L.: Constructing 5-configurations with chiral symmetry. Electron. J. Combin. 17, no. 1, Research Paper 2, 14 pp. (2010)
4. Berman, L. W., Bokowski, J., Grünbaum, B., Pisanski, T.: Geometric *Floral* Configurations. Canad. Math. Bull. Vol. 52,3 pp.327-341 (2009) doi: 10.4153/CMB-2009-036-3
5. Boben, M., Grünbaum, B., Pisanski, T., Zitnik, A.: Small triangle-free configurations of points and lines. Discrete Comput. Geom. 35, 405-427 (2006)
6. Bokowski, J., Van Maldeghem, H.: On a smallest topological triangle free (n_4) point-line configuration. Erscheint in: Art Discrete Appl Math (Grünbaum volume) (2020)
7. Bokowski, J., Pilaud, V.: Enumerating topological (n_k) Configurations. Comput. Geom., 47(2):175-186 (2014)
8. Bokowski, J., Pilaud, V.: On topological and geometric (19_4)-configurations. Eur. J. Comb. 4-17 (2015)
9. Bokowski, J., Pilaud, V.: Quasi-configurations: Building blocks for point-line configurations. Ars Mathematica Contemporanea, 10,1 (2017) doi: 10.26493/1855-3974.642.bbb
10. Bokowski, J., Pokora, P.: On line and pseudoline configurations and ball-quotients. Ars Math. Contemp. (2016) doi:10.26493/1855-3974.1100.4a7
11. Bokowski, J., Pokora, P.: On the SylvesterGallai and the orchard problem for pseudoline arrangements. Periodica Mathematica Hungarica 77 (2), 164-174 (2018)
12. Bokowski, J., Schewe, L.: On the finite set of missing geometric configurations (n_4). Computational Geometry - Theory and Applications, 46, 532-540 (2013)
13. Bokowski, J., Strausz, R.: A manifold associated to a topological (n_k) configuration. Ars Mathematica Contemporanea (2014) doi: 10.26493/1855-3974.241.7b5
14. Bokowski, J., Sturmfels, B.: Computational Synthetic Geometry. Lecture Notes in Mathematics 1355, Springer (1989)
15. Bokowski, J., Grünbaum, B., Schewe, L.: Topological configurations (n_4) exist for all $n \geq 17$. Eur. J. Comb. (2009) doi: 10.1016/j.ejc.2008.12.008
16. Bokowski, J., Kovic, J., Pisanski, T., Zitnik, A.: Combinatorial configurations, quasiline arrangements, and systems of curves on surfaces. ARS Mathematica Contemporanea, 14, No 1 (2017) doi: 10.26493/1855-3974.1109.6fe
17. Cuntz, M.: (22_4) and (26_4) configurations of lines. Ars. Math. Contemp. 14, no. 1, 157-163 (2018)
18. Farnik, L., Kabat, J., Lampa-Baczynska, M., Tutaj-Gasinska, H.: Containment problem and combinatorics. Journal of Algebraic Combinatorics, 50, 1, pp 39-47 (2019)
19. Grünbaum, B.: Arrangements and Spreads. AMS, Conference Board of the Mathematical Sciences, 114 p. (1972)
20. Grünbaum, B.: Configurations of Points and Lines. AMS, Providence (2009) ISSN 1065-7339
21. Grünbaum, B., Rigby, J. F.: The real configuration (21_4). Journal of the London Mathematical Society, Second Series, 41 (2): 336-346 (1990) doi: 10.1112/jlms/s2-41.2.336
22. Klein, F.: Ueber die Transformation siebenter Ordnung der elliptischen Functionen. (Mit 1 lithogr. Tafel). Mathematische Annalen 14, 428-471 (1879)
23. Levi, F.: Die Teilung der projektiven Ebene durch Gerade oder Pseudogerade. Ber. Math.-Phys. Kl. Sächs. Akad. Wiss., 78:256-267 (1926)
24. Paez Osuna,O., San Agustin Chi, R.: The combinatorial (19_4) configurations. ARS MATHEMATICA CONTEMPORANEA (2012) doi: 10.26493/1855-3974.216.59d
25. Pisanski, T., Servatius, B.: Configurations from a Graphical Viewpoint. Birkhäuser (2013)

Kapitel 3
Zellzerlegte geschlossene Flächen

Zusammenfassung In diesem Kapitel behandeln wir die einfache Frage: **Gibt es außer dem Tetraeder weitere dreidimensionale Polyeder, die keine Diagonale besitzen?** Dazu müssen wir erklären, was wir unter einem dreidimensionalen Polyeder verstehen wollen. Wir beschreiben dazu zunächst abstrakt, welche Randfläche ein solches Polyeder haben soll. Der Rand soll von einer endlichen Anzahl (zunächst abstrakter) n-Ecke, $n \geq 3$, gebildet werden. Jede (zunächst abstrakte) Kante soll Kante von genau zwei dieser n-Ecke sein. Damit kann man als zweidimensionales Wesen auf der Fläche nie zu einem Rand der Fläche gelangen. Wir sprechen von einer *geschlossenen Fläche*. An jeder Ecke sollen mindestens drei dieser n-Ecke angrenzen, sie sollen dort eine zyklische Reihenfolge um diese Ecke bilden, und wir betrachten nur zusammenhängende Flächen. Welche Flächen dabei entstehen können, sagt uns die Topologie, eine mathematische Teildisziplin, deren Denkweise wir dazu vorstellen. Schon Möbius hatte eine abstrakte Fläche angegeben, die aus 14 Dreiecken bestand. Wenn man diese 14 Dreiecke als ebene Dreiecke herstellen könnte, ohne dass sie sich durchdringen, dann hätte dieses Polyeder ein Loch und keine Diagonale.

3.1 In der Topologie spielen Abstände keine Rolle

In der obigen Zusammenfassung steht bereits die Definition für die zweidimensionalen zellzerlegten Flächen, von denen dieses Kapitel handelt. *Wir betrachten Zellzerlegungen allgemeiner geschlossener Flächen. Sie werden zunächst von abstrakten n-Ecken, $n \geq 3$, gebildet. Jede abstrakte Kante soll Kante von genau zwei dieser n-Ecke sein. An jeder Ecke sollen mindestens drei dieser n-Ecke angrenzen, und sie sollen dort eine zyklische Reihenfolge bilden. Wir betrachten zudem nur zusammenhängende Flächen.*

 Als zweidimensionales Wesen kann man vom Innern jeder Kante zu zwei angrenzenden n-Ecken gehen, und an den Ecken kann man über eine Ecke auf die angrenzenden n-Ecke dieser Ecke gehen. Es gibt keinen Rand. Daher der Begriff: *geschlossene Fläche*. In einem Sonderfall werden wir in diesem Kapitel diesen Flächenbegriff erweitern und

---

Zusatzmaterial online
Zusätzliche Informationen sind in der Online-Version dieses Kapitel (https://doi.org/10.1007/978-3-662-61825-7_3) enthalten.

auf die Eigenschaft verzichten, dass die *n*-Ecke an jeder Ecke eine zyklische Reihenfolge bilden. Wir lassen dort in Abb. 3.35 mehrere zyklische Reihenfolgen an Ecken zu.

Die Flächen, die für unsere Thematiken nicht nur in diesem Kapitel eine Rolle spielen, wurden von der Topologie klassifiziert. Wir erwarten nicht, dass jeder Leser mit topologischen Denkweisen vertraut ist, und beginnen daher mit einem kurzen Einstieg in topologisches Denken.

In der Topologie, einem Teilgebiet der Mathematik, bilden kontinuierliche Verformungen der mathematischen Objekte kein Unterscheidungsmerkmal für die betrachteten Objekte. Abstände spielen daher keine Rolle.

Abbildung 3.1 Ein Pullover mit Innenfutter soll als Eingangsbeispiel zur topologischen Betrachtungsweise dienen. Wir denken uns das gelbe Futter auch am unteren Teil des Pullovers an den blauen Stoff des Pullovers angenäht. Dann entspricht die Fläche einer Sphäre mit drei Henkeln. Jeder Arm entspricht einem Henkel. Ohne diese Henkel verbleibt ein Torus oder ein Ring. Die sichtbaren blauen Teile außen und die sichtbaren Teile des gelben Futters bilden die Außenseite. Die Fläche ist orientierbar

Abbildung 3.2 Wenn das Futter nicht unten vernäht ist, dann haben wir zwei geschlossene Kurven als Rand: Den blauen Stoff des Pullovers stelle man sich dann als obere blaue Scheibe mit drei Löchern vor. Das gelbe Innenfutter ist dann die Scheibe auf der Unterseite mit ebenfalls drei Löchern. Die drei Nähte sind jeweils durch Kanten von unten nach oben symbolisch angegeben

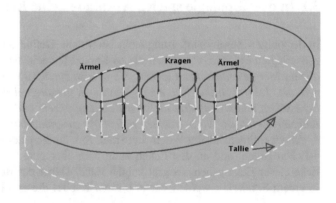

Ein zu einem Ring geformtes Rohr bleibt aus topologischer Sicht das gleiche Objekt, selbst wenn das Rohr verbogen wird. Den Rand eines mit Luft gefüllten Balles bezeichnet man auch dann noch als Sphäre, wenn sich kaum Luft in ihm befindet, solange der Rand

kein Loch besitzt. Ein Ei bleibt aus topologischer Sicht eine Kugel, und für einen Fahrrad-
reifen oder Schwimmring verwendet man die Bezeichnung Torus auch dann, wenn sich die
Form kontinuierlich im Laufe der Zeit verändert hat. Anschauliche Veränderungen durch
Dehnen, Stauchen, Verbiegen oder Verzerren verändern ein topologisches Objekt nicht.
Wir können hier die zugelassenen kontinuierlichen Verformungen nicht exakt beschreiben, es genügt, uns die Objekte aus Gummi vorzustellen. Bei Flächen ohne Rand schlage
ich vor, sich Gummifolie vorzustellen, die keinen Rand besitzt.

Stellen Sie sich einen Pullover mit eingenähtem Futter vor, wie in Abb. 3.1. Das Futter
sei nicht nur an den Ärmeln und am Halsauschnitt, sondern auch am unteren Rand des
Pullovers vernäht. Wenn er aus Gummifolie gemacht wäre, hätte diese keinen Rand. Man
könnte ihn aufblasen. Die Außenfläche aus blauem Stoff und gelbem Futter entspricht
dann einer Kugeloberfläche mit drei Henkeln. Der Pullover wurde gewählt, da Kleidungs-
stücke ständig ihre Form verändern, aber dennoch topologische Eigenschaften behalten.
Diese topologische Denkweise sollte dem Neuling dadurch klar werden. Eine einfachere
Darstellung der Fläche ohne untere Naht, also einer Fläche mit zwei geschlossenen Kurven
als Rand, sieht man in Abb. 3.2.

3.2 Der Klassifikationssatz für geschlossene Flächen

Wir werden bei unseren zellzerlegten Flächen oder zellzerlegten 2-Mannigfaltigkeiten in
den späteren Kapiteln ein Ergebnis aus der Topologie verwenden. Der Beweis dieser mathematischen Aussage, der Beweis des Klassifikationssatzes für 2-Mannigfaltigkeiten, ist
relativ umfangreich und soll hier nur mit seinem Ergebnis angesprochen werden, vgl. [6].
Wir stellen dazu die zweidimensionalen Mannigfaltigkeiten oder Flächen vor.

3.2.1 Die Sphäre

Den Rand einer dreidimensionalen Kugel bezeichnen wir als Sphäre. Ein Wesen, das an
die Fläche gebunden ist, kann eine Sphäre nicht verlassen. Die Fläche besitzt keinen Rand
im Gegensatz etwa zu einer Kreisscheibe.

Auch für eine zweidimensionale Sphäre kann man Fragen zur Zellzerlegung stellen. Für
eine feste Anzahl von Großkreisen, bei denen sich keine drei von ihnen in einem Punkt
schneiden, kann man fragen, ob es möglich ist, die Anzahl der Dreieckszellen zu maximie-
ren. Das ist denkbar, wenn sich entlang eines Großkreises die Dreiecke mit krummlinigen
Kanten alternierend auf beiden Seiten des Großkreises befinden, analog zum Keramikmodell in Abb. 3.3, obwohl es sich dort nicht um Großkreise handelt. Wir werden auf dieses
Beispiel in Kap. 9 über Sphärensysteme zurückkommen. In höheren Dimensionen sind
solche Sphärensysteme schwerer vorstellbar. Um die zweidimensionalen Sphären auf der
3-Sphäre zu betrachten, braucht man ja eine Vorstellung von der vierdimensionalen Kugel. Es ist aber oft hilfreich, zunächst die niederdimensionale Situation genau zu betrachten, um sich danach der höherdimensionalen Problematik zu widmen. Auf der 2-Sphäre

Abbildung 3.3 Bei dieser Zellzerlegung der Sphäre durch 16 geschlossene Kurven, die einem Großkreis-Arrangement ähneln, ist die Anzahl der Dreieckszellen maximal. Je zwei dieser geschlossenen Kurven schneiden sich genau zweimal in Punkten, die sich auf der Sphäre gegenüberliegen. Die Rückseite des Modells ist zwar nicht zu sehen, sie ist aber dadurch entstanden, dass sie als Spiegelung am Mittelpunkt der Kugel ausgehend von der vorderen Seite gefertigt wurde. Die grünen Punkte helfen, die Anzahl der geschlossenen Kurven zu bestimmen. Im Film zum QR-Code ist die Rotation der Kugel zu sehen

wird durch das Zerschneiden eines gekrümmten Dreiecks durch eine weitere 1-Sphäre immer wieder ein weiteres gekrümmtes Dreieck entstehen. Kann man im höherdimensionalen Fall, z.B. bei einer Zellzerlegung auf der 3-Sphäre durch 2-Sphären, eventuell erreichen, dass schließlich alle krummlinigen tetraederförmigen Zellen durch weitere 2-Sphären durchtrennt werden? Diese Frage ist seit Langem ungeklärt. Bei der Keramikkugel geht es um die entgegengesetzte Richtung dieser Problematik, wir haben ein Beispiel mit einer Maximalzahl von Dreiecken. Aber sie erinnert an die ungeklärte Frage für 2-Sphären-Systeme auf der 3-Sphäre, ob es Beipiele gibt, die keine gekrümmten Tetraederzellen besitzen.

3.2.2 Der Torus

Wenn wir einen Henkel an einer Kugel anbringen, dann ist die damit entstandene Rand-fläche topologisch äquivalent mit der Oberfläche von einem Torus, da man die beiden Flächen kontinuierlich ineinander überführen kann. Die Torusfläche ist verschieden von der Sphäre, da sich eine geschlossene Kurve auf der Sphäre stets auf einen Punkt zu-sammenziehen lässt. Das ist auf dem Torus nicht immer möglich. Wir betrachten jetzt ausgehend von der kombinatorischen Beschreibung einer Torusfläche, wie sie von Möbius angegeben wurde, in Abb. 3.4 eine topologische Realisierung dieser Fläche in Abb. 3.5, aber auch polyedrische Realisierungen mit ebenen Dreiecken, die sich nicht durchdringen.

Abbildung 3.4 Eine von Möbius angegebene kombinatorische Beschreibung einer Zellzerlegung des Torus, vgl. [9]. Jeder Punkt ist mit jedem anderen Punkt durch eine Kante des Graphen verbunden

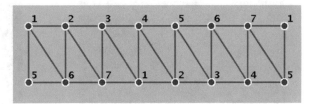

Abbildung 3.5 Keramik-Modell einer topologischen Version der von Möbius angegebenen Zellzerlegung des Torus mit sieben Ecken und ohne Diagonalen. Es kann keine polyedrische Realisation (mit ebenen Dreiecken und durchschnittsfrei) mit einer siebenfachen Symmetrie geben, denn dann würden alle sieben Ecken und damit alle 14 Dreiecke in einer Ebene liegen. Es gibt aber vier wesentlich verschiedene symmetrische polyedrische Realisierungen ohne Selbstdurchdringungen

In der Technik und in der Architektur ist man gewohnt, die räumlichen Objekte, seien es Werkstücke oder Bauwerke, durch Grund- und Aufriss und evtl. durch weitere Risse zu beschreiben. Das gelingt gut, da wir oft rechte Winkel an Werkstücken bzw. an Bauwerken finden. Aber beim Möbius-Torus mit nur sieben Ecken und kaum vorhandenen rechten Winkeln ist eine verständliche Darstellung nicht so leicht möglich. Für die vier wesentlich verschiedenen symmetrischen Realisierungen eines Möbius-Torus benötigen wir zusätzlich weitere Darstellungen. Der Versuch, durch Grund- und Aufriss in Abb. 3.6, die von Császár [7] gefundene Realisation zu beschreiben, gelingt kaum. In Abb. 3.7 sind weitere Versuche zur Beschreibung zu sehen. Die beste Version wird wohl durch eine Explosionszeichnung in Abb. 3.8 erreicht.

Abbildung 3.6 Die von Császár angegebene erste polyedrische Realisation des von Möbius beschriebenen Torus ohne Selbstdurchdringungen mit nur sieben Ecken und ohne Diagonalen in Grundriss (links) und Aufriss (rechts). Die Verständlichkeit wird kaum erhöht, wenn der Aufriss, wie üblich, über dem Grundriss im richtigen Maßstab zueinander angegeben wird und wenn die Lage der beiden Eckpunkte im Innern genau angegeben wird. Die Bewegung im Film, der über den QR-Code zu sehen ist, zeigt die geometrische Form besser

Wir zeigen in den Abbildungen 3.9, 3.10, 3.11, 3.12 und 3.13 weitere symmetrische Realisationen des von Möbius angegebenen Torus mit sieben Ecken.

Wenn man ausgehend von n Ecken je zwei dieser Ecken mit einer (abstrakten) Kante verbindet, dann erhält man einen sogenannten vollständigen Graphen mit n Ecken. Er hat dann insgesamt $\binom{n}{2} = \frac{n(n-1)}{2}$ Verbindungskanten. Die Abb. 3.4 stellt die kombinatorische Zellzerlegung eines Torus dar, die durch den vollständigen Graphen mit 7 Ecken auf dem Torus gebildet wird. Wenn es gelingt, den vollständigen Graphen mit 7 Ecken auf dem Torus einzuzeichnen, ohne dass sich die Kanten (sie bilden auf dem Torus Kurven) dort schneiden, dann sprechen wir von einer *topologischen Realisation der vorgegebenen abstrakten Zellzerlegung*. Eine solche topologische Realisation gibt es, wie es das Keramik-Modell in Abb. 3.5 zeigt, sogar mit einer Symmetrie der Ordnung 7. Jeder der

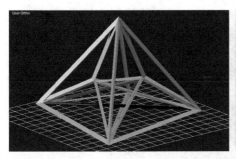
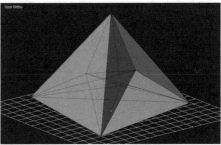

Abbildung 3.7 Das Drahtmodell (links) aus der Blender-Software erstellt in Verbindung mit der entsprechenen Ansicht des Volumenmodells mit den eingezeichneten unsichtbaren Kanten ist eher verständlich im Vergleich zu Abb. 3.6

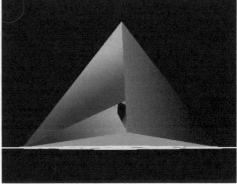

Abbildung 3.8 Man möchte aber das kleine Loch sehen, da wir doch ein Modell des Torus haben. Die linke Darstellug ist eine Explosionszeichnung, bei der einige Dreiecke durch Translationen aus der Modellversion verschoben wurden. Das ist evtl. die beste Darstellung, um sich die räumliche Situation vorzustellen

sieben Endpunkte hat sechs ausgehende Kurven zu den anderen Endpunkten. Wegen der Symmetrie reicht es aus, dies in einem Fall nachzuweisen.

Diese sich daraus ergebene Zellzerlegung hatte bereits August Ferdinad Möbius, der Mathematiker nachdem das Möbius-Band benannt wurde, angegeben, vgl. [9]. Wir wählen daher für die kombinatorische Beschreibung dieser Zerlegung des Torus den Namen Möbius-Torus. Möbius hatte auch geschrieben, dass ein Mathematiker aus Leipzig, ein Herr Reinhard, dazu ein Modell angefertigt hat. Leider haben alle Nachforschungen in Leipzig nicht dazu geführt, dass dieses Modell aufgefunden wurde. Es gibt aber eine Arbeit von ihm, siehe [10]. Die zweidimensionalen Zellen der topologischen Zellzerlegung des Torus sind krummlinig begrenzte Dreiecke. Kann man auch eine Realisation von dieser Zellzerlegung mit ebenen Dreiecken finden, bei der keine Selbstdurchdringung auftritt?

Da das Modell von Herrn Reinhard nicht auffindbar ist, kann man zunächst nicht sagen, dass es ebene Dreiecke ohne Selbstdurchdringungen besaß, aber in der Literatur wurde zu

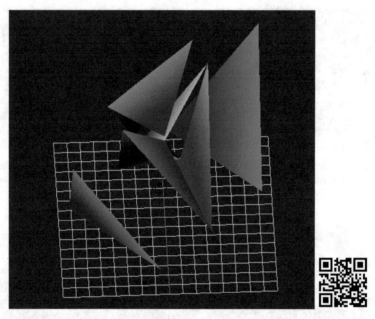

Abbildung 3.9 Bei dieser weiteren Version des Möbius-Torus von mir mit Anselm Eggert aus [2] kann man nicht durch das Loch sehen. Der Deckel in der Explosionszeichnung wurde angehoben, und zwei der äußeren Dreiecke wurden zur Seite verschoben

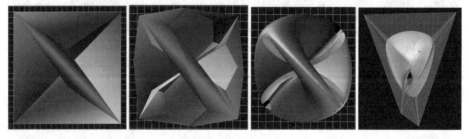

Abbildung 3.10 Durch die Option in Blender, die Dreiecke sukzessive zu unterteilen und dadurch die topologische Flächenstruktur nicht zu verändern, erkennen wir nach einigen Schritten der Unterteilung, dass ein Torus vorliegt. Von links nach rechts nehmen die Unterteilungen im Grundriss zu. Rechts wird das Loch im Torus der Unterteilung gezeigt

dem Modell eine Symmetrie der Ordnung 3 angegeben. Eine solche Symmetrie für ein durchschnittsfreies Modell des Möbius-Torus wurde aber in der Arbeit [2] ausgeschlossen.

Daher wissen wir, dass ein im Jahre 1949 von dem ungarischen Mathematiker Ákos Császár [7] angegebenes Modell die erste durchschnittsfreie Realisation mit ebenen Dreiecken des Möbius-Torus ist. Eine Veröffentlichung aus dem Jahre 1991 von A. Eggert und mir, [2], hat alle weiteren symmetrischen Realisationen dieser kombinatorischen Beschreibung von Möbius bestimmt.

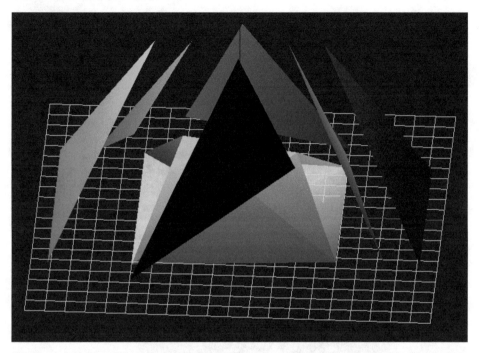

Abbildung 3.11 Eine weitere Version in einer Explosionszeichnung. Unter dem grünen Dach befindet sich das Loch

Wir haben am Beispiel des Möbius-Torus die kombinatorische Version, eine topologische Version und die polyedrischen durchschnittsfreien Versionen unterschieden. Das wird uns in weiteren Beispielen begegnen. Wir haben eine vorgegebene kombinatorische oder abstrakte Struktur mit Symmetrien, möglicherweise eine oder mehrere topologische Realisationen mit i. Allg. einer geringeren Symmetrie und schließlich möglicherweise polyedrische Realisationen ohne Selbstdurchdringungen, mit wieder i. Allg. einer geringeren geometrischen Symmetrie.

Über nur sieben Punkte im Raum nachzudenken, hat uns eine Weile beschäftigt. Wenn man in Abb. 3.16 die nur als Verstärkung dienenden schwarzen Verstrebungen nicht einbezieht, hat man dann wieder eine Zellzerlegung des Torus, wie wir sie beim Möbius-Torus hatten?

Anhand der Struktur des Möbius-Torus erklären wir, was wir unter einem Seitenverband verstehen wollen. Wir schreiben für alle Seiten (einschließlich der uneigentlichen Seiten) die Mengen der beteiligten Punkte auf und erhalten durch die Teilmengenrelation eine partielle Ordnung wie in Abb. 3.14, die wir als den *Verband zum Möbius-Torus* bezeichnen. Wenn wir in dieser Ordnung in Abb. 3.14 die Facetten von 1 bis 14 benennen, und die Inklusion umkehren, dann ergeben sich daraus die Punktmengen für eine neue Verbandsstruktur, die wir als den zum ursprünglichen Verband dualen Verband bezeichnen. In unserem Beispielfall ergibt sich *der duale Verband* in Abbildung 3.15. Die Seitenstruktur dieses dualen Verbandes hat 14 Ecken und sieben Sechsecke als Facetten.

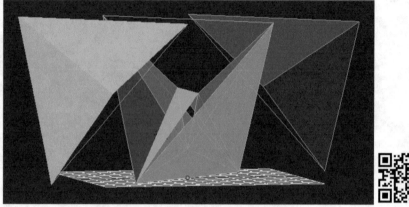

Abbildung 3.12 Bei einer vierten Version einer symmetrischen durchschnittsfreien polyedrischen Realisation eines Möbiustorus mit sieben Ecken haben wir jeweils zwei Dreiecke nach außen verschoben

Abbildung 3.13 Ein 3-D-Druck der einzigen symmetrischen Realisation der von Möbius angegebenen Zellzerlegung des Torus mit sieben Ecken, bei der die konvexe Hülle fünf Ecken hat. Das Loch bei dieser Version ist verglichen mit den anderen Versionen am größten

Kann man zu dieser dualen Zellzerlegung des Torus ebenfalls eine polyedrische Realisation finden? Die positive Antwort dazu hat Lajos Szilassi aus Szeged, Ungarn, gegeben, [12]. Er hat ein solches Polyeder gefunden. Die Sechsecke sind nicht konvex, aber das Ergebnis ist erstaunlich. In Abb. 3.17 sind zwei Abbildungen eines Polyeders von Szilassi zu sehen. Die polyedrischen Realisationen des Möbius-Torus und seines dualen Verbandes

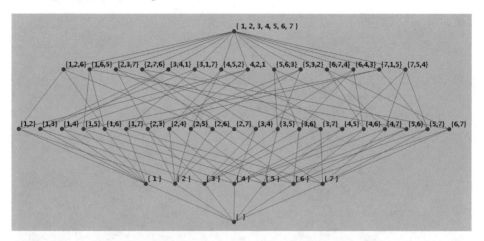

Abbildung 3.14 Seitenverband der von Möbius angegebenen Zellzerlegung des Torus

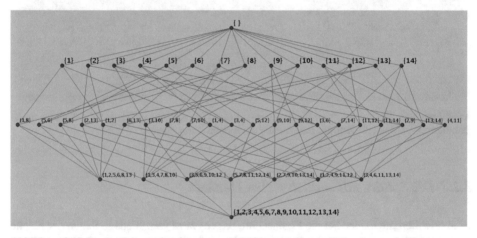

Abbildung 3.15 Dualer Seitenverband zu der von Möbius angegebenen Zellzerlegung des Torus

zeigen, dass es in der Mathematik selbst kleine Objekte gibt, die erst relativ spät gefunden wurden.

Ausgehend vom Möbius-Torus haben wir den Übergang zu einer weiteren kombinatorischen Struktur über den dualen Verband gezeigt. Es gibt weitere Übergänge, die wir nicht ausführlich erläutern wollen, aber ein Fall (wieder am Beispiel des Möbius-Torus dargestellt) sei hier noch angefügt, bei dem eine Deutung als Kurven-Arrangement entsteht, siehe Abb. 3.18 und vgl. [4]. Diese Umdeutung betraf auch große Teile des Buches von Gerhard Ringel [11] über die Einbettung vollständiger Graphen auf geschlossene Flächen und das Map-Color-Theorem. Mein Keramik-Modell zu solchen Kurven-Arrangements zeigt Abb. 3.19.

Abbildung 3.16 Ein weiterer Torus mit nur sieben Ecken. Die schwarz gefärbten Teile dienten nur der Stabilisierung. Stimmt die Zellzerlegung mit der des Möbius-Torus überein?

3.2.3 Die Sphäre mit endlich vielen Henkeln

Eine orientierbare Fläche hat die Eigenschaft, dass es zwei verschiedene Seiten der Fläche gibt, wie bei einem gummierten Papier. Man kann als Flächenwesen die Seite der Fläche nicht wechseln. Ein erster Teil des Klassifikationssatzes für 2-Mannigfaltigkeiten besagt, dass man sich alle orientierbaren Flächen vorstellen kann als eine Sphäre mit einer endlichen Anzahl von Henkeln. Diese Anzahl der Henkel bezeichnet man dann auch als das Geschlecht der Fläche. Das einfachste Beispiel ist die Sphäre selbst, also ohne jeglichen Henkel. Mit einem Henkel haben wir den Torus, und in Abb. 3.20 sehen wir links ein Beispiel mit drei Henkeln, d.h. eine Fläche vom Geschlecht 3 und rechts eine Fläche vom Geschlecht 6.

Wenn wir eine (zusammenhängende) Zellzerlegung einer Fläche haben mit f_0 Ecken, f_1 Kanten und f_2 Flächen, wobei jede Kante stets zu zwei der Flächen gehört, dann sagt uns die verallgemeinerte Euler'sche Formel, wie man daraus das Geschlecht g der Fläche berechnen kann:

$$f_0 - f_1 + f_2 = 2 - 2g$$

Beim Rand des Würfels haben wir eine Fläche mit $f_0 = 8$, $f_1 = 12$ und $f_2 = 6$, also $f_0 - f_1 + f_2 = 2$. Der Rand des Würfels ist eine topologische 2-Sphäre.

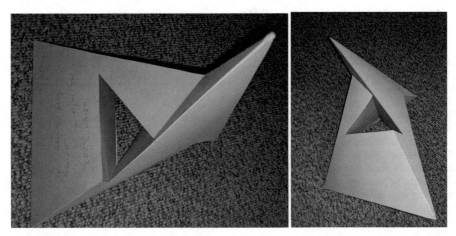

Abbildung 3.17 Zwei Ansichten einer polyedrischen Realisation von Lajos Szilassi des zum Möbius-Torus dualen Torus. Das dargestellte Modell stammt von Lajos Szilassi (mit Widmung)

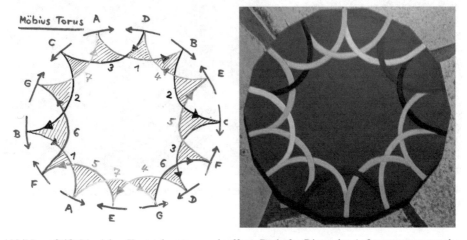

Abbildung 3.18 Die sieben Kurven begrenzen schraffierte Dreiecke. Die an den Außengrenzen angegebenen Pfeile geben an, wie die Kurven fortzusetzen sind. Die Indizes der Kurven, die ein Dreieck begrenzen, stimmen mit den Dreiecksecken in Abb. 3.4 überein. Diese Rotationssymmetrie war in der vorherigen Beschreibung nicht erkennbar. Rechts mein Keramik-Modell dazu

Bei $f_0 = 12$ Ecken, $f_1 = \binom{12}{2} = \frac{12 \times 11}{2} = 66$ Kanten und $f_2 = 44$ Dreiecken haben wir

$$f_0 - f_1 + f_2 = -10 = 2 - 2g,$$

also $g = 6$. Die zwölf Eckpunkte sind auf dem Keramik-Modell in Abb. 3.20 (rechts) vom Geschlecht 6 als Punkte markiert. Von jedem Punkt gehen spinnenartig elf Kanten ab (jeder Punkt soll mit jedem Punkt verbunden werden). Dann würden sich $(12 \times 11)/2 = 66$ Kanten ergeben und die Zellen wären Dreiecke mit krummen Begrenzungskurven. An je-

Abbildung 3.19 Geraden schneiden sich in der projektiven Ebene paarweise genau einmal. Sie sind in der projektiven Ebene als geschlossene Kurven anzusehen. Die Kurven auf der geschlossenen Fläche schneiden sich ebenfalls paarweise genau einmal. Wir haben eine Verallgemeinerung des Pseudogeradenkonzepts auf beliebige geschlossene Flächen, vgl. [4]

Abbildung 3.20 Ein Keramik-Modell vom Geschlecht 3, d.h. mit drei Henkeln (links), und ein Keramik-Modell mit einer Fläche vom Geschlecht 6 (rechts)

dem Punkt liegen dann elf Dreiecke, aber wir haben sie dreimal gezählt, also hätten wir $(12 \times 11)/3$, also 44 Dreiecke. Kann man die Verbindungen zwischen den Eckpunkten so anbringen, dass sich eine solche Zellzerlegung ergibt, ohne dass sich die Verbindungskurven überschneiden?

Ja, das gelingt sogar auf 59 wesentlich verschiedene Arten. Das Modell in Abbildung 3.22 hat unter allen diesen Beispielen die höchste Symmetrie. Die gleiche Symmetrie hat auch das Modell in Abb. 3.21. Es war eines der vielen Modelle, bevor das Schwanenhalsmodell in Abb. 3.32 entstand.

Der allgemeine Fall eines vollständigen Graphen mit n Ecken auf einer Fläche ohne Rand hätte $\binom{n}{2}$ Kanten und $n(n-1)/3$ Dreiecke. Damit erhält man nur Lösungen, wenn $n(n-1)$ durch zwei und drei teilbar ist. Wir gehen auf die Einbettungsfragen von Graphen auf Flächen nicht näher ein, aber auf das Beispiel in Abb. 3.22 kommen wir noch zurück.

Abbildung 3.21 Dieses Modell vom Geschlecht 6 hat bereits die Symmetrie, die auch bei der Zellzerlegung vorliegt, die uns später noch beschäftigen wird

Abbildung 3.22 Dieses Modell zeigt eine Lösung mit Tetraedersymmetrie, wie sich der vollständige Graph mit zwölf Ecken auf einer Fläche vom Geschlecht 6 einzeichnen lässt. Wir hatten beim Möbius-Torus auch einen vollständigen Graphen (mit sieben Ecken) auf einer Fläche vom Geschlecht 1 eingebettet

Eine polyedrische Fläche mit dieser Dreiecksstruktur als Zellzerlegung hätte keine Diagonalen, alle Kanten verliefen auf dem Rand der Fläche.

3.2.4 Das Möbius-Band

Das Möbius-Band entsteht aus einem rechteckigen Papierstreifen mit gummiertem Papier, bei dem wir die linke Kante mit der rechten Kante so verheften, dass dabei die gummierte Seite mit der nichtgummierten Seite wechselt. In der Abb. 3.23 sehen wir eine symmetrische Darstellung des Möbius-Bandes. Die Verheftung der Kanten wird durch die Farben symbolisiert.

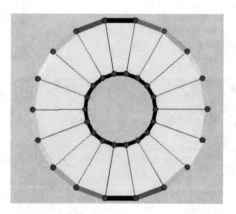

Abbildung 3.23 Diese Figur zeigt ein Möbius-Band in einer symmetrischen Darstellung. Der Rand ist als geschlossene schwarze Kurve erkennbar. Die gegenüberliegenden Kanten sind jeweils zu verheften. Eckpunkte mit gleichen Farbnachbarn sollen dann zusammenfallen

Abbildung 3.24 Trianguliertes Möbius-Band als Keramik-Modell. Es gibt nach einem Ergebnis von Ulrich Brehm [5] keine polyedrische Realisierung dieser Zerlegung mit ebenen Dreiecken und ohne Selbstdurchdringungen

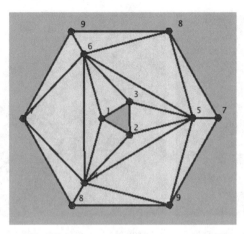

Abbildung 3.25 Trianguliertes Möbius-Band zu Abb. 3.24 mit besser erkennbarer kombinatorischer Struktur

Die Zellzerlegung des Möbius-Bandes, dargestellt in den Abbildungen 3.24 und 3.25 ist ein wichtiges Beispiel einer mit ebenen n-Ecken nicht realisierbaren Zellzerlegung. Diese kann auf viele Weisen erweitert werden durch weitere Henkel. Diese Zellzerlegungen bleiben nicht realisierbar. Damit gibt es eine große Vielfalt von nichtorientierbaren Mannigfaltigkeiten, die nicht mit ebenen n-Ecken durchdringungsfrei realisierbar sind.

Wenn wir bei dem Möbius-Band in Abb. 3.23 die schwarze Kurve auf einen Punkt zusammenziehen, dann erhalten wir eine Fläche ohne Rand, eine nicht-orientierbare Fläche: die projektive Ebene.

3.2.5 Die projektive Ebene

Bei der Beschreibung mathematischer Probleme benötigen wir oft einfache mathematische Konzepte, die wir erklären werden, selbst wenn sie in der Schulmathematik behandelt werden. Die projektive Ebene ist ein solches Beispiel. Abb. 3.26 zeigt ein Modell der projektiven Ebene als Kreuzhaube. Ihre Entstehung wird durch die Bildunterschrift beschrieben, wer aber die Beschreibung erstmalig liest, hat in der Regel Mühe, sich dies vorzustellen, da die Fläche sich selbst durchdringt. Abb. 3.27 zeigt die Kreuzhaube erneut als Keramikmodell. Die verlängerten Kanten des Fünfecks sollen bei diesem Modell besser erkennbar sein.

Wir verlassen die topologische Denkweise kurz für die folgende Erklärung. Wir versuchen zu erläutern, warum es sinnvoll ist, die projektive Ebene als Erweiterung unserer vertrauten Ebene zu betrachten, und kehren deshalb kurz zur geometrischen Denkweise zurück.

Wenn uns eine geometrische Darstellung in der Ebene E vorliegt, z.B. eine Menge von Punkten und eine Menge von Geraden wie in Abb. 3.28, können wir uns vorstellen, dass

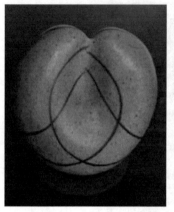

Abbildung 3.26 Die Kreuzhaube ist eine Darstellung der projektiven Ebene, bei der man von der Kreisscheibe ausgehend zwei antipodische Punkte zur Deckung gebracht hat, um dann anschließend wie bei einem Reißverschluss von diesem Punkt nach oben gehend benachbarte Punkte ebenfalls zur Deckung zu bringen. Das Ergebnis ist eine Darstellung mit einer Durchdringung der Fläche, die als Kreuzhaube bezeichnet wird. Die Kreuzhaube ist im Aufriss (links) und im Grundriss (rechts) hier als Keramik-Modell zu sehen. Die Zellzerlegung ist die, die durch fünf Geraden gebildet wird, die ein 5-Eck bilden ©Cambridge University Press

diese Ebene E eine Kugel K mit vorgegebenem Radius $r = 1$ berührt und dass wir vom Mittelpunkt M der Kugel K diese Darstellung von Punkten und Geraden in der Ebene E auf die Punkte der Oberfläche der Kugel K projizieren können. Die Punkte der Oberfläche der Kugel bilden eine 2-Sphäre S. Die Bezeichnung 2-Sphäre S ist hier im geometrischen Sinn gemeint, nicht nur topologisch, daher ändern wir hier die Bezeichnung Sphäre zur Bezeichnung 2-Sphäre S ab. Die 2-Sphäre S besteht aus allen Punkten im Raum, die einen Abstand $r = 1$ von M haben. Zu jedem Punkt P in der Ebene E, die die Kugel K berührt, betrachten wir die Gerade $g(P)$, die durch P und den Mittelpunkt M der Kugel K geht. Sie bestimmt dann ein diametral entgegengesetztes Punktepaar auf der Sphäre S, das man als Schnitt von $g(P)$ mit der Sphäre S erhält.

Geraden in der vorgegebenen Ebene werden durch diese Projektionsvorschrift zu Großkreisen auf der 2-Sphäre? Nein, es fehlen die Punkte auf der 2-Sphäre S, die auf dem zur Ausgangsebene E parallelen Großkreis liegen. Wenn man zu einer parallelen Geradenschar in der Ausgangsebene E eine parallele Gerade durch den Mittelpunkt M der Kugel legt, dann erhält man ein antipodisches Punktepaar auf der 2-Sphäre, dieses Punktepaar macht das Bild jeder der parallelen Geraden zu einem Großkreis. Wir können dieses Punktepaar als Schnittpunkt der parallelen Geraden deuten. Die Deutung für die Punkt-Geraden-Konfiguration in Abb. 3.28 ergibt dann zwei weitere Punkte in denen sich jeweils vier parallele Geraden schneiden. Die Punkt-Geraden-Konfiguration hat dann 18 Geraden und 18 Punkte. Durch jeden Punkt verlaufen dann vier der 18 Geraden und auf jeder Geraden befinden sich vier der 18 Punkte. Durch diese Erweiterung unserer gewöhnlichen Ebene zur projektiven Ebene haben zwei verschiedene Geraden stets genau einen Schnittpunkt, auch wenn sie parallel zueinander verlaufen.

Abbildung 3.27 Dieses Modell der Kreuzhaube zeigt die fünf Geraden des Fünfecks deutlicher? Es bleibt ein ungewohntes Modell.

Die Punkt-Geraden-Konfigurationen, wie in Abb. 3.28, waren im Kap. 2 behandelt worden. Wenn wir n Punkte und n Geraden in der projektiven Ebene haben mit der Eigenschaft, dass sich auf jeder Geraden genau vier der n Punkte befinden und dass durch jeden der n Punkte genau vier Geraden der n Geraden verlaufen, dann nennen wir dies eine (n_4)-Konfiguration. In Abb. 3.28 haben wir eine (18_4)-Konfiguration. Man kann für alle natürlichen Zahlen n sagen, ob es für diese Zahl n eine (n_4)-Konfiguration gibt. Nur im Fall $n = 23$ kennt man kein Beispiel.

3.2.6 Die Klein'sche Flasche

Die Klein'sche Flasche ist eine weitere geschlossene Fläche ohne Rand, die nichtorientierbar ist. Sie wurde nach Felix Klein benannt, da dieser sie erstmals 1882 beschrieben hat. In Abb. 3.30 sieht man ein Keramik-Modell der Klein'schen Flasche.

Diese Fläche lässt sich nicht ohne Selbstdurchdringungen im dreidimensionalen Raum realisieren. Wenn man einen sichtbaren, nach oben verlaufenden Streifen auf dem Keramik-Modell gedanklich verfolgt, dann erkennt man den Wechsel auf die Gegenseite der betrachteten Stelle der Fläche. Die Fläche enthält also ein Möbius-Band. Man kann sie sich aus zwei Möbius-Bändern entstanden denken. Die geschlossene Kurve des einen Möbius-

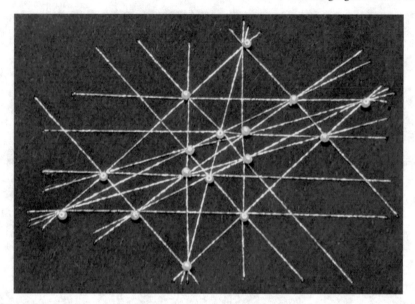

Abbildung 3.28 In der projektiven Ebene haben parallele Geraden einen Schnittpunkt

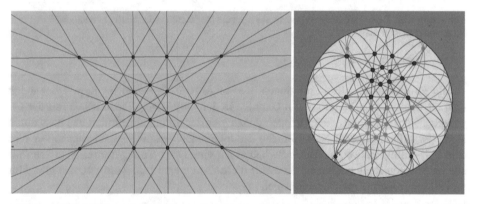

Abbildung 3.29 Die Darstellung der Punkt-Geraden-Konfiguration auf der 2-Sphäre wird durch die Software Cinderella unterstützt. Wir sehen noch einmal die (18_4)-Konfiguration einerseits in der Ebene und andererseits im Sphärenmodell für die projektive Ebene. Erklärungen mithilfe einer Zeichnung sind oft sehr hilfreich. Es gibt aber gerade Beispiele aus der Thematik von Punkt-Geraden-Konfigurationen, bei denen man sich nicht auf die Darstellung durch eine Zeichnung verlassen kann

Bandes wird mit der geschlossenen Kurve eines zweiten Möbius-Bandes verheftet. Dadurch entsteht eine geschlossene Fläche ohne Rand. Man kann zwei identische Möbius-Bänder so verheften, aber es ginge auch, wenn das zweite Möbius-Band eine gespiegelte Version des ersten wäre. Uns genügt es hier, diese Fläche überhaupt vorzustellen. Eine Ansicht eines Möbius-Bandes in einer Klein'schen Flasche von Faniry H. Razafindrazaka findet sich im Internet auf sketchfab unter

Abbildung 3.30 Keramikmodell einer Klein'schen Flasche

https://sketchfab.com/faniry

Abb. 3.2.6 zeigt kombinatorische Beschreibungen von einer triangulierten Klein'schen Flasche und einer projektiven Ebene.

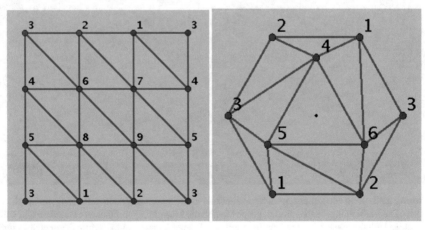

Abbildung 3.31 Eine triangulierte Klein'sche Flasche (links) und eine projektive Ebene mit sechs Punkten und zehn Dreiecken (rechts)

3.2.7 Die projektive Ebene mit endlich vielen Henkeln

Bisher hatten wir aus dem Klassifizierungsresultat der Topologie für geschlossene zweidimensionale Flächen nur den Fall der orientierbaren Flächen angegeben. Die vollständige Klassifizierung lässt sich mit einem zweiten Teil angeben. Es gibt neben den orientierbaren Flächen, die durch das Anbringen von endlich vielen Henkeln an eine Sphäre entstehen, noch die nichtorientierbaren Flächen. Diese besitzen als Teilstruktur ein Möbius-Band. Sie entstehen aus der projektiven Ebene durch Anbringen endlich vieler Henkel.

3.3 Die Geschichte eines Modells

Zu dem Schwanenhalsmodell in Abb. 3.32 gab es mehrere Vormodelle. Wir haben schon in Abb. 3.20 (rechts) ein Keramik-Modell gesehen, das als Vormodell angefertigt wurde. Danach entstanden Modelle mit der durch die Kombinatorik vorgegebenen Symmetrie, vgl. Abb. 3.21 und das Papiermodell in Abb. 3.22.

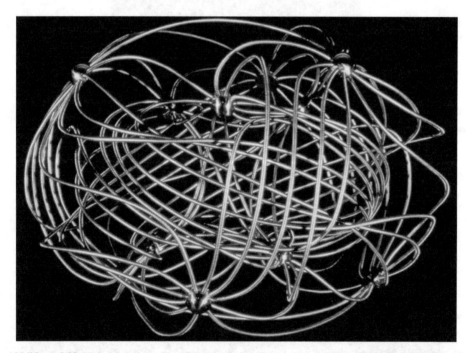

Abbildung 3.32 Mein Modell aus 50 m Schwanenhals gefertigt. Es zeigt den vollständigen Graphen mit 12 Ecken. Die Verbindungskanten sind so geformt, dass die krummlinigen Flächen erkennbar sein sollten. Mein Schwanenhalsmodell habe ich erstmalig auf der Tagung Convex and Discrete Geometry, Aug/Sept 1998, in Bydgoszcz, Polen, gezeigt

In Abb. 3.22 war die Zellzerlegung angegeben mit dem vollständigen Graphen mit zwölf Ecken. Für das Keramik-Modell auf der rechten Seite in Abb. 3.20 mit den dort eingezeichneten zwölf Punkten kann man die Verbindungskurven auf der Fläche finden, sodass sich nirgends zwei dieser Kurven schneiden. Bei der Behandlung des Problems, ob sich eine polyedrische Fläche ohne Selbstdurchdringungen findet, bei der die Dreiecke eben sind, wurde für das Ergebnis in [3] viel Rechenzeit aufgewandt. Nachdem sich herausstellte, dass das Ergebnis aus der leeren Menge bestand, d.h., es war das erste Beispiel einer nichtrealisierbaren zellzerlegten geschlossenen polyedrischen Fläche gefunden, sollte doch etwas auf einer Tagung präsentiert werden. Nach vielen Vormodellen (nicht alle sind hier abgebildet) entstand schließlich mein aus Schwanenhals gefertigtes, topologisches Modell in Abb. 3.32, bei dem allerdings die Flächenstücke erst mit Mühe erkennbar sind. In Abb. 3.33 sind erste Dreiecke der Fläche (mit krummlinigen Begrenzungen) dargestellt. Es gibt insgesamt 44 Dreiecke.

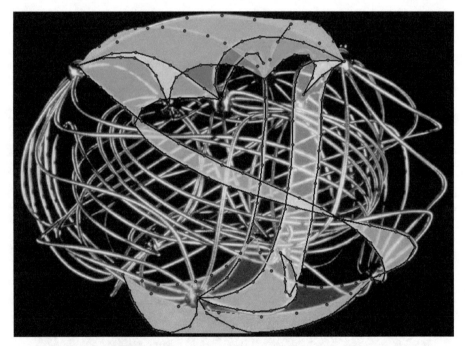

Abbildung 3.33 Das Schwanenhalsmodell mit acht markierten Dreiecken. Versuchen Sie, weitere zu entdecken. Es gibt Symmetrien, z.B. kann man oben und unten vertauschen. Dann geht das obere grüne Dreieck in das untere über. Es gibt auch eine Rotationssymmetrie mit einer Rotationsachse, die durch die Mittelpunkte der grünen Dreiecke verläuft

Manchmal sind die Randerscheinungen der mathematischen Modellfertigung und die Transportprobleme erzählenswert. Dafür ist dieses Modell in Abb. 3.32 ein ergiebiges Beispiel. Hier nur so viel: Für den Transport des Modells mit der Bahn zur Tagung in Bydgoszcz, Polen, war die Eingangstür der Bahn positiv getestet, nicht jedoch die Weiterfahrt mit dem Bus. Zum Glück hatte die Öffnung der Bustür Hartgummiränder. Nach der Präsentation in Polen wurde von der Tagungsleitung eine Bescheinigung für den Zoll ausgefertigt, dass das Modell vorher von Deutschland eingeführt wurde. Für den Rück-transport wurde statt der Busfahrt eine Pkw-Fahrt angeboten, allerdings war frühmorgens bei der Abfahrt der versprochene Platz für das Modell im Pkw nicht vorhanden und das Modell musste zerknautscht auf dem Schoß mitreisen, das Schwanenhalsmaterial ist ja flexibel . . . Auch die zerknautschte Version fand beim deutschen Zoll im Zug besondere Beachtung, und die Zollbescheinigung war erstaunlicherweise sehr hilfreich. Die wieder hergestellte Version hatte später Gebrauchsspuren, und für einen weiteren Vortrag über die Thematik in Ungarn sollte das Modell in einer Galvanik behandelt werden. Dies geschah auch, nur beim Abholen aus der Galvanik waren alle Teile auseinander geschraubt. Sie wissen ja, wie man es wieder richtig hinbiegt, war der Kommentar. Abb. 3.34 zeigt das Modell nach der Galvanikbehandlung.

Abbildung 3.34 Das K12-Schwanenhalsmodell war für eine Tagung im Jahre 2004 in Budapest nach er-folgreicher erneuter Formgebung und nach Behandlung in einer Galvanik wieder einsatzbereit. Bei dieser Darstellung ist die Rotationssymmetrie der Ordnung 3 besser erkennbar. Man kann auch oben und unten vertauschen

Zurück zur Mathematik. Das Modell steht ja für einen ersten Fall eines Beweises für eine nicht durchschnittsfrei realisierbare geschlossene Fläche. Mit neuen Methoden hat Lars Schewe in seiner Dissertation [13] die übrigen 58 topologischen Beispiele dieser Zellzerlegungen untersucht und in allen Fällen nachgewiesen, dass sie nicht durchdringungsfrei realisierbar sind. Dieses Kapitel endet damit mit einem vorher lange offenen mathematischen Problem. Wenn man die Einbettungen anderer vollständiger Graphen auf geschlossenen Flächen untersuchen möchte, ist mit größeren Problemen zu rechnen.

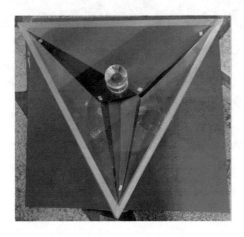

Abbildung 3.35 Ein Modell einer polyedrischen Fläche ohne Selbstdurchdringungen und ohne Diagonalen zur Veröffentlichung [1] mit der dortigen Bezeichnung NPM45. Das Modell hat neun Eckpunkte und alle denkbaren 36 Kanten. Die Fläche besteht aus drei zweidimensionalen Sphären. In den Eckpunkten ist die zweidimensionale Flächenstruktur jedoch verletzt

Weitere Vorübungen zur Lösung des Problems, eine polyedrische Fläche vom Geschlecht sechs ohne Selbstdurchdringungen und ohne Diagonalen zu finden, betrafen geschlossene Flächen, die in einzelnen Punkten verletzt waren, so als hätte man in einzelnen Eckpunkten zwei eigentlich getrennte Flächenteile sich berühren lassen. Ergebnisse dieser Art findet man in einer Arbeit von Amos Altshuler, Peter Schuchert und mir in [1]. Zu zwei Beispielen gibt es von Amos Altshuler an der Ben Gurion Universität in Israel gefertigte polyedrische Modelle ohne Diagonalen, von denen eines in Abb. 3.35 zu sehen ist. Das polyedrische Modell hat neun Eckpunkte und besteht aus drei Sphären mit den Dreiecken

$$(1,2,3),(1,2,4),(1,3,4),(2,3,4),$$
$$(1,5,6),(1,6,7),(1,7,8),(1,8,9),(1,5,9),(2,5,6),(2,6,7),(2,7,8),(2,8,9),(2,5,9),$$
$$(3,5,7),(3,7,9),(3,6,9),(3,6,8),(3,5,8),(4,5,7),(4,7,9),(4,6,9),(4,6,8),(4,5,8),$$

die sich nur in gemeinsamen Eckpunkten berühren. An diesem Beispiel erkennt man, dass es nicht ausreicht, bei einem uns in der Regel interessierenden Polyeder nur über die Anzahl der Flächen an einer Ecke nachzudenken. Wir möchten in der Regel erreichen, dass die Flächen an einer Ecke eine (!) und nur (!) eine zyklische Reihenfolge bilden.

Kommen wir noch einmal zurück auf das Beispiel mit $f_0 = 12$ Ecken, dem vollständigen Graphen mit zwölf Ecken als Kantengraph mit $f_1 = 66$ Kanten und den $f_2 = 44$ Dreicken, die topologisch eine Fläche vom Geschlecht 6 bilden. Die vier Kepler-Poinsot-Körper haben auch Selbstdurchdringungen. Abb. 3.36 zeigt eines dieser vier Modelle. Wir können auch zum K12-Modell eine Kepler-Poinsot-Version erstellen, vgl. Abb. 3.37. Eine rechte Kappe mit ihren sechs Eckpunkten wurde nach rechts verschoben, und eine linke

Abbildung 3.36 Wir sehen hier eines der vier Kepler-Poinsot-Modelle. Es wurde nach der Erfindung des Rubik'schen Würfels auch zum Verdrehen dieser Seitenflächen gefertigt. Die Gebrauchsspuren zeugen von dem Nachdenken darüber, wie man die Farben wieder in die Ausgangsstellung zurückbringen kann. Das ist übrigens auch ein gutes Beispiel, um über die Symmetriegruppe dieser Situation nachzudenken

Kappe mit ebenfalls sechs Eckpunkten wurde nach links verschoben. Wie nicht anders zu erwarten, treten viele Durchdringungen auf.

Abbildung 3.37 Das nichtexistierende Polyeder wird hier als Kepler-Poinsot-Modell dargestellt

Wer mehr über diese Thematik lesen möchte, dem empfehle ich z.B. die Dissertation von Lutz [8].

Literatur

1. Altshuler, A., Bokowski, J., Schuchert, P.: Spatial polyhedra without diagonals. Israel J. Math. 86, 373-396 (1994)
2. Bokowski, J., Eggert, A.: All Realizations of Möbius' Torus with 7 Vertices. Structural Topology 17, 59-76 (1991)
3. Bokowski, J., Guedes de Oliveira, A.: On the generation of oriented matroids. Discrete Comput Geom 24: 197-208 (2000) doi: 10.1007/s004540010027
4. Bokowski, J., Pisanski, T.: Oriented matroids and complete-graph embeddings on surfaces. J. Comb. Theory, Ser. A (2007) doi: 10.1016/j.jcta.2006.06.012
5. Brehm, U.: A non-polyhedral triangulated Möbius Strip. Proc. Am. Math. Soc. 89, 519-22 (1983)
6. Boltjanski, W. G., Efremovitsch, V. A.: Anschauliche kombinatorische Topologie. Springer Vieweg (1986)
7. Császár, A.: A polyhedron without diagonals. Acta Sci. Math. Szeged, 13, 140142 (1949)
8. Lutz, F. H.: Triangulated Manifolds with Few Vertices and Vertex-Transitive Group Actions. Techn. Univ. Berlin, Diss. Shaker Verlag (1999)
9. Möbius, A. F.: Gesammelte Werke II. Hrsg. Felix Klein, Neudruck der Ausgabe von 1886, p. 552 ff. (1967)
10. Reinhard, C.: Zu Möbius' Polyedergeometrie. Berichte der Königlich sächsischen Gesellschaft der Wissenschaften (1885)
11. Ringel, G.: Map Color Theorem. Springer-Verlag Berlin Heidelberg (1974) doi: 10.1007/978-3-642-65759-7
12. Szilassi, L.: Regular toroids. Structural Topology 13, S. 6980 (1986)
13. Schewe, L.: Satisfiability Problems in Discrete Geometry. Diss. TU Darmstadt, Shaker (2007)

Kapitel 4
Platonische Körper und Analoga

Zusammenfassung Konvexe Polyeder in höheren Dimensionen sind die Grundbausteine für vielfältige mathematische Anwendungen in der Optimierung. Die platonischen Körper sind konvexe Polyeder in der Dimension 3. Sie bilden in vielen mathematischen Disziplinen wichtige Beispiele, nicht zuletzt für Symmetriebetrachtungen. Ich gebe in diesem Kapitel einen möglichst elementaren Einstieg in die Welt der Analoga zu den platonischen Körpern in höheren Dimensionen, um ein ungelöstes mathematisches Problem aus der Theorie konvexer Polyeder zu beschreiben. Dabei vermeide ich nach Möglichkeit mathematisches Spezialwissen. Ich versuche, in diesem Kapitel erste vierdimensionale Überlegungen zu vermitteln. Bei einem Problem in Kap. 7 über einen Messestandentwurf der Architekten wird nach Punkten in einem höherdimensionalen Würfel gesucht. Ich erkläre aus diesem Grund besonders die Eigenschaften des vierdimensionalen Würfels. Ein Spiel hilft dabei, sich mit dem Denken in höheren Dimensionen vertraut zu machen.

Abbildung 4.1 Die fünf platonischen Körper, von links nach rechts: das Tetraeder, der Würfel, das Oktaeder, das Dodekaeder und das Ikosaeder

Zusatzmaterial online
Zusätzliche Informationen sind in der Online-Version dieses Kapitel (https://doi.org/10.1007/978-3-662-61825-7_4) enthalten.

4.1 Platonische Körper

Es ist gut, die mathematischen Konzepte, die wir benötigen, exakt zu definieren, obgleich die formale mathematische Sprache manchem Leser ungewohnt ist. Unser erstes Ziel ist es, zu definieren, was wir unter einem konvexen Polyeder verstehen. Eine Punktmenge in unserem dreidimensionalen Raum ist konvex, wenn zu je zwei Punkten der Menge auch alle Punkte der Verbindungsstrecke dieser beiden Punkte zu der Menge gehören. Diese Definition verwenden wir auch für höhere Dimensionen, aber erst mal bleiben wir dreidimensional. Wenn wir mit einer endlichen Punktmenge starten (wir denken dabei z.B. an die Eckpunktmenge eines Würfels oder z.B. an die Eckpunktmenge des Zuckerkristalls in Abb. 4.2) und wenn wir danach sukzessive alle Punkte von Verbindungsstrecken zu Punktpaaren aus der Menge zu der Ausgangsmenge hinzunehmen, bis auf diese Weise keine neuen Punkte hinzukommen, dann sprechen wir von der konvexen Hülle der Ausgangsmenge. Eine konvexe Hülle endlich vieler Punkte nennen wir ein *konvexes Polyeder*. Wer über dieses Buch hinaus mehr über Konvexgeometrie erfahren will, sei zunächst auf das in englischer Sprache verfasste Handbuch der Konvexgeometrie [3] verwiesen. Dieses zweibändige Werk enthält auf 1438 Seiten in fünf Teilen von 38 Autoren Übersichtsartikel aus Teilbereichen der Konvexgeometrie, ihren Verästelungen und ihren Auswirkungen auf andere Bereiche der Mathematik. Es wendet sich dabei an Experten, um eine Übersicht über die verschiedenen Bereiche dieses Teils der Mathematik zu liefern. Es lässt uns bescheiden werden, bei dem Versuch, die Mathematik allein in Auszügen zu verstehen. Über konvexe Polyeder bleibt Grünbaums Buch [4] ein wichtiges Werk für den Mathematiker und darüberhinaus eine neue Forschungsmonografie von McMullen [7].

Abbildung 4.2 Die Form eines Zuckerkristalls als Beispiel für ein konvexes Polyeder. Wenn wir mit der Menge aller Eckpunkte dieses Zuckerkristalls starten und dann die konvexe Hülle dieser Punktmenge bilden, dann erhalten wir dieses konvexe Polyeder zurück. Die platonischen Körper und deren Verallgemeinerungen in höheren Dimensionen sind wichtige Beispiele konvexer Polyeder

Die platonischen Körper sind konvexe Polyeder mit identischen regulären n-Ecken als Seitenflächen und mit identischen Eckenfiguren, siehe Abb. 4.1. Sie können für viele mathematische Strukturen als Beispiele herangezogen werden, um einen Einstieg in die jeweilige Thematik der entsprechenden mathematischen Teildisziplin zu liefern. Sie waren bereits in der Antike Gegenstand mathematischer Betrachtungen. Die Elemente des Euklids, ein über Jahrhunderte von Mönchen gelesenes Mathematikbuch, gipfelte in der Betrachtung dieser fünf Polyeder. Objekte mit hoher Symmetrie haben von der Antike bis heute mathematisches Denken in besonderer Weise angeregt und herausgefordert.

Zum Thema Symmetrie gab es in Darmstadt im Jahr 1986 eine Ausstellung mit dem Thema: Symmetrie in Kunst, Natur und Wissenschaft. Aus diesem Anlass wurde auch eine Sammlung von Essays zur Symmetrie von diskreten mathematischen Strukturen herausgegeben, siehe [5]. Für unsere Zeit ist das Lebenswerk des bedeutenden Mathematikers Harold Scott MacDonald Coxeter mit den regulären Polyedern verbunden. In der Monografie von Egon Schulte und Peter McMullen, [8], findet sich eine Liste von über 40 Arbeiten und Büchern von Coxeter. Wir haben nicht vor, in diese Welt tief vorzustoßen, aber unser Ziel wird es sein, ein ungelöstes Problem aus der Doktorarbeit von Peter McMullen zu verstehen [6].

Wir konzentrieren uns auf den Würfel und möchten den Leser spielerisch vom gewöhnlichen Würfel zum n-dimensionalen Würfel führen. Darmstädter Architekturstudenten sollten einen Messestand bei geometrischen Vorgaben entwerfen. Dazu lieferte der n-dimensionale Würfel den Parameterraum für dieses Problem.

Der Würfel hat, wie alle platonischen Körper, identische regelmäßige n-Ecke als Seitenflächen, und die Eckenfiguren sind alle identisch. Beim Würfel sind die regelmäßigen n-Ecke Quadrate, und an jeder Ecke befinden sich drei paarweise aufeinander senkrecht stehende Quadrate. Die n-Ecke bei den platonischen Körpern dürfen sich nicht durchdringen. Aus einem Würfel lässt sich leicht ein Oktaeder konstruieren, vgl. dazu Abb. 4.3.

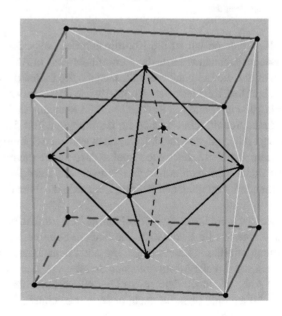

Abbildung 4.3 Das Oktaeder erhält man leicht aus einem Würfel. Als Eckpunkte des Oktaeders kann man die Mittelpunkte der Quadrate des Würfels nutzen. Der Würfel hat dieselben Symmetrien wie das Oktaeder, d.h. eine Decktransformation durch Drehen oder Spiegeln des einen Körpers führt auch den anderen Körper in sich über. Wenn man die konvexe Hülle gleich langer und hinsichtlich des Nullpunkts symmetrischer Strecken auf den Koordinatenachsen bildet, dann erhält man ebenfalls das Oktaeder. Diese Eigenschaft ist hilfreich für die Verallgemeinerung auf höhere Dimensionen

Können wir die platonischen Körper zeichnen? Kennen wir die Koordinaten, um sie in ein Geometrieprogramm einzugeben? Diesen Fragen wollen wir jetzt nachgehen. Beim Tetraeder wäre die Höhe der Pyramide über einem gleichseitigen Dreieck zu berechnen. Das sollte kein Problem sein. Also erhalten wir die Koordinaten für ein Tetraeder leicht. Bei einem Würfel haben wir auch kein Problem, die Eckpunktkoordinaten zu finden. Die Mittelpunkte der Seiten des Würfels bilden die Ecken eines Oktaeders.

Abbildung 4.4 Die Mittelpunkte der zwölf Kugeln in diesem Keramik-Modell bilden die Eckpunkte eines Ikosaeders. Vier dieser Kugelmittelpunkte bilden jeweils ein gleichgroßes Rechteck. Wenn man eine Strecke im goldenen Schnitt teilt, kann man daraus die Verhältnisse der Seitenlängen dieser drei Rechtecksseiten ermitteln

Wie kommen wir an die Koordinaten des Ikosaeders und des Dodekaeders? Bei dem Ikosaeder schauen wir uns das Keramik-Modell in Abb. 4.4 an. Die Mittelpunkte der Kugeln bilden die Eckpunkte des Ikosaeders. Sie bilden die Ecken dreier Rechtecke. Die drei gleichgroßen Rechtecke stehen paarweise aufeinander senkrecht, und die Länge der jeweils kürzeren Seite des Rechtecks erhält man aus der längeren Seite, wenn man diese im goldenen Schnitt teilt und sich für den längeren Teil der Abschnitte des goldenen Schnittes, vgl. Abb. 4.5, entscheidet. Über den goldenen Schnitt gibt es eine deutsche Monografie aus dem Jahr 2018, die viele Aspekte dazu auf elementarem Niveau beschreibt, siehe [2]. Dort findet man auch erneut den Hinweis auf Luca Pacioli, in dessen Werk aus dem 16. Jahrhundert zum goldenen Schnitt, Leonardo da Vinci die platonischen Körper gezeichnet hat.

Wenn wir ein Ikosaeder betrachten, stellen wir fest, dass die kürzere Seite des Rechtecks eine Kante des Ikosaeders ist. Die längere Seite verbindet zwei Eckpunkte im regulären Fünfeck mit dieser Kantenlänge, die nicht benachbart sind. Der Punkt G auf der Strecke AB teilt die Strecke AB im goldenen Schnitt, vgl. Abb. 4.5.

In Abb. 4.6 (links) denken wir über eine senkrechte Projektion der Ikosaederecken aus Abb. 4.4 auf eine Ebene E nach, in der wir zeichnen. Die Koordinatenachsen sollen durch

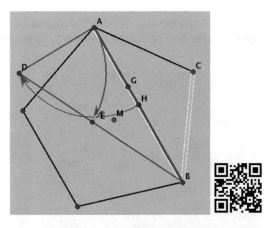

Abbildung 4.5 Die Rechteckskantenlängen in Abb. 4.4 mit dem Keramikmodell entsprechen einerseits der Länge einer Kante des Ikosaeders und andererseits der größeren Sehne im regulären Fünfeck mit dieser Kantenlänge. Die Längen erhält man durch die Konstruktion des goldenen Schnittes. Der Punkt H ist der Halbierungspunkt der Strecke von A nach B

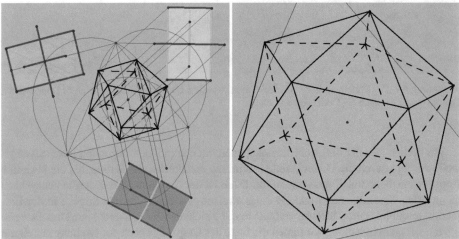

Abbildung 4.6 Wenn man den goldenen Schnitt konstruieren kann, dann ist dies eine Möglichkeit, eine senkrechte Projektion des Ikosaeders auf eine Ebene zu zeichnen. Durch eine dynamische Zeichen-Software, wie Cinderella in diesem Fall, kann man sich noch danach das geeignete Bild auswählen

den gemeinsamen Schnittpunkt der drei Rechtecke und parallel zu den Rechtecksseiten verlaufen. Keine der Koordinatenachsen soll parallel zu der Ebene E verlaufen, auf die wir projizieren. Dann gibt es drei Schnittpunkte dieser Koordinatenachsen mit der Ebene E. Diese Schnittpunkte bilden ein Dreieck, wir nennen es Spurdreieck, das in Abb. 4.6 eingezeichnet ist. Die Geraden, die durch die Seiten dieses Dreiecks gebildet werden, bilden die Schnittgeraden der drei Koordinatenebenen an unserem Modell mit der Zeichenebene E.

Die Bilder in der Abb. 4.6, die das Ikosaeder zeigen, wurden mit der dynamischen Zeichensoftware Cinderella erstellt. Das Spurdreieck, d.h. die konvexe Hülle der Schnittpunkte der Koordinatenachsen mit der Zeichenebene, kann verändert werden, wenn wir die

Eckpunkte verschieben. Wir empfehlen dem Leser, dies mithilfe der Dateien Ikosaeder-Vertices-1.cdy bzw Ikosaeder-Vertices-2.cdy auszuprobieren.

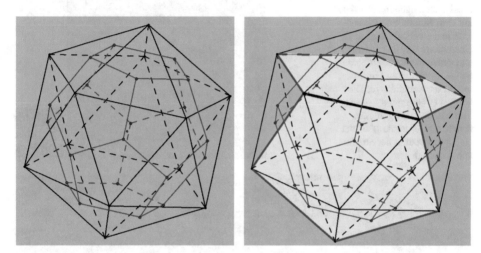

Abbildung 4.7 Die Mittelpunkte der Dreiecke des Ikosaeders bilden die Eckpunkte eines Dodekaeders. Damit können wir auch ein Dodekaeder zeichnen.

Wir drehen jede der drei Koordinatenebenen mit den in ihnen liegenden Rechtecken jeweils um ihre durch die Dreiecksseite bestimmte entsprechende Gerade, bis die jeweilige Koordinatenebene mit E zusammenfällt. Dann ist der Nullpunkt des Koordinatensystems an unserem Keramikmodell entlang eines Kreises gewandert, der als Strecke in der Projektion erscheint. Diese Strecke verläuft in der Zeichenebene senkrecht zur Dreiecksseite um die wir gedreht hatten. Wir finden die Lage des Ursprungs nach der Drehung auf einem Thales-Kreis über der Spurdreiecksseite. Wir können jetzt die drei Rechtecke einzeichnen und denken nochmal über die Drehung der Koordinatenebenen in die Zeichenebene nach. Alle Eckpunkte der Rechtecke sind bei dieser Drehung auf Kreisen verlaufen, die in der Projektion als parallele Strecken erscheinen. Wenn man diese Parallelen einzeichnet, dann liegen die Projektionen der Eckpunkte der Rechtecke jeweils im Schnittpunkt von drei solchen Parallelen. Damit sind die Eckpunkte aller Ecken des Ikosaeders in der Ebene E gefunden. In der Abb. 4.6 (rechts) haben wir die Konstruktionsbausteine bis auf das Spurdreieck weggelassen. Das Dodekaeder hat dieselben Symmetrien wie das Ikosaeder, d.h., eine Decktransformation durch Drehen oder Spiegeln des einen Körpers führt auch den anderen Körper in sich über.

Wir haben im rechten Teil der Abb. 4.7 ein Fünfeckspaar eingezeichnet mit einer gemeinsamen Kante. Wenn man die entsprechenden Fünfeckspaare für alle Kanten des Ikosaders einträgt, dann erhält man einen der vier Kepler-Poinsot-Körper. Alle vier dieser Körper haben Selbstdurchdringungen, die wir auch in dem Problem, das wir am Ende dieses Kapitels zu erklären versuchen, nicht zulassen wollen.

4.2 Schlegel-Diagramme

Wir definieren ein Schlegel-Diagramm eines konvexen Polyeders im dreidimensionalen Raum. Wenn die Eckpunkte des Polyeders nicht alle in einer Ebene liegen, dann hat das Polyeder zu jeder ebenen Seite F einen zugehörigen Halbraum H_F, der diese Seite und das Polyeder ganz enthält.

Abbildung 4.8 Zur Entstehung eines Schlegel-Diagramms des Würfels. Vom oberen Punkt werden alle Eckpunkte des Würfels auf die obere Seite des Würfels projiziert. Dieser obere Punkt liegt jenseits dieser oberen Seite, also nicht auf der gleichen Seite bezüglich der durch diese Seite bestimmten Ebene wie der Würfel. Der obere Punkt liegt aber diesseits (!) (also nicht jenseits) aller anderen Seiten des Würfels. Wir werden später auch das Schlegel-Diagramm des vierdimensionalen Würfels betrachten

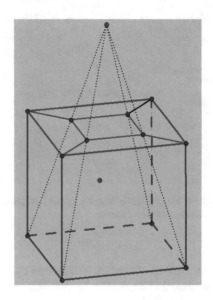

Wir wählen eine Seite S des Polyeders und einen Punkt P außerhalb des zugehörigen Halbraums H_S. Der Punkt P soll zusätzlich für alle anderen Seiten F des Polyeders innerhalb der zugehörigen Halbräume H_F liegen. Wir projizieren dann jeden Eckpunkt V des Polyeders auf die Ebene E, in der S liegt, indem wir die Gerade durch P und V legen und diese mit der Ebene E zum Schnitt bringen. Wir können so auch alle Kanten und Seiten auf E projizieren und sehen damit die Seitenstruktur, d.h. die Randstruktur des Polyeders, in der Ebene E. Das Ergebnis ist ein sogenanntes Schlegel-Diagramm des Polyeders. Abb. 4.8 erklärt sicher schneller, was gemeint ist. In Abb. 4.9 sehen wir die Schlegel-Diagramme aller platonischen Körper.

4.3 Archimedische Körper

Die 13 archimedischen Körper (neben den vier Kepler-Poinsot-Polyedern) gehören ebenfalls zu den sehr bekannten Beispielen aus der Geschichte der Mathematik. Ein archimedischer Körper hat zwei verschiedene reguläre n-Ecke als Seiten, die Eckenfiguren sind wieder identisch. Wir ersparen uns aber eine präzise Definition. Das konvexe Polyeder, an

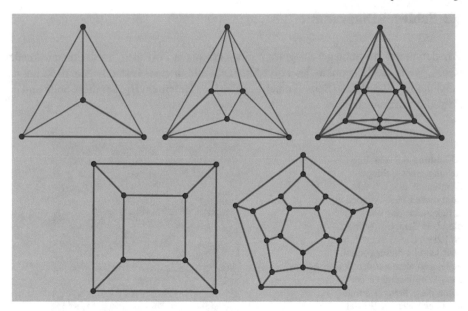

Abbildung 4.9 Die Schlegel-Diagramme der fünf platonischen Körper: Tetraeder, Oktaeder, Ikosaeder, Würfel oder Hexaeder, Dodekaeder

das uns ein Fußball erinnert, mit regulären Fünfecken und regulären Sechsecken ist wohl der bekannteste archimedische Körper. Wir sehen bei den Kastagnetten in Abb. 4.10 eine Version, bei der die Regularität der n-Ecke verletzt ist. Wir werden bald mehr Beispiele betrachten, bei denen wir nur auf die kombinatorische Randstruktur achten und dabei etwa die Abstände zwischen den Eckpunkten vergessen.

Abbildung 4.10 Die wohl bekannteste Randstruktur eines der 13 archimedischen Körper, dargestellt durch das Bild zweier Kastagnetten? Nein, es handelt sich nicht um einen archimedischen Körper, denn die regulären n-Ecke (in diesem Fall Fünfecke und Sechsecke) sind keine ebenen regulären n-Ecke, sondern sie sind stetig verzerrt dargestellt. Wir sehen nur die kombinatorische Struktur des Randes. Uns werden noch viele kombinatorische Randstrukturen begegnen

Wir erinnern an einen anderen archimedischen Körper mit Abb. 4.12, der zur Weihnachtszeit zahlreich zu sehen ist, wenn man nur die Grundseiten der Pyramiden betrachtet, die wir beim Herrnhuter Stern finden, siehe Abb. 4.11. Die eigene Bezeichnung für diesen Stern beruht auf dem Aufsetzen von Pyramiden mit quadratischer bzw. dreieckiger Grundfläche. Den Hinweis auf den zugrunde liegenden archimedischen Körper habe ich beim Kauf des Sterns nie gefunden. Die Ansicht in Abb. 4.11 links wurde wieder aus zwei Rissen und beginnend mit einem Spurdreieck gewonnen. Wer die zugehörige Cinderella-Datei lädt, kann wieder durch Bewegen mit der Maus den archimedischen Körper etwas drehen. Die sichtbaren und unsichtbaren Kanten sind aber nur für kleine Bewegungen zu verwenden. Noch einmal: Das Spurdreieck hat die Eckpunkte, die durch den Schnitt der drei Koordinatenachsen eines kartesischen Koordinatensystems in allgemeiner Lage mit der Zeichenebene entstehen.

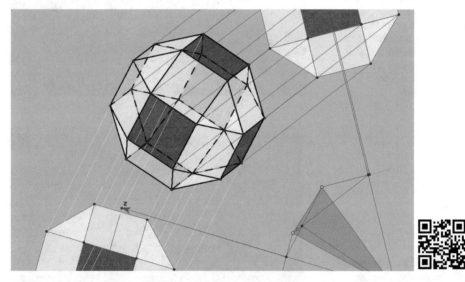

Abbildung 4.11 Archimedische Körper haben zwei verschiedene reguläre n-Ecke mit gleicher Kantenlänge als Facetten, und alle Eckenfiguren stimmen überein. Dieser archimedische Körper kann problemlos mit einer dreidimensionalen Software in Bewegung dargestellt werden. Wer aber die Einarbeitung scheut, sich damit vertraut zu machen, und wer mit einer dynamischen Software wie z.B. Cinderella ohnehin arbeitet, dem sei noch einmal durch diesen QR-Code gezeigt, wie man eine solche Bewegung erzeugen kann.

Bevor wir den nächsten archimedischen Körper in Abb. 4.14 betrachten, üben wir erst mal mit einem Beispiel im dreidimensionalen Raum. Wir betrachten alle Tripel (x, y, z), wobei die Platzhalter x, y und z drei paarweise verschiedene Zahlen aus der Menge $\{1, 2, 3\}$ haben sollen. Das sind $3 \times 2 \times 1$ viele Tripel, d.h. alle Permutationen dieser drei Elemente, die wir als Punkte im dreidimensionalen Raum deuten. Wenn wir danach die konvexe Hülle dieser Punkte bilden, dann erhalten wir ein zweidimensionales Gebilde: ein reguläres Sechseck, vgl. Abb. 4.13.

Abbildung 4.12 Beim Herrnhuter Stern bilden die Grundseiten der Pyramiden Quadrate, und gleichseitige Dreiecke
mit gleicher Kantenlänge
und die Bedingung der gleichen Eckenfiguren für einen
archimedischen Körper ist
ebenfalls erfüllt

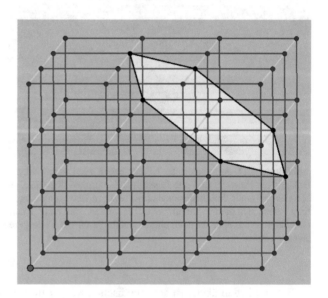

Abbildung 4.13 Alle Permutationen der drei Elemente
$(1,2,3)$, als Punkte (x,y,z)
im dreidimensionalen Raum
interpretiert, liegen in der
zweidimensionalen Ebene
$x+y+z=6$. Diese Punkte
bilden die Eckpunkte eines
Sechsecks. Die Eckpunk-
te lassen sich in der Ebene
einzeichnen

Wir übertragen diese Idee jetzt auf alle Permutationen der Elemente $\{1,2,3,4\}$. Dann
verlassen wir zunächst den dreidimensionalen Raum. Wir betrachten alle 4-elementigen
Tupel (w,x,y,z), wobei die Platzhalter w, x, y und z für die wieder paarweise verschiedenen Ziffern 1, 2, 3 und 4 stehen. Wir bilden wieder die konvexe Hülle dieser 24 Punkte und

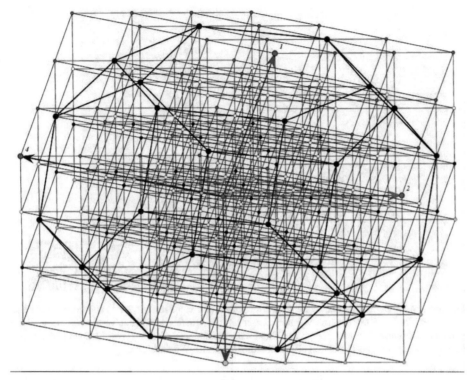

Abbildung 4.14 Alle Permutationen der vier Elemente $(1,2,3,4)$ als Punkte (w,x,y,z) im vierdimensionalen Raum interpretiert liegen in der dreidimensionalen Hyperebene $w+x+y+z = 10$. Diese Punkte bilden die Eckpunkte eines archimedischen Körpers. Die Seiten dieses Körpers sind Quadrate und reguläre Sechsecke. Die Eckpunkte lassen sich in der Ebene einzeichnen, da die vier Koordinatenachsen in der Projektion zu sehen sind ©Cambridge University Press

stellen fest, dass das Objekt nur dreidimensional ist. Wir erhalten das Permutaeder der vier Zahlen $\{1,2,3,4\}$. Einen Teilraum im n-dimensionalen Raum, der eine Dimension kleiner ist, als es die Raumdimension angibt, nennt man eine Hyperebene. Der Teilraum, in dem der Körper in Abb. 4.14 liegt, ist eine Hyperebene im vierdimensionalen Raum, also ein dreidimensionaler Raum. Beim Permutaeder der drei Elemente hatten wir die Beschreibung einer Ebene durch die Gleichung $x+y+z = 6$, jetzt haben wir eine Variable mehr, und die Bedingung für den dreidimensionalen Teilraum, in dem alle Punkte liegen, lautet $w+x+y+z = 10$. In jeder Ecke des entstandenen archimedischen Körpers stoßen zwei reguläre Sechsecke und ein Quadrat mit gleicher Kantenlänge an. Die Winkel zwischen den Facetten an jeder Ecke stimmen überein. Das sind Eigenschaften aller 13 archimedischen Körper. Abb. 4.15 zeigt ein Keramik-Modell des Permutaeders, das aus den Elementen $\{1,2,3,4\}$ entsteht.

Abbildung 4.15 Beim Keramikmodell des Permutaeders (der vier Ziffern 1,2,3,4) wurden parallele Kanten mit der gleichen Farbe gefärbt. Wenn der Leser mit der Minkowski-Summe vertraut ist, dann wird er erkennen, dass dieses Permutaeder aus der Minkowski-Summe seiner Kanten entsteht. Damit erkennt man das Permutaeder auch als Projektion eines höherdimensionalen Würfels

4.4 Dreidimensionales Sogo-Spiel

Wir wollen uns spielerisch dem vierdimensionalen Würfel nähern und starten dazu mit dem dreidimensionalen Sogo-Spiel. Abb. 4.16 zeigt das Spielmaterial. Es besteht einerseits aus einer Grundplatte mit 16 senkrechten Stäben, die in einem 4×4-Quadrat gitterförmig angeordnet sind, und andererseits aus 32 gelochten Kugeln einer Farbe für den ersten Spieler und 32 gelochten Kugeln einer anderen Farbe für den zweiten Spieler. Jeder Stab der Grundplatte kann vier Kugeln aufnehmen. Das Spielziel von Sogo ist es, vier eigene Kugeln in eine Gerade (horizontal, vertikal oder diagonal) zu bringen. Die Kugeln werden abwechselnd von den Spielern auf die Stäbe gesetzt. Gewonnen hat derjenige, der zuerst vier seiner Kugeln auf einer Geraden hat und dies auch gemerkt hat.

Wir können die Positionen der Kugeln, d.h. deren Mittelpunkte, mit drei Koordinaten x, y und z als Zahlentripel (x, y, z) beschreiben, wobei x, y und z nur die Werte $1, 2, 3$ oder 4 haben. Abb. 4.17 beschreibt diese dreidimensionalen Gitterpunkte. Wir haben vier Möglichkeiten für die x-Koordinate, vier davon unabhängige Möglichkeiten für die y-Koordinate und (wiederum unabhängig von den ersten beiden Werten) für die z-Koordinate wieder vier Möglichkeiten. Damit haben wir $4 \times 4 \times 4$ Klammerausdrücke oder Zahlentripel (x, y, z), die wir auch Punkte nennen könnten. Mit den $32 + 32$ Kugeln können wir alle diese Punkte besetzen. Wie erkennt man bei einer Auswahl von vier der 64 denkbaren Zahlentripel,

$$(x_1, y_1, z_1), (x_2, y_2, z_2), (x_3, y_3, z_3), (x_4, y_4, z_4),$$

Abbildung 4.16 Dreidimensionales Sogo-Spiel. Die dunklen Kugeln zeigen einige Reihen von jeweils vier Kugeln, die auf horizontalen, vertikalen oder diagonalen Geraden liegen. Eine Diagonale kann Diagonale in einem Quadrat sein, es gibt aber auch räumliche Diagonalen. Sogo ist ein Brettspiel für zwei Personen, es ist auch unter vielen anderen Namen bekannt, z.B. 3-D-Mühle, 3-D-Tic-Tac-Toe, Vier gewinnt professional, Kugelmühle, Morpion Tridimentionnel, P4, Palloshakki, Die Säulen des Pato, Quadrago, Quadrix, Roule. Das Spielziel von Sogo ist es, vier eigene Kugeln in eine Gerade zu bringen

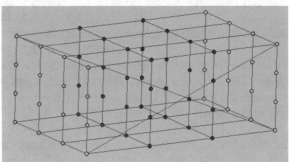

Abbildung 4.17 Die Mittelpunkte der Kugeln des Sogo-Spiels bilden Gitterpunkte. Wir erkennen die Geraden, die durch jeweils vier der Gitterpunkte verlaufen. Es sind vertikale und horizontale Geraden und Diagonalen

ob es sich dabei um vier Zahlentripel auf einer Geraden handelt? Eine erste notwendige Bedingung erkennt man sofort. Vier Zahlentripel auf einer Geraden können nur dann vorliegen, wenn mindestens eine der Mengen

$$\{x_1, x_2, x_3, x_4\}, \{y_1, y_2, y_3, y_4\}, \{z_1, z_2, z_3, z_4\}$$

alle vier Zahlen 1, 2, 3 und 4 enthält. Diese Bedingung gilt für alle horizontalen und vertikalen Geraden, sowie für alle Diagonalen. In diesem Fall können wir annehmen, dass unsere vier Zahlentripel schon so sortiert vorliegen, dass für eine dieser vorher angesprochenen 4-elementigen Mengen $\{a_1, a_2, a_3, a_4\} = \{1, 2, 3, 4\}$ gilt, wobei a dabei als Platzhalter für x, y oder z steht. Die Zusatzbedingung, die garantiert, dass die vorgelegten vier Zahlentripel auf einer Geraden liegen, lautet dann:

Wenn b als Platzhalter für die beiden von a verschiedenen Buchstaben aus $\{x, y, z\}$ steht, dann muss für diese beiden b-Koordinaten unabhängig voneinander gelten:

1. $b_1 = b_2 = b_3 = b_4$ oder

2. $\{b_1, b_2, b_3, b_4\} = \{1, 2, 3, 4\}$ oder

3. $\{b_1, b_2, b_3, b_4\} = \{4, 3, 2, 1\}$.

Gilt Fall 1. in beiden b-Fällen, dann handelt es sich um keine Diagonale.

Gilt der Fall 1. in keinem dieser beiden b-Fälle, dann handelt es sich um eine der vier räumlichen Diagonalen.

Es mag nützlich sein, noch weitere Beispiele zu betrachten, um die Bedingungen voll zu verstehen. Die unteren Mittelpunkte von Kugeln, die gewissermaßen die Eckpunkte eines Quadrates mit der Kantenlänge 3 bilden und die alle die z-Koordinate 1 besitzen, sind beschreibbar durch die folgenden Zahlentripel

$$(1,1,1), (1,4,1), (4,1,1), (4,4,1).$$

Die oberen Eckpunkte eines entsprechenden Quadrates haben alle die z-Koordinate 4 und lauten, wieder durch Zahlentripel ausgedrückt:

$$(1,1,4), (1,4,4), (4,1,4), (4,4,4).$$

Ein Beispiel einer vertikalen Geraden mit $x = 2$ und $y = 3$ erkennen wir daran, dass nur die z-Koordinate variiert:

$$(2,3,1), (2,3,2), (2,3,3), (2,3,4).$$

Jede vertikale Gerade hat die Zahlentripel oder Punkte

$$(x,y,1), (x,y,2), (x,y,3), (x,y,4),$$

wobei x und y die Werte $1, 2, 3$ oder 4 haben. Ein Beispiel einer horizontalen Geraden in Richtung durch den unteren Punkt $(2,3,1)$ der vorherigen Beispiel-Geraden ist

$$(1,3,1), (2,3,1), (3,3,1), (4,3,1),$$

nur die x-Koordinate variiert. Hier noch eine Diagonale durch diesen Punkt $(2,3,1)$:

$$(1,4,1), (2,3,1), (3,2,1), (4,1,1).$$

Es ist eine Diagonale im unteren Quadrat, die die Eckpunkte $(1,4,1)$ und $(4,1,1)$ verbindet. Die x-Koordinate wird von links nach rechts jeweils um 1 erhöht, während die y-Koordinate jeweils um 1 verkleinert wird. Sehen wir uns noch die darüber verlaufenden beiden räumlichen Diagonalen an:

$$(1,4,1), (2,3,2), (3,2,3), (4,1,4) \text{ und } (1,4,4), (2,3,3), (3,2,2), (4,1,1).$$

Im ersten Fall erhöht sich die z-Koordinate von links nach rechts jeweils um 1, im zweiten Fall verringert sie sich jeweils um 1. Wenn uns jemand vier verschiedene Punkte durch vier Tripel von Koordinaten angibt, dann können wir entscheiden, ob es sich um vier Punkte einer Geraden handelt. Noch eine Bemerkung: Wir können den Punkt $(2,4,3)$ erst besetzen, wenn die darunter liegenden Punkte $(2,4,1)$ und $(2,4,2)$ schon besetzt sind, sonst würde ja die Kugel herunterfallen. Wir stellen abschließend fest: Die Beschreibung durch die Punkte (x,y,z), wobei für alle Koordinaten x, y und z nur Elemente aus der Menge $\{1,2,3,4\}$ gewählt werden, hat uns ermöglicht, Sogo zu spielen, ohne das dreidimensionale Modell zu benutzen!

4.5 Vierdimensionales Sogo-Spiel

Wir können jetzt den Sprung zur vierten Dimension verstehen.

Für Nichtmathematiker der Hinweis: Die Darstellung von Punkten auf einer Geraden, von Punkten in der Ebene, von Punkten in unserem dreidimensionalen Raum und von

Punkten im vierdimensionalen Raum durch Zahlen (x), Zahlenpaare (x,y), Zahlentripel (x,y,z) und Zahlenquadrupel (w,x,y,z) darzustellen, erscheint inzwischen jedem Mathematiker als sehr natürlich. Ich hoffe, dass der Widerstand, sich höherdimensionale Objekte vorzustellen, schwindet, wenn der Leser das vierdimensionale Sogo-Spiel testet. Wir starten zur Beschreibung mit vier dreidimensionalen Sogo-Spielen, die wir in Abb. 4.18 sehen.

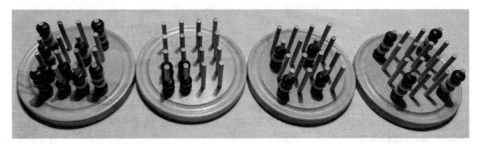

Abbildung 4.18 Vierdimensionales Sogo-Spiel. Die Richtung der vierten Dimension, in der man ganzzahlige Schritte macht, wird durch den Wechsel zum nächsten Sogo-Brett symbolisiert, ganz links: $w = 1$, rechts daneben $w = 2$, dann $w = 3$ und schließlich, ganz rechts $w = 4$. Die dunklen Kugeln bilden alle 15 Geraden des Sogo-Spiels durch den Eckpunkt $(w,x,y,z) = (1,1,1,1)$ des vierdimensionalen Würfels

Die Beschreibung durch die Quadrupel (w,x,y,z), die wir wieder Punkte nennen und wobei für alle Koordinaten w, x, y und z nur Elemente aus der Menge $\{1,2,3,4\}$ gewählt werden, ermöglicht es uns, vierdimensionales Sogo zu spielen, ohne das vierdimensionale Modell eines Würfels in der Anschauung zu verwenden. Wir spielen zunächst mit vier unserer vorherigen Modelle wie folgt.

Wir können unsere Kugeln auf vier verschiedene Sogo-Spiele setzen, und die Punke $(1,x,y,z)$, $(2,x,y,z)$, $(3,x,y,z)$, $(4,x,y,z)$ liegen dann auf einer Geraden. Die Punkte $(1,1,1,1)$, $(2,2,2,2)$, $(3,3,3,3)$, $(4,4,4,4)$ liegen auf einer Diagonalen. Ich habe dieses vierdimensionale Sogo-Spiel vielfach mit etwa zwölfjährigen Kindern gespielt, und sie haben problemlos die verschiedenen Geraden erkannt. Ich bin optimistisch, dass auch der erwachsene Leser die Eigenschaften eines vierdimensionalen Würfels erkennen lernt. Er hat 16 Ecken, von jedem Punkt des Würfels mit $w = 1$ gibt es eine Gerade, die in w-Richtung verläuft. Wir können uns vorstellen, dass es zu dem linken Würfel mit den x-, y- und z-Richtungen eine weitere w-Richtung gibt, die zu allen vorherigen Richtungen (wie wir sagen) senkrecht steht. Der Leser sollte erkennen, dass wir für alle vier Koordinaten (der z-Richtung ist aber in unserem Modell die Schwerkraft zugeordnet) die vier Zahlen $1,2,3,4$ unabhängig wählen können, um einen Punkt zu beschreiben. Wenn wir weitere Koordinaten hätten, die unabhängig gewählt werden könnten, dann könnten wir entsprechend ein Modell eines höherdimensionalen Würfels verwenden.

Ein Sogo-Spiel könnte so verlaufen. Spieler 1 setzt die weiße Kugel $W - (w,x,y,z) = W - (1,1,1,1)$. Spieler 2 setzt die schwarze Kugel $S - (w,x,y,z) = S - (4,1,1,1)$. Das war wieder ein Eckpunkt des vierdimensionalen Würfels. Jetzt setzt Spieler 1 die weiße Kugel $W - (w,x,y,z) = W - (2,2,2,1)$. Das war erlaubt, denn die Kugel liegt unten. Danach besetzt Spieler 2 mit einer schwarzen Kugel $S - (w,x,y,z) = S - (4,4,4,1)$ wieder eine Ecke, um für Spieler 1 die Gerade durch seine ersten beiden Punkte zu verhindern. Jetzt verhindert vorsorglich Spieler 1 z.B. mit einem Stein $W - (w,x,y,z) = W - (4,3,3,1)$ eine schwarze Gerade $S - (4,1,1,1)$, $S - (4,2,2,1)$, $S - (4,3,3,1)$, $S - (4,4,4,1)$. Spieler 2 ist am Zug und bereitet durch $S - (4,3,3,2)$ vielleicht eine spätere Gerade $S - (4,1,1,4)$, $S - (4,2,2,3)$, $S - (4,3,3,2)$, $S - (4,4,4,1)$ vor, die ganz im rechten dreidimensionalen Würfel verbleibt. Der letzte Zug $S - (4,3,3,2)$ war erlaubt, denn es gab schon den darunter liegenden Zug $W - (4,3,3,1)$ usw.

4.6 Der vierdimensionale Würfel

Wir haben in Abb. 4.19 die Parallelprojektion eines vierdimensionalen Würfels in die Ebene gezeichnet, bei der die Kantenrichtungen in den vier Dimensionen durch unterschiedliche Farben gekennzeichnet wurden. Alle Projektionen der 16 Ecken sind als schwarze Punkte zu erkennen.

Abbildung 4.19 Das Kantengerüst eines vierdimensionalen Würfels durch Parallelprojektion in die Ebene projiziert. Die vier Richtungen der Kanten im Raum sind durch vier unterschiedliche Farben gekennzeichnet. Wenn alle Kanten einer Farbe gestrichen werden, dann zeigen sich die beiden Extrempositionen für diese Richtung, d.h. zwei dreidimensionale Würfel, die dreidimensionale Seiten des vierdimensionalen Würfels bilden

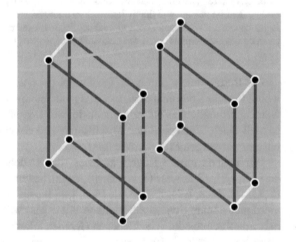

Wenn der vierdimensionale Würfel durch das Sogo Spiel etwas vertrauter geworden ist, dann überrascht die Darstellung der Projektion nicht mehr. Wenn bei der Projektion längs einer Kante diese zu einem Punkt schrumpfen würde, dann entsteht als Bild die vertraute Darstellung eines dreidimensionalen Würfels. Wie im Sogo-Spiel sind jeweils die dreidimensionalen Würfel zu erkennen, die den extremen Positionen der Koordinaten entsprechen. Alle acht Punkte mit $w = 1$ bzw. $w = 4$ oder alle acht Punkte mit $x = 1$ bzw. $x = 4$ oder alle acht Punkte mit $y = 1$ bzw. $y = 4$ oder alle acht Punkte mit $z = 1$ bzw. $z = 4$ bilden jeweils einen dreidimensionalen Würfel. Das sind die acht Facetten des vierdimensionalen Würfels. Eine weitere Art, sich den vierdimensionalen Würfel vorzustellen, sehen wir in dem folgenden Keramik-Modell. Völlig analog entsteht zum Schlegel-Diagramm des dreidimensionalen Würfels in Abb. 4.8 das Schlegel-Diagramm des vierdimensionalen Würfels in Abb. 4.20. Von einem Punkt außerhalb der Hyperebene, die von der dreidimensionalen Seite (auch Facette genannt) des vierdimensionalen Würfels aufgespannt wird (diese dreidimensionale Seite ist ein dreidimensionaler Würfel) projizieren wir alle

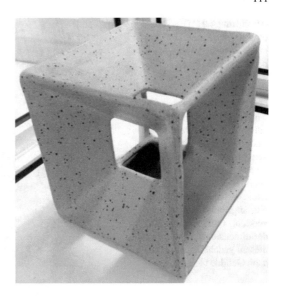

Abbildung 4.20 Dieses Keramikmodell soll das Schlegel-Diagramm des vierdimensionalen Würfels erklären. Die acht inneren Eckpunkte deuten einen inneren dreidimensionalen Würfel an, analog zum inneren Quadrat beim Schlegel-Diagramm des dreidimensionalen Würfels. Der Begriff einer Seite muss für höhere Dimensionen präzisiert werden. Wir haben Seiten auch aller Zwischendimensionen. An diesem Keramikmodell sind nur einige zweidimensionale Seiten in Ton ausgeführt

Würfelecken des vierdimensionalen Würfels auf den dreidimensionalen Raum, der von der Facette aufgespannt wird. Die äußeren Ecken des Keramikmodells in Abb. 4.20 zeigen uns die Ausgangsfacette des vierdimensionalen Würfels. Die Eckpunkte eines kleineren dreidimensionalen Würfels im Innern des Keramikmodells müssen wir uns als die Ecken der gegenüberliegenden Facette des vierdimensionalen Würfels vorstellen. Genauso wie beim Schlegel-Diagramm des dreidimensionalen Würfels ein Quadrat im Innern auftrat. Wir haben damit alle 2×8 Eckpunkte des vierdimensionalen Würfels erkannt. Die sechs äußeren Quadrate bilden mit den parallel innen verlaufenden kleineren Quadraten jeweils einen dreidimensionalen Würfel, der jeweils eine weitere Facette des vierdimensionalen Würfels bildet. Die weiteren beiden Würfelfacetten hatten wir ja durch den äußeren und den inneren Würfel angesprochen. Alle achtWürfelfacetten bilden den Rand des vierdimensionalen Würfels.

4.7 Vom Tetraeder zur 3-Sphäre

In diesem Abschnitt betrachten wir das Beispiel einer Verheftung, die für Nichtmathematiker sehr ungewohnt ist.

Eine geeignete Verheftung der Seiten des Tetraeders führt zu einer dreidimensionalen Mannigfaltigkeit ohne Rand, zu einer 3-Sphäre. Das können wir wie folgt beschreiben. Wir betrachten ein reguläres Tetraeder in Abb. 4.21, d.h., seine sechs Kanten haben alle die gleiche Länge. Wir betrachten die Kanten $(1,2)$ und $(3,4)$ nacheinander als Scharniere. Wir können das Dreieck $(1,2,4)$ nach außen soweit um die Kante $(1,2)$ drehen, bis es mit dem Dreieck $(1,2,3)$ zusammenfällt. Wenn beide Dreiecke in diesem Sinne zusammenfallen würden, dann käme man aus dem Innern des Tetraeders durch die Seite $(1,2,3)$ nicht

Abbildung 4.21 Die Verheftung zweier Dreiecksseiten eines Tetraeders führt zu einer 3-Sphäre. Die Kante von 1 nach 2 soll als Scharnier gedacht werden. Die Dreicke, die an dieses Scharnier angrenzen, klappen wir aneinander und verkleben sie gedanklich. Gleichzeitig denken wir uns die Kante von 3 nach 4 als Scharnier ausgebildet. Wieder werden die Dreicke, die an dieses Scharnier angrenzen, miteinander verklebt. Damit kommt ein dreidimensionales Wesen aus diesem gedanklichen räumlichen Gebilde nicht hinaus

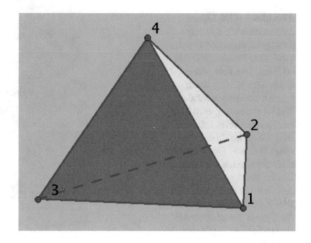

nach außen, denn man würde sofort wieder über die Seite $(1, 2, 3)$ nach innen gelangen. Wir sagen: Die beiden Dreiecke $(1, 2, 4)$ und $(1, 2, 3)$ sind verheftet. Ebenso kann man die Seiten $(1, 3, 4)$ und $(2, 3, 4)$ verheften, wobei man an ein Scharnier längs der Kante $(3, 4)$ denkt, wodurch diese beiden gleichseitigen Dreiecke zur Deckung kommen. Das Ergebnis ist ein dreidimensionaler Raum, aus dem man nicht herauskommt. Dieses dreidimensionale Objekt hat keinen Rand. Wir sollten uns den Rand eines vierdimensionalen Würfels als ein solches dreidimensionales Objekt vorstellen. Der mathematische Begriff dazu aus der Topologie ist eine dreidimensionale Sphäre.

4.8 Zellzerlegung der 3-Sphäre

In der nächsten Abb. 4.22 haben wir wieder ein reguläres Tetraeder, dessen Seiten wir durch Drehen um die Kante A-A bzw. durch Drehen um die Kante B-B verheften. Jetzt denken wir uns das Tetraeder noch in dreidimensionale Zellen zerlegt.

Wir beschreiben jetzt auf eine Weise die Randstruktur eines vierdimensionalen Würfels. Bei der grünen und bei der roten Zelle handelt es sich jeweils um die Struktur eines Würfels, wenn wir die Zelle eher formbar, als wäre sie aus Ton oder Knete, ansehen. Im Würfel links unten ist skizziert, wie wir uns das vorzustellen haben. Der Würfel wird von einer Kante bis zur Mitte aufgeschnitten, wie es das grüne Rechteck andeutet. Danach versuchen wir, die beiden durch den Schnitt entstandenen grünen Rechecke um die senkrechte Mittelachse zu drehen, wie es das darüber liegende Bild zeigt. Der Würfel verformt sich dabei natürlich, als wäre er aus Kuchenteig. Wenn wir die Drehung der grünen Rechtecke fortsetzen, bis die vier (wie die beiden grünen Rechtecke, senkrecht stehenden) blauen Quadrate in einer Ebene liegen, dann haben wir ein *Käsestück* geformt, wie

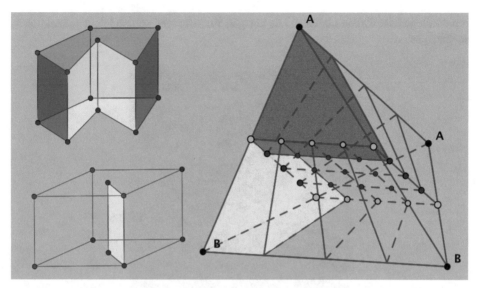

Abbildung 4.22 Die Zellzerlegung des Randes eines vierdimensionalen Würfels. Wir denken uns einen Gummiwürfel im Bild links unten, den wir längs der grünen rechteckigen Fläche aufschlitzen. Dann können wir diese Kerbe um die senkrechte innere Kante des grünen Rechtecks öffnen, sodass der Würfel etwa die Form in der linken oberen Ecke annimmt. Diese drehende Bewegung um die senkrechte Achse setzen wir fort. Wir können uns auch vorstellen, dass wir die innere senkrechte Kante jetzt hervorziehen und die blauen senkrecht stehenden vier quadratischen Seitenflächen alle in eine hintere Ebene bringen. Dann ist eine Form entstanden, die zwischen zwei horizontalen Dreiecken liegt. Diese Form eines grünen Käsestücks soll dann die Größe haben, die man im rechten Bild im gedrehten Zustand sieht. Die Drehung eines der beiden Dreiecke des Tetraeders, die die Kante B–B haben, um diese Kante B–B, bis das Dreieck mit dem anderen zusammenfällt, würde den ursprünglichen Schnitt an diesem Würfel wieder rückgängig machen

es uns die grüne bzw. die rote Zelle im Tetraeder zeigt. Wir erkennen, dass diese beiden Würfel ein Quadrat gemeinsam haben. Es ist in Abb. 4.22 grau gezeichnet. Unser Fazit: Man kann sich die Zellzerlegung der Randstruktur eines vierdimensionalen Polyeders auf diese Weise veranschaulichen. Wir haben es jedenfalls für den vierdimensionalen Würfel versucht.

Der Künstler Salvador Dali stand im Kontakt mit mehreren Mathematikern, und er hat von ihnen Aspekte des vierdimensionalen Würfels erklärt bekommen. In einem sehr bekannten Werk hat er auf seine Weise den vierdimensionalen Würfel in einem Gemälde dargestellt, das Bild (Öl auf Leinwand, 194,5 x124 cm) befindet sich im Metropolitan Museum of Art, New York. Dali nannte es *Corpus Hypercubus*.

Man erkennt in dem Bild die acht Würfelfacetten. Jede Kante des inneren Würfels, der in dem Bild sechs angrenzende Würfelfacetten besitzt, definiert zwei Quadrate der angrenzenden Würfel, die diese Kante besitzen. Diese beiden Quadrate muss man sich verheftet denken, als wären die beiden angrenzenden Würfel um diese Kante als Scharnier gedreht worden. Der untere Würfel ist mit seinen sechs Quadraten mit allen sechs Würfeln zu verheften, die an den inneren Würfel angrenzen. In Abb. 4.23 haben wir einige Verheftungen durch gleiche Farben markiert. Die übrigen Verheftungen sollten leicht gedanklich zu ergänzen sein.

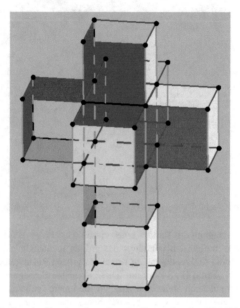

Abbildung 4.23 Diese Version der Randstruktur des vierdimensionalen Würfels hat Dali in seinem Werk *Corpus Hypercubus* dargestellt. Es befindet sich im Metropolitan Museum of Art in New York

Wir stellen eine erste Übungsaufgabe: Das Keramik-Modell in Abb. 4.24 zeigt wieder eine Zerlegung der 3-Sphäre. Welche Form haben die Zellen?

4.9 Analoga zu den platonischen Körpern in höheren Dimensionen

Als der Schweizer Mathematiker Ludwig Schläfli im Jahre 1850 die Verallgemeinerung der platonischen Körper als reguläre Körper in der Dimension vier vorstellte, fand er selbst unter den Mathematikern in Berlin zunächst keine rechte Anerkennung. Im Internet finden wir heute unter Wikipedia: *Ludwig Schläfli (1814-1895) spielte eine Schlüsselrolle bei der Entwicklung des Begriffs der Dimension. Obwohl seine Ideen heute in jedem Grundstudium der Mathematik behandelt werden, ist Schläfli selbst unter Mathematikern eher unbekannt.*

Für ein *n*-dimensionales Polyeder *P* als konvexe Hülle endlich vieler Punkte ist es sinnvoll, den Seitenbegriff allgemeiner zu fassen. Bisher hatten wir im dreidimensionalen Fall von Seiten, Kanten und Ecken eines Polyeders *P* gesprochen. Kanten werden auch als eindimensionale Seiten bezeichnet, Ecken gelten als nulldimensionale Seiten, und die leere Menge bezeichnet man noch als eine (uneigentliche) Seite. Mit diesen Bezeichnungen

Abbildung 4.24 Keramikmodell einer zellzerlegten 3-Sphäre. Die Seitenflächen des Tetraeders seien wieder wie vorher verheftet. Welche Zellstruktur der 3-Sphäre liegt in diesem Fall vor? Wir müssen wieder zwei Kanten als Scharniere interpretieren, um die wir uns die Seitenflächen gedreht vorstellen müssen

erhält man jede dieser Seiten durch den Schnitt einer Ebene E mit dem Polyeder, wenn ein durch die Ebene E begrenzter Halbraum das Polyeder ganz enthält. Wenn man das Polyeder P noch als (uneigentliche) dreidimensionale Seite hinzunimmt, dann bildet die Menge der Seiten eine Struktur, die der Mathematiker als *Seitenverband* bezeichnet. Für eine zweidimensionale Seite im dreidimensionalen Raum hat man zur Unterscheidung von den übrigen Seiten noch die Bezeichnung *Facette*. Im n-dimensionalen Fall werden die Ebenen zu Hyperebenen, und es gibt wieder durch Hyperebenen begrenzte Halbräume, die das Polyeder ganz enthalten. Wieder erhalten wir durch die analoge Definition für eine Seite einen Seitenverband. Seiten der Dimension $(n-1)$ heißen wieder Facetten. Das soll uns hier genügen.

4.9.1 Das *n*-dimensionale Simplex

Bei der Verallgemeinerung des Tetraeders in höheren Dimensionen verwendet man die Bezeichnung *n-dimensionales Simplex* oder einfach *n-Simplex*. Wir beschreiben zunächst, wie das n-Simplex aus den den Rand bildenden insgesamt $(n+1)$-vielen $(n-1)$-Simplizes

gebildet wird, um danach zu beschreiben, wie die Koordinaten einfach gefunden werden
können. Durch die erste Beschreibung soll vor allem der vierdimensionale Fall vertrauter werden. Wir betrachten dazu die Abb. 4.25. Die Abbildung zeigt (links) ein Dreieck,
ein zweidimensionales Simplex, und den eindimensionalen Rand vor der Rotation zweier
Kanten um die nulldimensionalen Seiten, die Ecken. In der Mitte geht es um ein Tetraeder,
ein dreidimensionales Simplex. Wir sehen den zweidimensionalen Rand vor der Rotation
um die eindimensionalen Seiten, die Kanten. Rechts betrachten wir die Situation für ein
vierdimensionales Simplex. Wir sehen den dreidimensionalen Rand des vierdimensionalen
Simplex vor der Rotation der Tetraeder um die zweidimensionalen Seiten, die Dreiecke.
Das feste Tetraeder in der Mitte hat die großen blauen Eckpunkte.

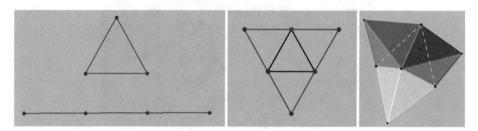

Abbildung 4.25 Hier geht es vor allem um den dreidimensionalen Rand des vierdimensionalen Simplex

Das n-dimensionale Simplex denken wir uns als konvexe Hülle der Einheitsvektoren
im $(n+1)$-dimensionalen Raum. Diese $(n+1)$ Einheitsvektoren $(x_1, x_2, \ldots, x_{n+1})$ haben
$(n+1)$ Komponenten. Alle Komponenten sind null bis auf eine Komponente an der i-
ten Stelle, $i \in \{1, \ldots, n+1\}$, an der die 1 steht. Alle Punkte liegen in der Hyperebene
$x_1 + x_2 + \ldots + x_{n+1} = 1$.

Für $n = 2$ erhält man das zweidimensionale Simplex, d.h. ein reguläres Dreieck. Für
$n = 3$ muss man zwar die vier Einheitsvektoren im vierdimensionalen Raum betrachten,
aber man erkennt: Die vier Möglichkeiten, sich jeweils auf drei der Einheitsvektoren zu
beschränken, liefern die vier regulären Dreiecke des Tetraeders, und die dreidimensionale
Hyperebene $w + x + y + z = 1$ enthält alle Eckpunkte des Tetraeders. Das n-dimensionale
Simplex hat $(n+1)$ Facetten. Jede Facette ist ein $(n-1)$-dimensionales Simplex.

4.9.2 Der n-dimensionale Würfel

Wir beginnen mit den Eckpunkten eines eindimensionalen Würfels: $x = 0$ und $x = 1$. Wir
haben in diesem Fall eine Strecke. Ein zweidimensionaler Würfel ist ein Quadrat. Wir
schreiben die vier Eckpunkte in der Form:

$$(x,y) = (0,0), \ (x,y) = (0,1), \ (x,y) = (1,0), \ (x,y) = (1,1).$$

Jetzt erkennen wir, wie es weitergehen muss. Die Koordinaten für einen dreidimensionalen Würfel schreiben wir wie folgt:

$$(0,0,0), \ (1,0,0), \ (0,1,0), \ (0,0,1), \ (0,1,1), \ (1,0,1), \ (1,1,0), \ (1,1,1).$$

Wir schreiben also für jeden Eckpunkt jeweils n-Komponenten von Nullen und Einsen. Alle Möglichkeiten der Null-Eins-Verteilungen treten auf. Wir schreiben k-mal die Eins auf alle denkbaren Weisen, und die restlichen Positionen werden mit Nullen aufgefüllt, das sind $\binom{n}{k}$ Möglichkeiten. Die Summation über k ergibt 2^n viele Eckpunkte. Wer das Pascal-Dreieck in Erinnerung hat, erinnert sich evtl. an die Summenbildung in einer Zeile des Palcal-Dreiecks. Die Facetten des n-dimensionalen Würfels sind $(n-1)$-dimensionale Würfel. Die Anzahl dieser Würfel ist $2 \times n$. Wir empfehlen, sich noch einmal die Situation für $n = 4$ in Abb. 4.23 anzusehen. Dort sind nicht nur alle angrenzenden Facetten an eine Facette gezeichnet, sondern auch die letzte fehlende Facette des Randes steht zur Verfügung.

4.9.3 Das n-dimensionale Kreuzpolytop

Wir gehen wie in der Dimension 3 vor, als wir das Oktaeder aus dem Würfel gewonnen haben, um das n-dimensionale Kreuzpolytop zu konstruieren. Für Polyeder und insbesondere konvexe Polyeder im n-dimensionalen Raum ist auch die Bezeichnung *Polytop* gebräuchlich. Der n-dimensionale Würfel hat $(n-1)$-dimensionale Würfel als Facetten. Wenn wir in die Mitte jeder Facette einen Punkt setzen und dann die konvexe Hülle dieser Punkte bilden, dann erhalten wir ein n-dimensionales Kreuzpolytop als Verallgemeinerung des Oktaeders in der Dimension 3. Die Anzahl der Facetten stimmt mit der Anzahl der Ecken des n-dimensionalen Würfels überein. Das n-dimensionale Kreuzpolytop kann man auch als konvexe Hülle von n gleich langen Strecken erhalten, die auf den Koordinatenachsen symmetrisch zum Nullpunkt liegen. Das n-dimensionale Kreuzpolytop hat 2^n Facetten, es sind $(n-1)$-dimensionale Simplizes.

4.9.4 Der Sonderfall der Dimension 4

Die Analoga zu den platonischen Körpern in höheren Dimensionen bestehen ab der Dimension $n > 4$ nur aus dem n-dimensionalen Simplex, dem n-dimensionalen Würfel und dem n-dimensionalen Kreuzpolytop. Wir können uns daher jetzt auf den vierdimensionalen Fall beschränken. In der Dimension $n = 4$ gibt es drei zusätzliche Polyeder mit übereinstimmenden dreidimensionalen Facetten, die alle die Form eines platonischen Körpers haben und bei denen alle Eckenfiguren identisch sind. Es handelt sich um das 24-Zell mit 24 Oktaedern als Facetten, das 120-Zell mit 120 Dodekaedern als Facetten und das 600-Zell mit 600 Tetraedern als Facetten. Die Bezeichnung Zell stammt von Ludwig Schläfli, der damit die Seiten maximaler Dimension, also die Facetten so bezeichnet hat.

Um die Seitenstrukturen dieser drei Beispiele in der Dimension 4 besser zu verstehen, gehen wir zunächst nochmal zurück zu den uns bekannten platonischen Körpern in der Dimension 3 und sogar zurück zu regulären n-Ecken in der Dimension 2. Wir betrachten Abb. 4.26. Wir können im n-dimensionalen Raum um einen $(n-2)$-dimensionalen Raum drehen. Das lernen Studenten unterschiedlicher Fachbereiche im ersten Semester in ei-

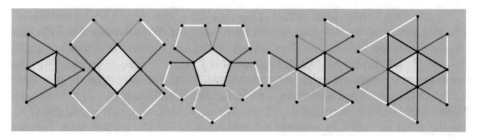

Abbildung 4.26 Ausgehend von der zweidimensionalen Darstellung der an einer Facette eines platonischen Körpers angrenzenden Facetten entsteht der Rand des dreidimensionalen Körpers durch Drehungen um schwarze Kanten

ner Vorlesung über Lineare Algebra. Wir wollen ohne Lineare Algebra auskommen und vergleichen die Situation mit den uns bekannten Drehungen in der Ebene und im dreidimensionalen Raum. In der Ebene kann man um einen Punkt (er ist ein nulldimensionaler Raum) herum drehen. Damit kann z.B. aus Strecken auf einer Geraden, die wir um ihre Endpunkte herum drehen, ein reguläres n-Eck entstehen. Die vorherige eindimensionale Struktur der Gerade wird dadurch gewissermaßen gekrümmt. Im dreidimensionalen Raum kann man um eine Gerade drehen. Damit können die an ein reguläres n-Eck angrenzenden weiteren regulären n-Ecke um durch Kanten definierte Geraden gedreht werden. Der vorherige zweidimensionale Raum, der zur Randstruktur eines platonischen Körpers führen soll, wird dadurch ebenfalls gewissermaßen gekrümmt. In Abb. 4.26 wurden die ebenen Ausgangslagen vor der Drehung um schwarze Kanten dargestellt.

4.9.5 Das 24-Zell

In Abb. 4.27 sieht man eine Orthogonalprojektion eines Oktaeders mit schwarzen gestrichelten Kanten. Auch die gelb eingezeichneten Unterteilungen helfen, sich dieses innen liegende Oktaeder vorzustellen.

Dieses Oktaeder soll eine Facette des 24-Zells sein. Von den acht Oktaederfacetten des 24-Zells, die mit dem ersten Oktaeder ein Dreieck gemeinsam haben, sind fünf eingezeichnet. Man muss sich vorstellen, dass durch eine Drehung um ein solches Dreieck, die rot eingezeichneten Dreiecke, die jeweils eine Kante gemein haben, schließlich zusammenfallen. Der dreidimensionale Raum in unserer Vorstellung, in dem diese Facetten zunächst liegen, bekommt durch die Drehungen um die Dreiecke gewissermaßen eine Krümmung ähnlich der Entstehung des zweidimensionalen Randes beim Dodekaeder in der Dimension 3.

Abbildung 4.27 Das 24-Zell hat als Facetten 24 Oktaeder. In dieser dreidimensionalen Darstellung sind einige Oktaeder gezeichnet, die mit dem schwarzen Oktaeder gemeinsame Dreiecke besitzen. Die Abbildung zeigt, dass es jedenfalls genügend Platz für diese Raumfüllung gibt. Die rot gezeichneten Dreiecke fallen im vierdimensionalen Raum zusammen. Die dreidimensionalen Räume, die jeweils benachbarte Oktaeder enthalten, lassen sich gegeneinander drehen, so wie wir es bei den Ebenen am Würfel kennen, die jeweils quadratische Facetten des Würfels enthalten

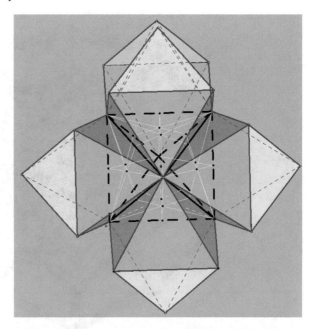

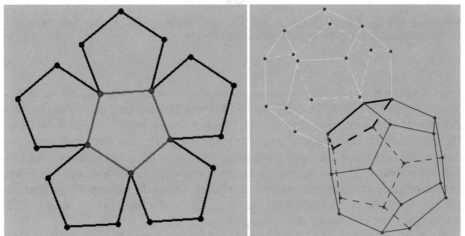

Abbildung 4.28 Zur Entstehung des Dodekaeders (links) und zur Entstehung des 120-Zells (rechts). Der zweidimensionale Rand beim Dodekaeder entsteht durch Drehungen um die roten Kanten, der dreidimensionale Rand durch Drehungen um schwarze Fünfecke

4.9.6 Das 120-Zell

Im vierdimensionalen Raum kann man völlig analog die zwölf an ein Dodekaeder angrenzenden Dodekaeder (in Abb. 4.28 (rechts) wurden nur zwei gezeichnet) um durch gemein-

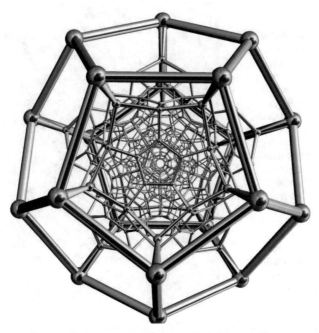

Abbildung 4.29 Ein Schlegel-Diagramm zum 120-Zell. ©Robert Webb, created using Stella 4-D-software, available from http://www.software3d.com/Stella.php

same Fünfecke herum drehen. Wir haben im vierdimensionalen Raum für die vielen Do-dekaeder noch Platz für die Drehung um die Fünfecke. Dadurch kann der Anfang des 120-Zells aus 13 Dodekaedern gebildet werden. Der dreidimensionale Raum mit zwölf Dode-kaedern, die an ein Dodekaeder angrenzen, wurde gewissermaßen wieder gekrümmt, um den Anfang des Randes eines vierdimensionalen Polyeders entstehen zu lassen. Das 120-Zell hat insgesamt 120 Dodekaeder als Facetten, und es ist bewundernswert und schön, dass es möglich ist, diese Randstruktur zu erhalten. Durch die exakten Koordinaten für alle 600 Ecken dieses konvexen Polyeders kann man nachweisen, dass es dieses vierdi-mensionale konvexe Polyeder tatsächlich gibt.

Nochmal zurück zu Abb. 4.28 auf der rechten Seite. Wenn zwei Dodekaeder längs eines Fünfecks verheftet sind, kann man an den Kanten dieses Fünfecks noch jeweils ein weite-res Dodekaeder einsetzen, ohne dass es Durchdringungen dabei gibt. Durch die Drehungen um die regulären Fünfecke, verschwinden die Lücken, wie die Lücken bei der Entstehung eines Dodekaeders in der Mitte der Abbildung verschwanden.

Im Internet findet sich ein Schlegel-Diagramm zum 120-Zell, das zur Verwendung frei-gegeben wurde, wir sehen es in Abb. 4.29.

4.9.7 Das 600-Zell

Wenn wir in die Mitte jeder der 120 Dodekaederfacetten vom 120-Zell einen Punkt setzen, dann bildet die konvexe Hülle dieser 120 Punkte das 600-Zell. Es hat 600 reguläre Tetraeder als Facetten. An jeder Kante eines solchen Tetraeders befinden sich in zyklischer Reihenfolge fünf Tetraeder. Aufeinanderfolgende Tetraeder in dieser Reihenfolge haben jeweils ein Dreieck gemein. Damit haben wir lokal eine Randstruktur, die im dreidimensionalen Raum durch die gemeinsame Kante und die Eckpunkte eines regulären Fünfecks beschrieben werden kann. Dieses Fünfeck würde (wieder: im dreidimensionalen Raum!) von der betrachteten Ausgangskante in der Mitte senkrecht durchstochen werden.

Im Internet findet sich ein Schlegel-Diagramm zum 600-Zell, das zur Verwendung freigegeben wurde, vgl. Abb. 4.30.

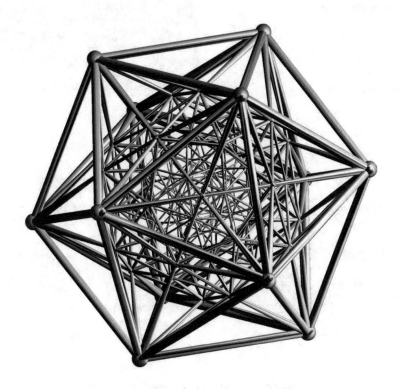

Abbildung 4.30 Ein Schlegel-Diagramm zum 600-Zell, ©Robert Webb, created using Stella4D software, available from http://www.software3d.com/Stella.php. Die Tatsache, dass jeweils fünf Tetraeder eine Kante gemeinsam haben, kann man testen

4.10 Gibt es das 240-Zell als konvexes Polyeder?

Durch das Schlegel-Diagramm des 600-Zells kann man sehen, dass jede Kante des 600-Zells zu fünf Tetraedern gehört. Abb. 4.31 zeigt diese fünf Tetraeder im dreidimensionalen Raum. Wir können uns aber vorstellen, dass der durch die fünf Tetraeder gebildete Teil des Randes des 600-Zells, durch ein möglicherweise krummliniges rotes Fünfeck unterteilt werden kann, wenn die allen Tetraedern angehörende gelbe Kante entfernt wird.

Abbildung 4.31 Fünf Tetraeder werden durch Veränderung der Zellteilung (ohne gelbe Kante, dafür rotes Fünfeck) zur Doppelpyramide über einem Fünfeck. Die topologische Beschreibung des Randes des 240-Zell ist damit klar. Offen bleibt die Frage, ob es auch eine polyedrische Randstruktur dazu gibt, konvex oder nicht-konvex, ohne Selbstdurchdringungen.

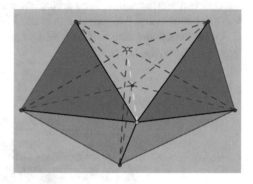

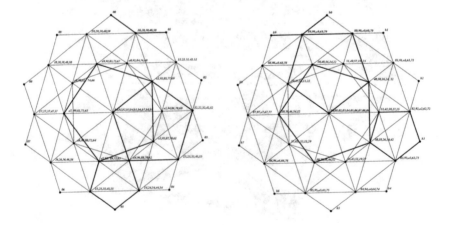

Abbildung 4.32 Zwei Projektionen des 240-Zells ©Cambridge University Press

Wenn wir die gelbe Kante entfernen und ein solches rotes Fünfeck einfügen, dann haben wir lokal eine neue Unterteilung gewählt. Diese Unterteilung lässt sich aber 120-mal vornehmen, sodass alle 600 Tetraeder schließlich durch 240 Pyramiden über einem Fünfeck ersetzt sind. Wir können fragen, ob es zu dieser neuen Unterteilung des Randes wieder ein konvexes Polyeder gibt, bei dem die Pyramiden über den Fünfecken Facetten bilden.

Diese Frage hat erstmals Peter McMullen in seiner Doktorarbeit gestellt [6]. Nochmal: Tetraeder des 600-Zells mit einem gemeinsamen Dreieck lagen nicht im gleichen dreidimensionalen Raum, daher sind die Fünfecke nicht von der Form, wie es die Abb. 4.31 zeigt.

Die Darstellung in Abb. 4.33 zum 240-Zell ist so entstanden: Zwei Projektionen aus dem 4-Dimensionalen auf zwei zueinander orthogonale Ebenen legen alle Eckpunkte eines nichtkonvexen Polyeders fest. Alle Facetten dieses Polyeders sind Pyramiden über einem Fünfeck. Die offene Frage: Kann man ein konvexes Polyeder finden mit der gleichen Randstruktur? Mit dieser Information der vierdimensionalen Koordinaten aller Punkte kann man, nach Vorgabe der Projektion der vier Einheitsvektoren aus dem vierdimensionalen Raum in eine Ebene, die Lage aller Punkte wie in Abb. 4.14 als eine Projektion des 240-Zells in der Cinderella-Software eingeben und damit die Projektion bewegen, indem man die Einheitsvektoren verändert.

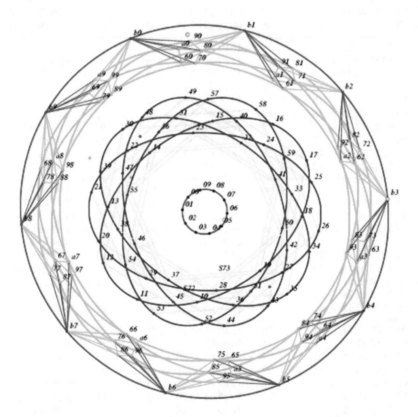

Abbildung 4.33 Die Projektion des Polyeders mit 240 Pyramiden über einem Fünfeck kann man zeichnen. Mit einer dynamischen Zeichensoftware wie Cinderella kann man sogar mit den Projektionen der vier Einheitsvektoren starten, die Ecken und Kanten in der Ebene eintragen und danach die Einheitsvektoren verändern, um andere Projektionen zu erhalten ©Cambridge University Press

In Abb. 4.32 haben wir ein Polyeder beschrieben, das der Arbeit [1] entnommen ist. Es gibt danach ein 240-Zell, allerdings ist es nicht konvex. Die Koordinaten sind durch die Projektion aller Punkte auf zwei zueinander orthogonale Ebenen gegeben, vgl. Abb. 4.33. Die Nummerierung der Ecken kann man Tab. 4.1 entnehmen.

Tabelle 4.1 Pyramiden über Fünfecken, die die Facetten eines konvexen Polyeders bilden sollen

00 - 10 20 30 40 50 - 01	40 - 01 31 a1 92 50 - 41	80 - 16 57 90 b1 71 - 81
01 - 11 21 31 41 51 - 02	41 - 02 32 a2 93 51 - 42	81 - 17 58 91 b2 72 - 82
02 - 12 22 32 42 52 - 03	42 - 03 33 a3 94 52 - 43	82 - 18 59 92 b3 73 - 83
03 - 13 23 33 43 53 - 04	43 - 04 34 a4 95 53 - 44	83 - 19 50 93 b4 74 - 84
04 - 14 24 34 44 54 - 05	44 - 05 35 a5 96 54 - 45	84 - 10 51 94 b5 75 - 85
05 - 15 25 35 45 55 - 06	45 - 06 36 a6 97 55 - 46	85 - 11 52 95 b6 76 - 86
06 - 16 26 36 46 56 - 07	46 - 07 37 a7 98 56 - 47	86 - 12 53 96 b7 77 - 87
07 - 17 27 37 47 57 - 08	47 - 08 38 a8 99 57 - 48	87 - 13 54 97 b8 78 - 88
08 - 18 28 38 48 58 - 09	48 - 09 39 a9 90 58 - 49	88 - 14 55 98 b9 79 - 89
09 - 19 29 39 49 59 - 00	49 - 00 30 a0 91 59 - 40	89 - 15 56 99 b0 70 - 80
10 - 01 51 85 76 20 - 11	50 - 10 01 41 93 84 - 51	90 - 58 49 a0 b1 81 - 91
11 - 02 52 86 77 21 - 12	51 - 11 02 42 94 85 - 52	91 - 59 40 a1 b2 82 - 92
12 - 03 53 87 78 22 - 13	52 - 12 03 43 95 86 - 53	92 - 50 41 a2 b3 83 - 93
13 - 04 54 88 79 23 - 14	53 - 13 04 44 96 87 - 54	93 - 51 42 a3 b4 84 - 94
14 - 05 55 89 70 24 - 15	54 - 14 05 45 97 88 - 55	94 - 52 43 a4 b5 85 - 95
15 - 06 56 80 71 25 - 16	55 - 15 06 46 98 89 - 56	95 - 53 44 a5 b6 86 - 96
16 - 07 57 81 72 26 - 17	56 - 16 07 47 99 80 - 57	96 - 54 45 a6 b7 87 - 97
17 - 08 58 82 73 27 - 18	57 - 17 08 48 90 81 - 58	97 - 55 46 a7 b8 88 - 98
18 - 09 59 83 74 28 - 19	58 - 18 09 49 91 82 - 59	98 - 56 47 a8 b9 89 - 99
19 - 00 50 84 75 29 - 10	59 - 19 00 40 92 83 - 50	99 - 57 48 a9 b0 80 - 90
20 - 01 11 77 68 30 - 21	60 - 23 70 b1 a1 32 - 61	a0 - 31 60 b1 91 40 - a1
21 - 02 12 78 69 31 - 22	61 - 24 71 b2 a2 33 - 62	a1 - 32 61 b2 92 41 - a2
22 - 03 13 79 60 32 - 23	62 - 25 72 b3 a3 34 - 63	a2 - 33 62 b3 93 42 - a3
23 - 04 14 70 61 33 - 24	63 - 26 73 b4 a4 35 - 64	a3 - 34 63 b4 94 43 - a4
24 - 05 15 71 62 34 - 25	64 - 27 74 b5 a5 36 - 65	a4 - 35 64 b5 95 44 - a5
25 - 06 16 72 63 35 - 26	65 - 28 75 b6 a6 37 - 66	a5 - 36 65 b6 96 45 - a6
26 - 07 17 73 64 36 - 27	66 - 29 76 b7 a7 38 - 67	a6 - 37 66 b7 97 46 - a7
27 - 08 18 74 65 37 - 28	67 - 20 77 b8 a8 39 - 68	a7 - 38 67 b8 98 47 - a8
28 - 09 19 75 66 38 - 29	68 - 21 78 b9 a9 30 - 69	a8 - 39 68 b9 99 48 - a9
29 - 00 10 76 67 39 - 20	69 - 22 79 b0 a0 31 - 60	a9 - 30 69 b0 90 49 - a0
30 - 01 21 69 a0 40 - 31	70 - 15 80 b1 61 24 - 71	b0 - 80 90 a0 60 70 - b1
31 - 02 22 60 a1 41 - 32	71 - 16 81 b2 62 25 - 72	b1 - 81 91 a1 61 71 - b2
32 - 03 23 61 a2 42 - 33	72 - 17 82 b3 63 26 - 73	b2 - 82 92 a2 62 72 - b3
33 - 04 24 62 a3 43 - 34	73 - 18 83 b4 64 27 - 74	b3 - 83 93 a3 63 73 - b4
34 - 05 25 63 a4 44 - 35	74 - 19 84 b5 65 28 - 75	b4 - 84 94 a4 64 74 - b5
35 - 06 26 64 a5 45 - 36	75 - 10 85 b6 66 29 - 76	b5 - 85 95 a5 65 75 - b6
36 - 07 27 65 a6 46 - 37	76 - 11 86 b7 67 20 - 77	b6 - 86 96 a6 66 76 - b7
37 - 08 28 66 a7 47 - 38	77 - 12 87 b8 68 21 - 78	b7 - 87 97 a7 67 77 - b8
38 - 09 29 67 a8 48 - 39	78 - 13 88 b9 69 22 - 79	b8 - 88 98 a8 68 78 - b9
39 - 00 20 68 a9 49 - 30	79 - 14 89 b0 60 23 - 70	b9 - 89 99 a9 69 79 - b0

Literatur

1. Bokowski, J., Cara, P., Mock, S.: On a self dual 3-sphere of Peter McMullen. Period. Math. Hung. **39**(1):17-32 (2000) doi: 10.1023/A:1004347726320
2. Corbalán, F.: Der goldene Schnitt. Die mathematische Sprache der Schönheit. Librero (2018)
3. Gruber, P. M., Wills, J.M. eds.: Handbook of Convex Geometry, Vols. A,B, North-Holland (1993)
4. Grünbaum, B.: Convex Polytopes. Ziegler, G.M., ed., Graduate Texts in Mathematics, Springer (1967)
5. Hofmann, K.H. und Wille, R., eds.: Symmetry of Discrete Mathematical Structures and Their Symmetry Groups. A Collection of Essays, Heldermann Berlin, Research and Expositon in Mathematics, Vol. 15 (1991)
6. McMullen, P.: On the combinatorial structure of convex polytopes, Ph.D.Thesis, U. of Birmingham (1968)
7. McMullen, P.: Geometric Regular Polytopes. Cambridge UP (2020) doi.org/10.1017/9781108778992
8. McMullen, P., Schulte, E.: Abstract Regular Polytopes. Encyclopedia of Mathematics and its Applications 92, Cambridge (2002)

Kapitel 5
Die 3-Sphäre zerlegt in Dürer-Polyeder

Zusammenfassung Der Rand vierdimensionaler konvexer Polyeder bildet eine topologische dreidimensionale Sphäre. Wenn man sie durch eine abstrakte Zellzerlegung vorgelegt bekommt, dann lautet die Frage, ob man zu der abstrakten Zellzerlegung ein konvexes Polyeder mit dieser Randstruktur finden kann. Diese Frage führt in ein aktives Feld mathematischer Forschung. Wir wählen ein Beispiel, bei dem alle Facetten auf dem Rand kombinatorisch dem Polyeder aus dem Kupferstich *Melencholia I* von Albrecht Dürer entsprechen. Die Überlegungen, die zur Zerlegung der 3-Sphäre führen, sind mit dreidimensionalen Argumenten nachzuvollziehen und führen zu einem ersten Verständnis vierdimensionaler Polyeder. Dieses Verständnis (auch in höheren Dimensionen) wird benötigt, um ein großes Feld wichtiger mathematischer Anwendungen zu bearbeiten. Die Kosten bei vielen Produktionsketten oder Verfahrensabläufen hängen oft von einer großen Anzahl von Variablen ab, die unabhängig voneinander sind, und der Wunsch der Unternehmen besteht darin, diese Kosten zu minimieren. Die Anzahl der Variablen bestimmt dann die Dimension der Problematik, und der Mathematiker hat es dann mit Problemen in hohen Dimensionen zu tun. Die Leser sind eingeladen, erste Schritte auf diesem Weg zu gehen.

5.1 Der Kupferstich *Melencholia I* von Dürer

Das Polyeder auf der Schweizer Briefmarke in Abb. 5.1 wurde von Albrecht Dürer (1471-1528) in seinem Kupferstich *Melencolia I*, vgl. Abb. 5.2, im Jahre 1514 geschaffen. In Verbindung mit den beiden Stichen *Ritter, Tod und Teufel* (1513) und *Der heilige Hieronymus im Gehäus* (1514) spricht man von Dürers drei Meisterwerken. Über Jahrhunderte wurde in einer unglaublichen Vielfalt versucht, eine plausible Deutung für die Darstellungen im Kupferstich *Melencolia I* anzugeben. Es gibt allein 30 Seiten nur mit Literaturangaben zu Büchern, vgl. [4], die sich mit diesem Kupferstich beschäftigt haben. Es gab auch mehrere Mathematiker, die aus der perspektivischen Darstellung auf die Gestalt des Polyeders geschlossen haben. Die Frage, ob die Eckpunkte alle auf einer Kugel liegen, wurde beispielsweise untersucht.

Zusatzmaterial online

Zusätzliche Informationen sind in der Online-Version dieses Kapitel (https://doi.org/10.1007/978-3-662-61825-7_5) enthalten.

Abbildung 5.1 Schweizer
Briefmarke, zum 300. Ge-
burtstag von Leonhard Euler
herausgegeben. Sie zeigt das
Polyeder aus dem Kupferstich
Melencolia I von Albrecht
Dürer von 1514. Das abge-
bildete Polyeder ist nicht nur
Kunsthistorikern bestens be-
kannt. Wir werden zeigen,
wie sich die dreidimensionale
Sphäre, d.h. die topologische
Randstruktur einer vierdimen-
sionalen Kugel, in zehn dieser
Dürer-Polyeder zerlegen lässt

Ein Mathematiklehrer aus England, Terence Lynch, hat in einer angesehenen Kunst-
zeitschift 1982 einen Artikel, [3], über diesen Kupferstich geschrieben, der das im Stich
dargestellte magische Quadrat mit dem Polyeder und der denkenden Person mit Flügeln in
Verbindung bringt. Zur Zeit Dürers kannte man Grund-, Auf- und Seitenriss als Grundlage,
um geometrische Objekte darzustellen. Dürer war der erste Künstler nördlich der Alpen,
der nach seiner Italienreise die Kunst der perspektivischen Darstellung beherrschte. Wenn
er also in diesem Kupferstich und in seinen Vorübungen dazu dieses Polyeder perspekti-
visch dargestellt hat, dann hat er zu diesem Polyeder sicher auch die Risse gezeichnet.

Im Grundriss hätte er wohl einen Kreis zur Darstellung des regulären Dreiecks gezeichnet, wenn man andere Zeichnungen von ihm zu regulären *n*-Ecken vergleicht. Wenn man
sich das Polyeder in der Blickrichtung der denkenden Figur orthogonal auf einen Bildschirm projiziert denkt, und diese daraus resultierende Ansicht als Aufriss für das Polyeder
interpretiert (so die Argumentation von Terence Lynch), dann wären zum Zeichnen dieses Aufrisses die Gitterpunkte des magischen Quadrats hilfreich, das im Stich dargestellt
ist. Alle projizierten Eckpunkte des Polyeders liegen dann auf diesen Gitterpunkten. Das
Nachdenken der Figur mit den Flügeln über die Anfertigung des perspektiven Bildes und
über das magische Quadrat könnte man dann durchaus verstehen. Wir wollen aber nicht
die oft sehr widersprüchlichen Argumente bei den Interpretationsversuchen der Kunsthis-
toriker zu diesem Kupferstich erweitern.

Wir zitieren aus dem Internet (Portal Kunstgeschichte) zu einer Vortragsankündigung
von Peter-Klaus Schuster im Jahre 2012 zu Dürers Denkbild *Melencolia I*: *In seinem Kupferstich Melencolia I setzt Dürer sehr unterschiedliche Elemente frühneuzeitlicher Wissenschaft miteinander in Verbindung: er zeigt Instrumente der Mathematik, bezieht sich
auf Zahlensymbolik und auf die Temperamentenlehre. Die Deutung seines bewusst rätsel-
haften Kupferstichs hat Künstler wie auch Historiker seit je her fasziniert. Wie kaum ein
anderes Werk Dürers reflektiert dieser Stich die enge aber auch widerspruchsvolle Ver-
flechtung von hermetischer Naturdeutung und beginnender Naturwissenschaft.*

Wir benutzen nur die Argumentation von Terence Lynch zum Zeichnen des Bildes dieses Polyeders und wir wollen dann zehn dieser Polyeder von Dürer miteinander längs der
Seitenflächen paarweise verheften, um daraus eine dreidimensionale topologische Sphäre

Abbildung 5.2 Kupferstich *Melencolia I* (1514), als Meisterstich von Albrecht Dürer bekannt. ©duncan1890 / Getty Images / iStock

zu konstruieren, die der Arbeit aus [2] entnommen ist. Die Risse, die zur Orthogonal-projektion des Dürerschen Polyeders benutzt wurden, sind in der Abb. 5.3 gezeichnet. Wie beim Ikosaeder in Abb. 1.1 kann man die Eckpunkte des Spurdreiecks mit der Maus verschieben, wenn man die bereitgestellte zugehörige Cinderella Datei dazu benutzt. Wir hatten schon in der Einleitung erklärt: Das Spurdreick hat die Eckpunkte, die durch den

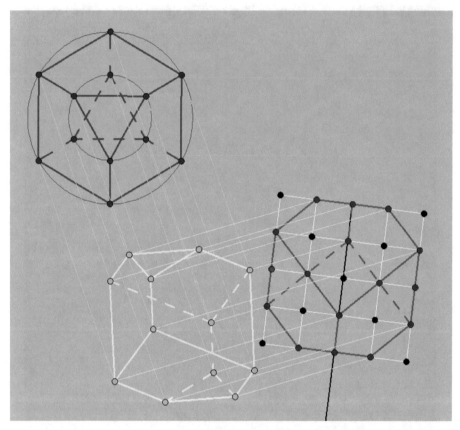

Abbildung 5.3 Parallelprojektion des Polyeders aus dem Kupferstich von Albrecht Dürer, wobei wir die Punkte im Aufriss (rot) aus Gitterpunkten des magischen Quadrates bekommen haben. Der Grundriss wurde blau gezeichnet. Die Konstruktion hat wieder ein Spurdreieck benutzt und kann in der Cinderella-Datei bewegt werden

Schnitt der drei Koordinatenachsen eines kartesischen Koordinatensystems in allgemeiner Lage mit der Zeichenebene entstehen.

Wenn man jetzt die wahre Gestalt der Polyeder nicht beibehält und vielleicht an Polyeder aus Gummi denkt, dann kann man das obere Dreieck noch mit dem unteren Dreieck verkleben und dadurch einen polyedrischen Ring erzeugen. Wir werden das im Folgenden genauer beschreiben und den Ring sogar noch weiter verformen, vergleichbar einem Schlüsselring. Abb. 5.4 zeigt die Ausgangssituation dazu.

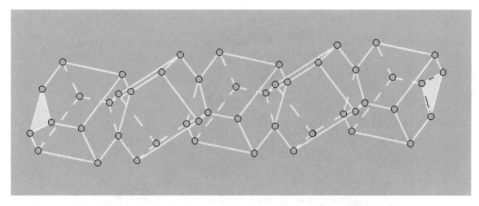

Abbildung 5.4 Noch einmal ein Bild mit der wahren Gestalt von fünf Dürer-Polyedern, jetzt wurden fünf Kopien übereinander gestapelt, an den Dreiecksflächen verklebt und anschließend horizontal dargestellt

5.2 Die dreidimensionale Sphäre

Wir haben im Kapitel über die platonischen Körper auch über konvexe vierdimensionale Polyeder nachgedacht. Deren Ränder sind aus topologischer Sicht dreidimensionale Sphären. Wir haben über diese 3-Sphäre erfahren, dass man sie aus zwei verhefteten Tori zusammengesetzt denken kann. Das ist dem Modell des Mathematikers Prof. Dr. Benno Artmann in Abb. 5.5 in besonders eindrucksvoller Weise zu entnehmen. Eine andere Zerlegung zeigt dagegen Abb. 5.6. Die Struktur auf dem Rand der Tori möchte man weiter komplett verheften, bis der Rand beider Tori komplett verschwindet. Dabei denkt man, dass die beiden Tori wie bei einem Zahnradgetriebe aneinander abrollen könnten. Den Begriff *Hopf-Fasern* aus der Topologie haben wir nur für Spezialisten erwähnt.

Man kann die 3-Sphäre auch auf andere Weisen zerlegen. Das wird durch ein Modell von Prof. Dr. Benno Artmann in Abb. 5.6 gezeigt. Wir haben die aufrecht gedachte Version dieses Bildes aus Formatgründen zur Seite gelegt. Das Modell wurde ebenfalls auf der in der Abb. 5.5 angegebenen Ausstellung gezeigt.

Wir betrachten jetzt das Dürer-Polyeder als topologisches Objekt, dessen Verformung uns nicht stört, solange die Randstuktur mit zwei Dreiecken und den sechs Fünfecken erhalten bleibt. Wir denken wieder topologisch, z.B. an ein Kuchenteig-Polyeder, das beliebig verformbar ist, es darf nur keine Löcher bekommen. Wenn wir fünf dieser Polyeder jeweils an den Dreiecken zu einer Kette verkleben, dann entsteht ein Ring mit 5 × 6 Fünfecken. Diesen Ring können wir nach Art eines Schlüsselringes zu einem zweimaligen Umlauf formen. Es gelingt sogar, den ersten Umlauf des Ringes mit dem zweiten Umlauf längs einiger Fünfecke zu verkleben. Dann ist ein Volltorus entstanden, der am Rand noch weitere unverklebte Fünfecke besitzt.

Wir werden später einen zweiten Volltorus auf die gleiche Weise aus fünf Dürer-Polyedern fertigen, den wir nach Art der Abb. 5.5 mit dem ersten Ring verkleben.

Wie diese Verklebung zu geschehen hat, muss genauer beschrieben werden. In Abb. 5.8 haben wir dazu die Ecken nummeriert. Die grauen Fünfecke im oberen Teil dieser

Abbildung 5.5 Zerlegung der 3-Sphäre in zwei Volltori mit Andeutung der Hopf-Fasern. Gipsmodell von Prof. Dr. Benno Artmann, Höhe 35 cm, 1987. Es war Teil einer Ausstellung: *Mathematik-Modelle, Aus dem Elfenbeinturm ins Schlösschen*, Mathematikprofessoren geben Einblicke für jedermann. Darmstadt, Schlösschen im Prinz-Emil-Garten, Vernissage 3. Mai 2003

Abbildung bilden nach der Verklebung ein Möbius-Band vergleichbar der Situation, die am Schlüsselring beschrieben wurde. Sie sind im unteren Teil der Abbildung farbig dargestellt. Fünfecke mit gleichen Farben sind verklebt zu denken. Die übrigen zwanzig Fünfecke im unteren Teil der Abb. 5.8 bilden den Rand eines Volltorus. Sie sind nochmals separat in den Abbildungen 5.9 und 5.10 dargestellt. In Abb. 5.10 wurden diese Fünfecke in ihrer Form so dargestellt, dass sie mit der Form der übrigen 20 Fünfecke des zweiten Volltorus übereinstimmen. Für das Verständnis der Schlüsselringstruktur war ein Keramikmodell hilfreich. Bilder können zum Verständnis beitragen, aber die räumliche Anschauung am Modell hat eine zusätzliche gute Qualität.

Die ersten fünf Polyeder wurden durch die Buchstaben A,B,C,D,E gekennzeichnet. Später wird uns interessieren, welches Polyeder an welches andere angrenzt. Bei der Darstellung in der Abb. 5.8 wurde ohne einen weiteren Kommentar die Gestalt der Fünfecke so gewählt, dass die Torusstruktur gut erkennbar ist, wenn die farbigen fünf Fünfecke nicht mehr dargestellt werden. Wir denken im Sinne der Topologie an keine Abstände.

In der Arbeit [2] wurde gezeigt, dass die Zerlegung der 3-Sphäre in zehn Dürer-Polyeder nicht zu einer Realisation als konvexes Polyeder mit dieser Randstruktur führen kann. Es ist aber noch denkbar, dass eine nichtkonvexe polyedrische Realisation existiert. Häufig kann man nach der Lösung eines Problems leicht eine Anschlussfrage stellen.

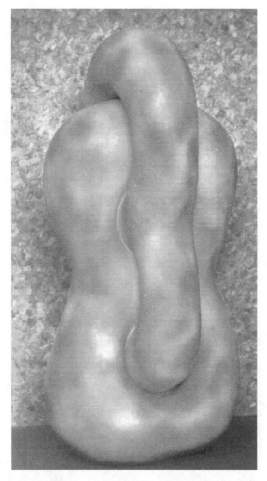

Abbildung 5.6 Heegard-(Brezel-) Zerlegung der 3-Sphäre. Gipsmodell von Prof. Dr. Benno Artmann

5.3 Keramikmodell mit fünf verhefteten Dürer-Polyedern

Wir sind jetzt so weit, dass wir das Keramikmodell in Abb. 5.11 verstehen. Es zeigt die verhefteten fünf Dürer-Polyeder, die längs ihrer Dreiecke verheftet sind und nach Art eines Schlüsselringes, siehe Abb. 5.7, einen geschlossenen Volltorus bilden. Im Innern des Torus verläuft das Möbius-Band. Es erscheint in der Figur braun. Die fünf farbig markierten Fünfecke in Abb. 5.8 unten, liegen nicht auf dem Rand des Volltorus. Wenn wir jetzt über einen zweiten Volltorus nachdenken mit weiteren fünf Dürer-Polyedern, die ebenso wie die ersten fünf einen Torus bilden, und wir wollen beide so verkleben, wie dies die Abb. 5.5 beschreibt, dann müssen wir beide Ränder der Tori genauer analysieren.

Abbildung 5.7 Ein
Schlüsselring hat einen zwei-
fachen Umlauf. Wenn wir
uns Anfang und Ende des
Schlüsselringes noch verbunden denken und bestünde der
Schlüsselring aus Kuchen-
teig, dann würde sich eine
Klebefläche ergeben, die den
ersten Umlauf mit dem zweiten Umlauf verbindet. Die
Klebefläche wäre dann ein
Möbius-Band.

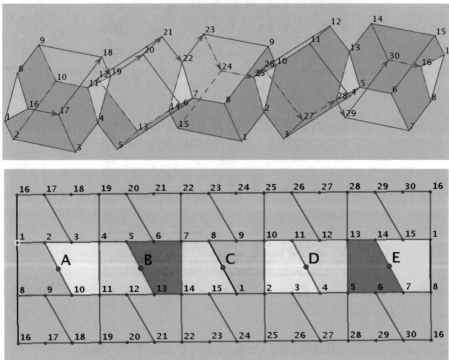

Abbildung 5.8 Durch die Beschriftung der Ecken wird die Verklebung der Fünfecke zu einer Schlüsselringstruktur erkennbar. Der untere Teil der Abbildung zeigt die Situation der Fünfecke besser, da man
den Rand längs der Kanten aufgeschnitten hat, die in der oberen Ansicht durch Pfeile markiert sind. Die
farbigen Fünfecke sind verheftet und liegen im Innern vom Torus

5.4 Die Verklebung beider Volltori

Wenn beide Volltori auch auf dem Rand passende Seitenverheftungen zulassen, dann wissen wir, dass wir eine Zellzerlegung der dreidimensionalen Sphäre in zehn topologische

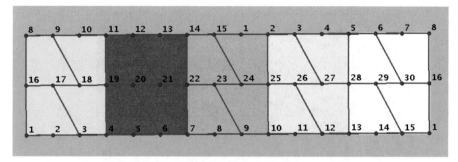

Abbildung 5.9 Die Farben für die einzelnen fünf Polyeder wurden neu gewählt

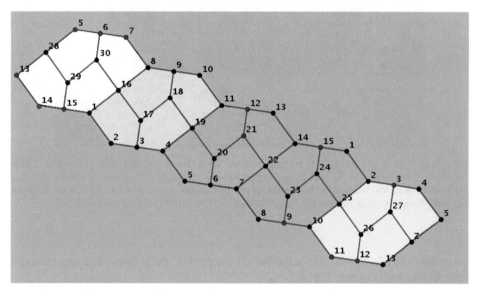

Abbildung 5.10 Die Fünfecke wurden in ihrer Form hier verändert, damit sie mit den übrigen 20 Fünfecken in der Darstellung übereinstimmen

Dürer-Polyeder gefunden haben. Dies wäre dann sogar als ein Beweis einzustufen. Die Ecken, Kanten und Seiten auf dem zweiten Torus sind Abbildung 5.12 zu entnehmen. Durch den Vergleich mit dem ersten Torus erkennen wir, dass die Fünfecke übereinstimmen und durch die Abb. 5.10, stellen wir fest, dass auch der zweite Torus sich um den ersten herumwickelt. Die relative Lage der Fünfecke auf dem Rand der Volltori stimmt für beide Tori überein.

Jeder Eckpunkt der zehn Dürer-Polyeder gehört zu genau vier dieser Polyeder, vgl. hierzu Abb. 5.1. Das bedeutet, dass es sich bei der dazu polar dualen Sphäre, bei der der Seitenverband wie in Kap. 3 zu erklären wäre, um eine simpliziale Sphäre handelt. Alle 30 Facetten sind Tetraeder, d.h. dreidimensionale Simplizes. Wir haben die zehn Dürer-Polyeder in den Abbildungen 5.8 und 5.12 mit den Buchstaben $A, B, C, D, E, F, G, H, I, J$

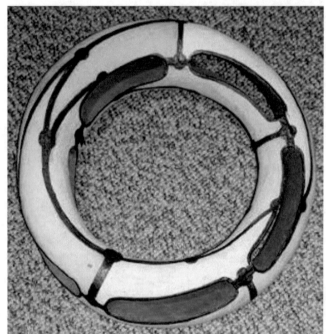

Abbildung 5.11 Keramikmodell eines zellzerlegten Torus bestehend aus fünf verhefteten Dürer-Polyedern. Fünf Fünfecke und fünf Dreiecke sind verheftet und liegen im Innern des Torus. Die fünf Fünfecke bilden ein Möbius-Band. Jedes einzelne Dürer-Polyeder beansprucht zwei Fünftel des Umlaufs. Die verbliebenen zwanzig äußeren Fünfecke, die noch nicht verheftet sind, sind deutlich zu erkennen

bezeichnet. Damit können wir jeden der 30 Eckpunkte durch seine vier angrenzenden Polyeder eindeutig kennzeichnen.

Tabelle 5.1 Die 30 Eckpunkte der Ausgangssphäre werden zu Facetten (Simplizes) der dualen Sphäre, die durch Quadrupel ihrer vier Eckpunkte gekennzeichnet werden können

01	A C E F	11	A B D J	21	B G H J
02	A C D F	12	B D H J	22	B C G H
03	A D F I	13	B D E H	23	C G H J
04	A B D I	14	B C E H	24	C F H J
05	B D E I	15	C E F H	25	C D F J
06	B E G I	16	A E F G	26	D F J H
07	B C E G	17	A F G I	27	D F H I
08	A C E G	18	A G I J	28	D E H I
09	A C G J	19	A B I J	29	E F H I
10	A C D J	20	B G I J	30	E F G I

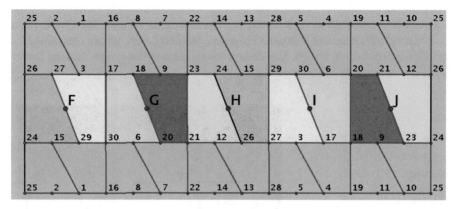

Abbildung 5.12 Ein zweiter Volltorus gebildet in gleicher Weise aus fünf Dürer-Polyedern. Wir haben keine neuen Ecken. Passen jetzt beide Tori aneinander?

5.5 Gibt es ein konvexes Polyeder mit zehn Dürer-Polyeder-Facetten?

Beide Sphären können nicht den Rand eines konvexen Polyeders bilden, obwohl sie zunächst als gute Kandidaten angesehen wurden. Die Antwort auf diese Frage näher zu erläutern, erfordert aber weit mehr mathematische Konzepte. Wir verweisen den interessierten Leser auf die Lösung in der entsprechenden Literatur in [2] und [1]. Ein wichtiger Hinweis auf die Denkweise in diesem Zusammenhang soll aber hier angegeben werden, obwohl die Argumentation jedenfalls keinesfalls zur Schulmathematik gehört. Wir beginnen daher zunächst in einer niedrigeren Dimension.

Schon in Kap. 2 hatten wir zunächst einerseits die (21_4)-Konfiguration nur aus Strecken dargestellt gesehen, aber es waren die Geraden gemeint, die durch diese Strecken bestimmt waren. Wenn wir konvexe Polyeder betrachten, denken wir in ähnlicher Weise zunächst nur an deren Facetten. Das Bild in Abb. 5.13 soll unterstreichen, dass wir aber auch in diesem Fall über die Ebenen nachdenken wollen, die durch die Facetten gegeben sind. Die Teile der Ebenen, die durch die Eisflächen bestimmt sind, hören nicht, wie bei den Facetten von Polyedern üblich, an den Kanten auf. Wir haben durch jedes dreidimensionale Polyeder ein System von Ebenen definiert.

Beginnen wir ein weiteres Mal bei den Punkt-Geraden-Konfigurationen. Wir hatten deren Geradenmengen wie bei der Erklärung zur projektiven Ebene als Großkreise auf der 2-Sphäre gedeutet. Großkreise sind auch als 1-Sphären anzusehen. Also hatten wir bei den Geradenmengen in der Ebene auch eine entsprechende 1-Sphärenmenge auf der 2-Sphäre. Wenn wir analog vorgehen wollen und die durch die Facetten eines konvexen dreidimensionalen Polyeders definierten Ebenen im projektiven dreidimensionalen Raum deuten wollen, dann ist unser dreidimensionaler Raum als Tangential(hyper)ebene auf die vierdimensionale Kugel zu legen. Wir argumentieren analog zum vorigen Fall. Zu jeder Ebene gibt es dann einen durch den Mittelpunkt der vierdimensionalen Kugel verlaufenden dreidimensionalen Raum, der diese Ebene enthält. Dieser durch die Ebene definierte dreidimensionale Raum schneidet den Rand der vierdimensionalen Kugel (das ist eine dreidimensionale Sphäre) in einer zweidimensionalen Sphäre. Zu der Menge der Ebenen, die wir über die Facetten des konvexen Polyeders definiert hatten, gibt es dann eine Menge von 2-Sphären auf der 3-Sphäre. Das deuten wir als ein *Sphärensystem*. In Kap. 9 werden wir auf dieses Konzept näher eingehen.

Abbildung 5.13 Das Foto zeigt Teilstücke endlich vieler Ebenen aus Eis, so wie ein konvexes Polyeder auch durch seine endlich vielen Seitenflächen definiert ist. Es kann zu einem Beispiel eines zweidimensionalen Sphärensystems auf der 3-Sphäre herangezogen werden. Die mathematische Argumentation dazu ist vielleicht nicht jedem leicht verständlich, wenn man sie aber versteht, dann erfreut man sich an der Analogie zum niederdimensionalen Fall. Die Vorübungen bei anderen Disziplinen sind bekannt . . . Geometer fallen auch nicht vom Himmel

Denken wir noch einmal über Geraden in der Ebene nach, die in einer Tangentialebene auf einer dreidimensionalen Kugel liegen. Zu jeder Geraden betrachten wir die Ebene, die diese Gerade enthält und die durch den Mittelpunkt der Kugel verläuft. Wir verwenden für einen Kreis die Bezeichnung *Rand einer zweidimensionalen Kugel*. Dann haben wir die folgende Formulierung. Jede Gerade in der Ebene definiert den Rand einer zweidimensionalen Kugel auf dem Rand der dreidimensionalen Kugel. Eine Dimension höher: Jede Ebene im Raum definiert den Rand einer dreidimensionalen Kugel auf dem Rand einer vierdimensionalen Kugel.

5.6 Polyeder mit nur einem Facettentyp

Die platonischen Körper hatten nur einen Facettentyp. Zusätzlich waren geometrische Symmetrien im Spiel. Polyeder mit geometrischen Symmetrien, die jede Facette auf jede andere Facette abbilden (der englische Begriff dafür ist *isohedral*), haben natürlich nur einen Facettentyp. Wenn bei einem Polyeder nicht notwendig solche geometrischen Symmetrien vorliegen, aber dennoch nur ein Facettentyp existiert, dann gibt es dazu den englischen Begriff *equifacetted*. Shephard schreibt in seiner Arbeit im Jahre 2008 [5]: *The problem of determining whether a given combinatorial type of a (d-1)-polytope can, or cannot, occur as the facet of an equifacetted d-polytope has interested mathematicians for at least half a century.* Ein *d*-Polytop, also ein d-dimensionales konvexes Polyeder war in unserem Fall ein denkbares vierdimensionales konvexes Polyeder, und der kombinatorische Typ des dreidimensionalen konvexen Polyeders betraf die Randstruktur des Polyeders von Dürer.

Kap. 8 über reguläre Karten betrifft zellzerlegte Flächen mit nur einem Polygontyp für die Zellen. Dieses Kapitel betrifft also die Verallgemeinerung auf nichtkonvexe dreidimensionale Polyeder mit nur einem Facettentyp. Das Kapitel über platonische Körper hatte z.B. das Ziel, auch die vierdimensionalen Verallgemeinerungen zu beschreiben. Dies waren ebenfalls Polyeder mit nur einem Facettentyp. Das 240-Zell hatte ebenfalls nur einen Facettentyp, es waren 240 Pyramiden über einem Fünfeck.

Literatur

1. Bokowski, J.: Computational oriented matroids. Equivalence Classes of Matrices within a Natural Framework. Cambridge University Press (2006)
2. Bokowski, J., Schuchert, P.: Equifacetted 3-Spheres as Topes of Nonpolytopal Matroid Polytopes. Discrete Comput Geom 13: 347 (1995) doi: 10.1007/BF02574049
3. Lynch, T.: The geometric body in Dürers engraving *Melencolia I*. Journal of the Warburg and Courtauld Institutes 45:226-232 (1982) doi: 10.2307/750979
4. Schuster, P. K.: *Melencolia I*, Dürers Denkbild. 2 Bände, Berlin (1991)
5. Shephard, G. C.: Equifetted 4-Polytopes. European Journal of Combinatorics, Volume 29, Issue 8, pp. 1945-1951 (2008) doi:10.1016/j.ejc.2008.01.019

Kapitel 6
Symmetrien und Permutationsgruppen

Zusammenfassung Im Kapitel über Konfigurationen spielte die Symmetrie einer Gruppe der Ordnung 51.840 eine Rolle, und im Kapitel über reguläre Karten treffen wir auf eine Gruppe der Ordnung 1.008. Symmetrien erleben wir in vielen Lebensbereichen, und die Mathematik liefert dafür präzise Begriffsbildungen. Wir erklären in diesem Kapitel den Gruppenbegriff und beschreiben Symmetrien durch Permutationsgruppen. Offene oder jüngst gelöste Probleme in der Geometrie sprechen wir in diesem Kapitel nicht an, aber Problemstellungen aus der Geometrie sind durch ein Verständnis des Gruppenbegriffs besser zu würdigen. Wir beginnen mit einem regulären 5-Eck und erklären daran zunächst den Begriff einer zyklischen Gruppe und den Begriff einer Dieder-Gruppe. Die eigentlichen und uneigentlichen Bewegungen, die einen platonischen Körper in sich überführen, bilden ebenfalls eine Gruppe. Wir geben Permutationsgruppen an, die diese Symmetrien platonischer Körper beschreiben, und definieren Begriffe wie Spurdreieck, Fahne, Petrie-Polygon und Schläfli-Symbol.

6.1 Die Symmetriegruppe des regulären Fünfecks

Für den mathematischen Begriff einer Gruppe hat jeder Leser seit der Grundschule ein erstes Beispiel parat. Wenn die Menge der ganzen Zahlen $\mathbb{Z}$ bekannt ist, dann bildet man aus einem Paar ganzer Zahlen deren Summe, also wieder eine ganze Zahl. Wenn wir im Folgenden von einer Menge M sprechen, dann könnte man dabei an die Menge $\mathbb{Z}$ der ganzen Zahlen denken. Wenn wir im Folgenden aus zwei Elementen a und b aus der Menge M ein neues Element bilden nach der Vorschrift *mit*, dann könnte man dabei statt an das Wort *mit* an das Zeichen $+$ denken.

Wir formulieren aber abstrakt den mathematischen Begriff einer Gruppe, den wir von der Addition natürlicher Zahlen kennen. Wir betrachten eine Menge M und ein Verfahren *mit*, also ein Paar (M, mit), das aus zwei Elementen (m_1, m_2) aus M stets eine neues Element m_1 *mit* m_2 aus M erzeugt. Es soll ein Element n aus M geben, das bei dem Verfahren das andere Element nicht verändert, d.h., es gilt für alle Elemente m aus M m *mit* $n = m$. Wenn wir zu drei Elementen aus M m_1, m_2, m_3 ein neues Element durch

Zusatzmaterial online
Zusätzliche Informationen sind in der Online-Version dieses Kapitel (https://doi.org/10.1007/978-3-662-61825-7_6) enthalten.

$(m_1 \ mit \ m_2) \ mit \ m_3$ bzw. durch $m_1 \ mit \ (m_2 \ mit \ m_3)$ bilden, dann sollen sich diese beiden Ergebnisse nie unterscheiden. Für jedes Element m aus M soll es ein Element (mm) aus M geben, sodass $m \ mit \ (mm) = n$ gilt. Als erstes Beispiel wählen wir für M die Menge der ganzen Zahlen, und für das Verfahren mit wählen wir die uns bekannte Addition. Dann ist n = null und mm = -m

Als zweites Beispiel wählen wir die Menge aller Drehungen eines Kreises um seinen Mittelpunkt. Aus zwei Drehungen (a,b) soll eine Drehung entstehen, die die Nacheinanderausführung (erst Drehung a) mit (danach Drehung b) beider Drehungen bewirkt. Bei diesem Beispiel ist n = Drehung um null Grad und mm = Drehung so weit, wie es die Rückdrehung bewirken würde.

Für unser drittes Beispiel wählen wir für M die fünf Drehungen des regulären Fünfecks im Uhrzeigersinn um den Mittelpunkt, sodas das Fünfeck, vgl. Abb. 6.1 (ohne Berücksichtigung der markierten Ecken), wieder in die gleiche Lage kommt. Das Verfahren mit ist wieder die Nacheinanderausführung beider Drehungen. Wir stellen auch in diesem Fall fest, die oben angegebenen Bedingungen für eine Gruppe sind erfüllt. Das Element n ist die Drehung um null Grad, und mm ist wieder eine Drehung, die der Rückdrehung entsprechen würde, aber wir drehen ja nur im Uhrzeigersinn vorwärts. Wir haben in diesem Fall eine endliche Gruppe. Man nennt sie zyklische Gruppe $\mathbb{Z}_5$.

Diese zyklische Gruppe lässt sich auch durch Permutationen beschreiben. Bei einer Drehung um null Grad schreiben wir für die Permutation: ().

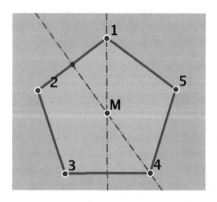

Abbildung 6.1 Die Symmetriegruppe eines regulären Fünfecks wird z.B. erzeugt durch eine Drehung um 72 Grad um den Mittelpunkt und durch eine Spiegelung an einer Geraden durch Mittelpunkt und Eckpunkt des Fünfecks. Die möglichen neuen Positionen durch Symmetrietransformationen lassen sich durch Permutationen der Ecken beschreiben

Wir haben schon in Kap. 2 bei der Cremona-Richmond-Konfiguration in der Abb. 2.25 eine zyklische Symmetrie eines Fünfecks angetroffen und diese Symmetrie durch eine Permutation der Ecken beschrieben. Wenn wir es nur mit einem regulären Fünfeck zu tun haben, dann gibt es zusätzlich Spiegelungen an Geraden, die dieses Fünfeck in sich selbst überführen. Diese Drehungen und die Spiegelungen, auch in beliebiger Weise nacheinander ausgeführt, bilden eine endliche Anzahl von Decktransfomationen.

Die Menge der so entstehenden Decktransformationen des Fünfecks kann dadurch beschrieben werden, dass man eine Drehung um 72 Grad beschreibt durch
1 geht über in 2, 2 geht über in 3, 3 geht über in 4, 4 geht über in 5, 5 geht über in 1 oder kurz durch $(1, 2, 3, 4, 5)$.

Eine Spiegelung des Fünfecks an der Geraden durch 1 und M wird beschrieben durch

2 geht über in 5, 5 geht über in 2, 3 geht über in 4, 4 geht über in 3
oder kurz durch $(2,5)(3,4)$.

Es gibt insgesamt zehn verschiedene Decktransformationen, die identische Abbildung, beschrieben durch (), zählt dabei mit. Neben der Drehung (1,2,3,4,5) gibt es die Drehung um zwei Schritte (1,3,5,2,4), die Drehung um drei Schritte (1,4,2,5,3) und schließlich die Drehung um vier Schritte oder die Rückdrehung (1,5,4,3,2). Die möglichen fünf Spiegelungen werden beschrieben durch (2,5)(3,4), (1,3)(4,5), (1,5)(2,4), (1,2)(3,5) und (1,4)(2,3).

Für diese Decktransformationen erklärt man eine Multiplikation, d.h. die Hintereinanderausführung zweier Decktransformationen. Das Produkt (1,2,3,4,5) * (2,5)(3,4) liefert dann (1,5)(2,4), denn erst wendet man die erste Permutation an und danach die zweite:
1 geht über in 2, danach geht 2 über in 5, 2 geht über in 3, danach geht 3 über in 4,
3 geht über in 4, danach geht 4 über in 3, 4 geht über in 5, danach geht 5 über in 2,
5 geht über in 1, danach bleibt 1 fest. Für das Resultat schreibt man die Permutation
(1,5)(2,4).
Diese Decktransformationen des regulären Fünfecks mit der Hintereinanderausführung der Decktransfomationen als Multiplikation bezeichnet man als zugehörige Dieder-Gruppe. Für ein reguläres n-Eck ist die Begriffsbildung völlig analog, und wir müssen die allgemeine Fassung nicht noch einmal notieren.

Zu meiner Studentenzeit hätte man die Permutationsgruppen, die durch Nacheinanderausführungen der erzeugenden Elemente entstehen, per Hand bestimmt. Im Falle der Dieder-Gruppe des Fünfecks ist auch die Handbearbeitung nicht aufwendig, aber es ist gut, wenn man die automatische Erstellung überprüfen kann. Wir nutzen die inzwischen verfügbare Computerunterstützung. Im Falle von Gruppenoperationen gibt es ein ursprünglich an der Technischen Hochschule in Aachen entwickeltes Programmsystem GAP. Die Abkürzung GAP steht für Groups, Applications, Programming [4]. Diese Software ist frei verfügbar. Der Prompt erscheint als gap>.

Wir verwenden dabei ein anderes Paar von Decktransfomationen des Fünfecks. Wir betrachten nur zwei Spiegelungen, so wie wir sie danach auch für alle platonischen Körper einsetzen werden. In Abb. 6.1 werden diese beiden Spiegelungen durch die strichpunktierten beiden roten Geraden angegeben.

gap> a:=(1,2)(3,5); a ist das 1. erzeugende Element der Gruppe
(1,2)(3,5)

gap> b:=(2,5)(3,4); b ist das 2. erzeugende Element der Gruppe
(2,5)(3,4)

gap> D5:=Group(a,b); D5 = die Gruppe, die von a und b erzeugt wird.
Group([(1,2)(3,5), (2,5)(3,4)])

gap> Elements(D5); die Elemente der Gruppe sollen ausgegeben werden
[(), (2,5)(3,4), (1,2)(3,5), (1,2,3,4,5), (1,3)(4,5),
(1,3,5,2,4), (1,4)(2,3), (1,4,2,5,3), (1,5,4,3,2), (1,5)(2,4)]

gap> Size(D5); Wie viele Elemente hat die Dieder-Gruppe D5?
10

Sie hat die zehn obigen Elemente. Das Element (1,2,3,4,5) erhält man durch b*a, denn $(2,5)(3,4)*(1,2)(3,5) = (1,2,3,4,5)$.

6.2 Die Symmetriegruppe des regulären Tetraeders

Um die Symmetriegruppe des regulären Tetraeders zu beschreiben, möchten wir mit einem Bild des Tetraeders starten. Es soll eine senkrechte Projektion des Tetraeders darstellen, wir wollen die Eckpunkte bezeichnen. Dann soll das Lot von einem Eckpunkt des Tetraeders auf die gegenüberliegende Dreiecksseite gefällt und der Lotfußpunkt als Mittelpunkt der Seite eingezeichnet werden. Danach wählen wir eine Kante des gegenüberliegenden Dreiecks und fällen auch das Lot vom ausgehenden Eckpunkt auf diese Kante. Wir markieren den Lotfußpunkt und wählen eine Ecke dieser Kante. Der Mittelpunkt des Tetraeders, die beiden Lotfußpunkte und der zuletzt gewählte Eckpunkt bilden ein Tetraeder. Die Seitenflächen dieses (kleineren) Tetraeders, die den Mittelpunkt des Ausgangstetraeders als Eckpunkt besitzen, definieren drei Ebenen, an denen wir das Ausgangstetraeder spiegeln können. Jede dieser drei Spiegelungen ergeben wieder das Ausgangstetraeder nach der Spiegelung. Das sind drei wichtige Symmetrien, für die wir aufschreiben wollen, wie sich die Eckennotation dabei verändert. Die Zeichnung dazu liefert Abb. 6.2.

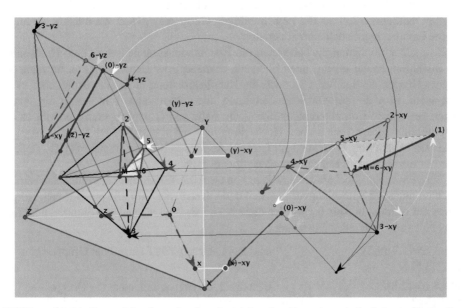

Abbildung 6.2 Die Konstruktion der senkrechten Projektion eines Tetraeders mit der Software Cinderella, um die erzeugenden Elemente der Symmetriegruppe darzustellen

Wir beschreiben hier ausführlich, wie diese Abbildung entstanden ist. In anderen Kapiteln haben wir dieses Verfahren für Abbildungen dreidimensionaler Objekte ebenfalls benutzt, und obgleich es viele Programme gibt, die es ermöglichen, dreidimensionale Polyeder zu erstellen, ist doch auch immer ein erheblicher Aufwand damit verbunden, bis man sich mit der Befehlsstruktur des jeweiligen Programmes auskennt. Wir möchten die Konstruktion des Ausgangstetraeders mit dem inneren kleineren Tetraeder mit der Zeichensoftware Cinderella beschreiben. Wir erklären das Vorgehen und erwarten vom interessierten Leser, dass er sich zunächst gAbb. 6.3 dabei als eine räumliche Situation vorstellt.

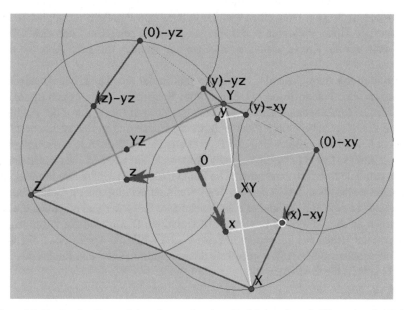

Abbildung 6.3 Beginn der Konstruktion einer senkrechten Projektion eines dreidimensionalen Polyeders mit der Software Cinderella

Wir betrachten ein räumliches Koordinatensystem mit einem dicken roten Einheitsvektor in x-Richtung, einem dicken grünen Einheitsvektor in y-Richtung und einem dicken blauen Einheitsvektor in z-Richtung. Den Ursprung O dieses Koordinatensystems denken wir uns hinter (!) dem grünen Dreieck. Daher sind die Pfeile, die die Einheitsvektoren in x-,y- und z-Richtung darstellen, gestrichelt, also unsichtbar hinter dem grünen Dreieck gezeichnet. Wir denken uns zusätzlich, dass die drei Koordinatenachsen unsere Zeichenebene in den jeweiligen Eckpunkten X,Y und Z schneiden. Dadurch ist unser grünes Dreieck entstanden. Wir nennen es Spurdreieck. Wir hatten beim Zeichnen mit diesen drei Punkten X,Y und Z begonnen. Da wir ja unsere Koordinatenachsen (und unsere zu zeichnenden Objekte) senkrecht auf unsere Zeichenebene projizieren, muss der Ursprung O nach der Projektion unserer Raumpunkte im Schnittpunkt der Höhen des Spurdreiecks liegen. O ließ sich also als Schnittpunkt zweier zu Kanten des Spurdreiecks senkrechter Geraden ermitteln. Damit waren die Richtungen von x-Achse, y-Achse und z-Achse nach der Projektion in die Zeichenebene bekannt. Wir drehen jetzt die xy-Ebene im Raum um die gelbe Kante des Spurdreiecks, sodass der Ursprung im Raum in den Punkt (O)-xy übergeht. Der in die Ebene projizierte Ursprung verläuft bei der Drehung entlang der gelben Geraden und endet in der Zeichenebene, wenn der Thales-Kreis über der gelben Kante des Spurdreiecks mit Mittelpunkt XY erreicht ist. Damit haben wir die xy-Ebene in wahrer Gestalt zur Verfügung. Die Einheitsvektoren von (O)-xy nach (x)-xy und von (O)-xy nach (y)-xy können im gleichen Abstand von (O)-xy eingetragen werden. Jetzt klappen wir auch die yz-Ebene um die hellbraune Kante des Spurdreiecks in die gezeichnete Lage um. Damit sind auch dort die Einheitsvektoren von (O)-yz nach (y)-yz und von (O)-yz nach (z)-yz einzutragen. Die gelben und die hellbraunen Parallelen ermöglichen uns, die Endpunkte der Einheitsvektoren in der Ausgangslage zu zeichnen. Nach dieser Vorbereitung können wir die Kreise unsichtbar machen und wenden uns nach Abb. 6.3 der Abb. 6.2 zu.

Wir starten mit dem Grundriss des Tetraeders in der xy-Ebene. Die Abstände der y-Koordinaten aller Punkte in der xy-Ebene vom Spurpunkt Y, dem Schnittpunkt der y-Achse mit der Zeichenebene, kann man durch Kreisbögen für die Lage der Punkte in der yz-Ebene übertragen. Wenn die Punkte in der xy-Ebene und in der yz-Ebene festgelegt sind, dann bewegt man gedanklich alle Punkte aus diesen Ebenen in die räumliche Ausgangslage zurück. Dabei bewegen sich alle Punkte auf Kreisbögen, die aber in der Zeichnung als parallele Strecken erscheinen. Die Punkte, die durch senkrechte Projektion in die Zeichenebene entstehen, liegen dann in den jeweiligen Schnittpunkten dieser Strecken.

Wir sehen in Abb. 6.2 das kleine blau gezeichnete Tetraeder und erkennen die Spiegelungsebenen an ihm, die den Mittelpunkt M enthalten. Damit sind die zugehörigen Permutationen der Ecken des Tetraeders mit den Ecken 1,2,3 und 4 erkennbar, die zu diesen Spiegelungsebenen gehören. Wir geben sie dem Programm GAP ein. Rechts des Semikolons steht jeweils die GAP-Ausgabe.

gap> p1:=(1,3);   (1,3)

gap> p2:=(2,4);   (2,4)

gap> p3:=(3,4);   (3,4)

gap> Tetra:=Group(p1,p2,p3);   Group([(1,3), (2,4), (3,4)])

gap> Elements(Tetra);

[(), (3,4), (2,3), (2,3,4), (2,4,3), (2,4), (1,2), (1,2)(3,4), (1,2,3), (1,2,3,4), (1,2,4,3), (1,2,4), (1,3,2),

(1,3,4,2), (1,3), (1,3,4), (1,3)(2,4), (1,3,2,4), (1,4,3,2), (1,4,2), (1,4,3), (1,4), (1,4,2,3), (1,4)(2,3)]

gap> Size(Tetra);   24

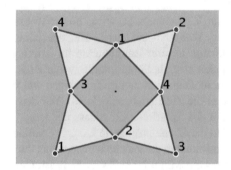

Abbildung 6.4 Die Permutation (1,3,2,4) beschreibt eine Symmetrie des Tetraeders. Die Rotation jeweils um 90 Grad um den Mittelpunkt in der Figur erzeugt eine Rotation aller vier Dreiecke des Tetraeders, obwohl das keiner entsprechenden Rotation des Tetraeders entspricht

Wir haben die Symmetriegruppe des Tetraeders bestimmt. Sie hat 24 Elemente. Die Symmetrien, die durch die Permutationen (1,2,3,4), (1,2,4,3), (1,3,4,2), (1,3,2,4), (1,4,3,2) und (1,4,2,3) beschrieben wurden, sind evtl. überraschend? Wir greifen das Beispiel (1,3,2,4) heraus und zeigen dazu Abb. 6.4.

6.3 Die Symmetriegruppe des dreidimensionalen Würfels

Wir betrachten jetzt in Abb. 6.5 erneut den Würfel aus Kap. 4, um über dessen Symmetrien nachzudenken. Wir bestimmen den Lotfußpunkt L_F vom Mittelpunkt M des Würfels auf die Facette mit den Ecken $1, 2, 3, 4$ und den Lotfußpunkt L_K vom Mittelpunkt M des Würfels auf die Kante mit den Ecken $1, 2$ dieser Facette und wir wählen die Ecke 1 der gewählten Kante. Dann bilden diese eben angesprochenen vier Punkte $M, L_F, L_K, 1$ ein Tetraeder, und die Seitenflächen dieses Tetraeders, die den Mittelpunkt M enthalten, definieren drei Ebenen, an denen sich der Würfel spiegeln lässt, sodass er wieder in sich übergeht.

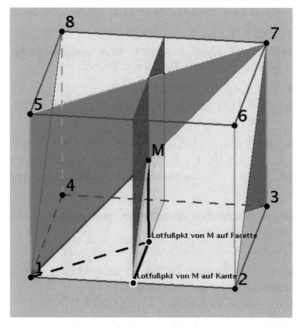

Abbildung 6.5 Die drei Spiegelungen an den hier gezeigten durch M verlaufenden Ebenen erzeugen die Symmetriegruppe des Würfels

Diese drei Spiegelungen können wir durch die Permutationen der Ecken beschreiben. Für die rote Ebene erhalten wir die Permutation $p_1 = (1,2)(3,4)(5,6)(7,8)$. Für die blaue

Spiegelungsebene erhalten wir die Permutation $p_2 = (2,4)(6,8)$. und für die grüne Spiegelungsebene erhalten wir die Permutation $p_3 = (3,6)(4,5)$.

Es stellt sich heraus, dass alle Decktransformationen des Würfels durch (evtl. mehrfache) Nacheinanderausführungen dieser speziellen drei Spiegelungen entstehen. Man spricht von der Gruppe der Decktransfomationen. Jede Decktransformation wurde durch eine Permutation der Ecken des Würfels beschrieben. Wir haben eine Permutationsgruppe zur Beschreibung der Decktransformationen.

Die erzeugenden Permutationen wurden jeweils in einer Zeile eingegeben, und das Ergebnis wurde in der nächsten Zeile zurückgegeben. Wir schreiben das Ergebnis noch in dieselbe Zeile nach dem Semikolon. Die Symmetriegruppe des Würfels hat insgesamt 48 Elemente.

```
gap> p1:=(1,2)(3,4)(5,6)(7,8);      (1,2)(3,4)(5,6)(7,8)
gap> p2:=(2,4)(6,8);                (2,4)(6,8)
gap> p3:=(3,6)(4,5);                (3,6)(4,5)
gap> cube:=Group(p1,p2,p3);         Group([ (1,2)(3,4)(5,6)(7,8), (2,4)(6,8), (3,6)(4,5) ])
gap> Elements(cube);                ...
```

Die Software GAP gab die Elemente nicht sortiert aus.

Wir sortieren sie aber wie folgt. Die Klammer () bedeutet die Identität, alle Elemente bleiben fest, d.h., der Würfel wird bei dieser Transformation nicht bewegt.

Die Elemente $(3,6)(4,5),(2,4)(6,8),(2,5)(3,8),(1,3)(5,7),(1,6)(4,7),(1,8)(2,7)$ beschreiben die Decktransformationen, bei denen sechs Spiegelungsebenen auftreten, bei denen jeweils zwei gegenüberliegende Kanten fest bleiben.

Die Elemente $(2,4,5)(3,8,6),(2,5,4)(3,6,8),(1,3,6)(4,7,5),(1,3,8)(2,7,5)$ und die Elemente $(1,6,3)(4,5,7),(1,6,8)(2,7,4),(1,8,6)(2,4,7),(1,8,3)(2,5,7)$ beschreiben Drehungen um eine Raumdiagonale des Würfels.

Die Elemente $(1,2,3,4)(5,6,7,8),(1,2,6,5)(3,7,8,4),(1,4,3,2)(5,8,7,6)$ und die Elemente $(1,4,8,5)(2,3,7,6),(1,5,6,2)(3,4,8,7),(1,5,8,4)(2,6,7,3)$ beschreiben Drehungen um 90 Grad, bei denen die Drehachse durch die Mittelpunkte gegenüberliegender Seiten verläuft.

Die folgenden Elemente beschreiben Spiegelungen an Ebenen durch den Mittelpunkt, die parallel zu Seitenflächen verlaufen:
$(1,2)(3,4)(5,6)(7,8),(1,4)(2,3)(5,8)(6,7),(1,5)(2,6)(3,7)(4,8)$.

Die folgenden Elemente beschreiben Drehungen um 180 Grad um Geraden, die durch Mittelpunkte gegenüberliegender Seiten verlaufen:
$(1,3)(2,4)(5,7)(6,8),(1,6)(2,5)(3,8)(4,7),(1,8)(2,7)(3,6)(4,5)$.

Die folgenden Elemente beschreiben eine 180-Grad-Drehung längs einer Drehachse, die durch die Mittelpunkte zweier gegenüberliegender Kanten verläuft:
$(1,7)(2,3)(4,6)(5,8),(1,7)(2,6)(3,5)(4,8),(1,7)(2,8)(3,4)(5,6)$ und
$(1,2)(3,5)(4,6)(7,8),(1,4)(2,8)(3,5)(6,7),(1,5)(2,8)(3,7)(4,6)$.

Das folgende Element beschreibt die Spiegelung aller Eckpunkte am Mittelpunkt des Würfels: $(1,7)(2,8)(3,5)(4,6)$. Das ist eine uneigentliche Decktransformation.

Es gibt noch Elemente, bei denen die Richtung einer Achse durch gegenüberliegende Ecken gewechselt und bei der um diese Achse noch gedreht wird:
$(1,7)(2,3,4,8,5,6),(1,7)(2,6,5,8,4,3),(1,2,3,7,8,5)(4,6),(1,5,8,7,3,2)(4,6)$ und
$(1,2,6,7,8,4)(3,5),(1,4,8,7,6,2)(3,5),(1,5,6,7,3,4)(2,8),(1,4,3,7,6,5)(2,8)$.

Schließlich gibt es die Elemente, bei denen die Eckpunkte des Tetraeders mit den vier Ecken $1,3,6,8$ alle seine vier Eckpunkte behalten, aber jeden Punkt verändern:
$(1,3,8,6)(2,4,7,5),(1,3,6,8)(2,7,5,4),(1,6,8,3)(2,5,7,4)$ und
$(1,6,3,8)(2,7,4,5),(1,8,6,3)(2,4,5,7),(1,8,3,6)(2,5,4,7)$.

Für die erste Permutation dieser Serie haben wir in Abb. 6.6 eine zugehörige Darstellung angegeben, die die Symmetrie der Ordnung offenbart, obwohl die Quadrate nicht in ihrer Gestalt angegeben sind. Das ist eine gute Vorübung, um die hohen Symmetrien bei den regulären Karten in Kap. 8 zu erkennen.

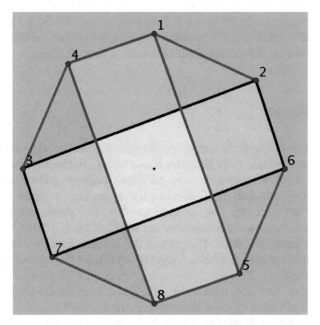

Abbildung 6.6 Die Permutation $(1,3,8,6)(2,4,7,5)$ erkennt man nicht sofort als eine Symmetrie. Daher ist diese Darstellung sicher überzeugend. Die sechs Quadrate sind nicht als Quadrate gezeichnet, aber die Symmetrie der Ordnung 4 ist erkennbar. Wir hatten bereits beim Tetraeder diese Symmetrie gesehen, vgl. Abb. 6.4

6.4 Die Fahne einer zellzerlegten geschlossenen Fläche

Wir erklären noch, was wir unter einer Fahne des Würfels (oder allgemeiner: der Fahne einer zellzerlegten Fläche) verstehen wollen. Mathematiker sprechen von einem Paar, (a,b), einem Tripel, (a,b,c) oder einem Quadrupel (a,b,c,d) usw. Von einer *Fahne einer zellzerlegten Fläche* sprechen wir, wenn wir ein Tripel (a,b,c) haben, bei dem a eine Seite der Fläche ist, b eine Kante dieser Seite a ist und schließlich c eine Ecke der Kante b ist. Ein Beispiel wäre die Seite a = $\{1,2,3,4\}$ des Würfels, bezeichnet durch die Ecken $1,2,3,4$ der Seite, mit der Kante b = $\{1,2\}$ und der Ecke $\{1\}$. Wir schreiben dafür das abstrakte Tripel $(\{1,2,3,4\},\{1,2\},\{1\})$. Wie viele verschiedene Fahnen hat der Würfel? Wir haben sechs Seiten, jede Seite hat vier Kanten, eine Kante hat zwei Eckpunkte. Der Würfel hat also $6 \times 4 \times 2 = 48$ verschiedene Fahnen. Die Anzahl der Decktransformationen des Würfels ist ebenfalls 48. Es überrascht daher nicht, wenn wir ohne weitere Begründung vermerken, dass man beim Würfel zu jedem Paar zweier Fahnen eine Decktransformation findet, die die erste Fahne dieses Paares auf die zweite Fahne abbildet. Diese Eigenschaft des Würfels, man nennt sie *Fahnentransitivität*, wird uns bei einer wichtigen Verallgemeinerung der platonischen Körper auf reguläre Karten in Kap. 8 begegnen.

6.5 Petrie-Polygone

Wenn wir bei einem Polyeder die Kante einer Seite S_a in einer Richtung durchlaufen, dann können wir auf der anderen Seite S_b dieser Kante entlang der nachfolgenden Kante weiterlaufen. Wenn wir dann wieder die Seite der Kante wechseln und entlang der nächsten Kante der neuen Seite laufen, dann entsteht ein Polygon aus endlichen vielen Strecken. Wir kommen irgendwann zum Ausgangspunkt zurück. Wir nennen ein solches Polygon ein *Petrie-Polygon*. Petrie war ein Jugendfreund von Coxeter, und Coxeter hat ihm zu Ehren diese Bezeichnung eingeführt. Die Anzahl der Kanten eines Petrie-Polygons ist bei den platonischen Körpern in den Abbildungen 6.7, 6.8 und 6.9 zu erkennen. Als Schläfli-Notation für das reguläre Tetraeder, wenn man auch auf die Information über die Länge des Petrie-Polygons Wert legt, schreibt man $\{3,3\}_4$, d.h., er hat nur Dreiecke als Seitenflächen, jeweils drei stoßen an einer Ecke zusammen, und die Länge des Petrie-Polygons ist 4. Für den Würfel haben wir die Schläfli-Notation $\{4,3\}_6$, für das Oktaeder $\{3,4\}_6$, für das Dodekaeder $\{5,3\}_{10}$ und für das Ikosaeder $\{3,5\}_{10}$.

6.6 Die Symmetriegruppe des Oktaeders

Wenn wir uns an das eingezeichnete Oktaeder im Würfel erinnern, dann erkennen wir, dass mit jeder Decktransfomation des Würfels auch das eingezeichnete Oktaeder in sich übergeht. Die geometrische Symmetriegruppe des Oktaeders stimmt also mit der des Würfels überein. Das Oktaeder hat acht Seitenflächen. Jede Seitenfläche hat drei Kanten, und die Kante hat wieder zwei Eckpunkte. Die Anzahl der Fahnen des Oktaeders ist ebenfalls

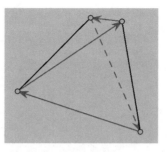

Abbildung 6.7 Das Petrie-Polygon des Simplex der Länge 4

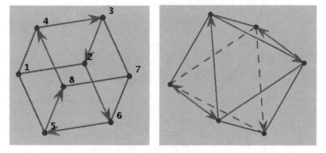

Abbildung 6.8 Die Petrie-Polygone von Würfel und Oktaeder der Länge 6

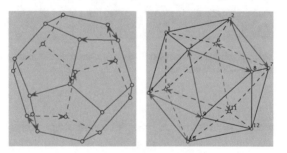

Abbildung 6.9 Die Petrie-Polygone von Dodekaeder und Ikosaeder der Länge 10

48. Damit ist es wieder gut denkbar, dass auch das Oktaeder die Eigenschaft hat, fahnen-transitiv zu sein. In der Tat haben sogar alle platonischen Körper eine fahnentransitive Symmetriegruppe.

Wir wiederholen den Vorgang noch einmal für das Oktaeder, vgl. Abb. 6.10. Das Te-traeder durch Wahl einer Seite, eine Kante dieser Seite und einer Ecke dieser Kante ist wieder der Beginn, um die erzeugenden Elemente der Symmetriegruppe zu finden. Wir finden wieder die Ebenen durch M, die durch Facetten des Tetraeders definiert sind. Dar-aus ergeben sich die erzeugenden Elemente der Symmetriegruppe des Oktaeders.

$q_1 = (2,4)$, $q_2 = (2,5)(3,4)$ und $q_3 = (1,2)(4,6)$.

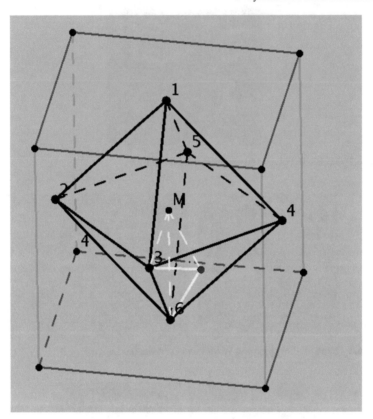

Abbildung 6.10 Die drei Spiegelungen an den durch *M* verlaufenden Seitenflächen des gelben Tetraeders erzeugen die Symmetriegruppe des Oktaeders

Die Eingaben für das GAP-Programm links des Semikolons, rechts die Ergebnisse:

gap> q1:=(2,4);   (2,4)

gap> q2:=(2,5)(3,4);   (2,5)(3,4)

gap> q3:=(1,2)(4,6);   (1,2)(4,6)

gap> okt:=Group(q1,q2,q3);   Group([(2,4), (2,5)(3,4), (1,2)(4,6)])

gap> Elements(okt);

[(), (3,5), (2,3)(4,5), (2,3,4,5), (2,4), (2,4)(3,5), (2,5,4,3), (2,5)(3,4), (1,2)(4,6), (1,2)(3,5)(4,6),
(1,2,3)(4,5,6), (1,2,3,6,4,5), (1,2,5,6,4,3), (1,2,5)(3,6,4), (1,2,6,4), (1,2,6,4)(3,5), (1,3,2)(4,6,5),
(1,3,4,6,5,2), (1,3)(5,6), (1,3,6,5), (1,3)(2,4)(5,6), (1,3,6,5)(2,4), (1,3,2,6,5,4), (1,3,4)(2,6,5),
(1,4,6,2), (1,4,6,2)(3,5), (1,4,5,6,2,3), (1,4,5)(2,3,6), (1,4,3)(2,5,6), (1,4,3,6,2,5), (1,4)(2,6),
(1,4)(2,6)(3,5), (1,5,4,6,3,2), (1,5,2)(3,4,6), (1,5,6,3), (1,5)(3,6), (1,5,6,3)(2,4), (1,5)(2,4)(3,6),
(1,5,4)(2,6,3), (1,5,2,6,3,4), (1,6), (1,6)(3,5), (1,6)(2,3)(4,5), (1,6)(2,3,4,5), (1,6)(2,4),
(1,6)(2,4)(3,5), (1,6)(2,5,4,3), (1,6)(2,5)(3,4)]

6.7 Die Symmetriegruppe von Ikosaeder und Dodekaeder

Die Bezeichnung Ikosaeder bedeutet 20-Flächner, d.h. ein Polyeder mit 20 Flächen, aber man meint in der Regel damit den platonischen Körper mit der hohen Symmetrie mit 20 regulären Dreiecken. In Abb. 6.11 wurde wieder vom Mittelpunkt M das Lot auf eine Facette gefällt mit dem Lotfußpunkt LF. Das Lot auf eine Kante dieser Facette ergab den Lotfußpunkt LK. Das Tetraeder mit den Eckpunkten M, LF, LK und 3 definiert die rote Ebene, die gelbe Ebene und die lila Ebene, gebildet durch die Seiten dieses Tetraeders, die den Punkt M enthalten.

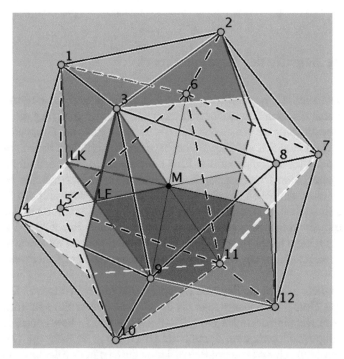

Abbildung 6.11 An den eingezeichneten Ebenen in Rot, Gelb und Lila geht das Ikosaeder wieder in sich über. Diese Spiegelungen erzeugen die Symmetriegruppe des Ikosaeders, und zu jeder weiteren Fahne gibt es eine geeignete Folge solcher Spiegelungen, die die Ausgangsfahne in die weitere Fahne abbildet

Die erzeugenden Permutationen für die Symmetriegruppe des Ikosaeders sind leicht aus Abb. 6.11 zu entnehmen und dem GAP-Programm einzugeben. Die rote Ebene liefert durch die Spiegelung an ihr die Permutation (2,5)(3,4)(7,11)(8,10), die gelbe Ebene liefert durch die Spiegelung an ihr die Permutation (1,9)(2,8)(5,10)(6,12), und die lila Ebene liefert durch die Spiegelung an ihr die Permutation (1,8)(4,9)(5,12)(6,7).

gap> p1:=(2,5)(3,4)(7,11)(8,10);   (2,5)(3,4)(7,11)(8,10)

gap> p2:=(1,9)(2,8)(5,10)(6,12);   (1,9)(2,8)(5,10)(6,12) gap> p3:=(1,8)(4,9)(5,12)(6,7);   (1,8)(4,9)(5,12)(6,7)

gap> Dode:=Group(p1,p2,p3);

   Group([(2,5)(3,4)(7,11)(8,10), (1,9)(2,8)(5,10)(6,12), (1,8)(4,9)(5,12)(6,7)])

gap> Size(Dode);   120,

d.h., die Symmetriegruppe hat 120 Elemente, die wir nicht interpretieren.

gap> Size(ConjugacyClassesSubgroups(Dode));   22,

d.h., es gibt 22 wesentlich verschiedene Untergruppen.

   Wie bei dem dualen Paar (Würfel, Oktaeder) erhalten wir für das Dodekaeder dieselbe Symmetriegruppe.

6.8 Weitere Begriffe der Gruppentheorie

Für einen mathematisch vorgebildeten Leser waren die bisherigen Begriffe sicher sehr einfach. Wer aber mit dem Gruppenbegriff nicht vertraut war, dem mag die bisherige Betrachtung schon zu komplex erschienen sein? Weitere Begriffe der Gruppentheorie wären wünschenswert im Hinblick auf Kap. 8 über reguläre Karten. Dort haben wir es mit Beispielen von *einfachen Gruppen* zu tun. Eine einfache Gruppe ist definitionsgemäß eine Gruppe, die unter ihren Untergruppen keinen nichttrivialen Normalteiler besitzt. Daher kann man bei einer einfachen Gruppe keine nichttrivialen Faktorgruppen bilden. Einfache Gruppen sind wichtige Bausteine in der Gruppentheorie. Seit 1982 sind die endlichen einfachen Gruppen vollständig klassifiziert. Stop! Ich stelle erneut fest: Viele Teile der Mathematik sind nicht leicht zu vermitteln. Für Interessenten an Problemen aus der Gruppentheorie verweise ich auf das Buch von John D. Dixon mit dem Titel *Problems in group theory* [3].

   In zwei Kapiteln geht es um Symmetriegruppen sehr hoher Symmetrie. Die Anzahl der Elemente einer Gruppe bezeichnet man als die *Ordnung einer Gruppe*. Im Kapitel über Konfigurationen war eine dreiecksfreie $(40)_4$-Konfiguration zu bestimmen. Die zugrunde liegende Konfiguration hatte eine Symmetrie der Ordnung 51.840, vgl. [2]. Im Kapitel über reguläre Karten geht es in einem Beispiel um eine Symmetrie der Ordnung 1008, vgl. [1].

Literatur

1. Bokowski, J., Gévay, G.: On Polyhedral Realizations of Hurwitz's Regular Map $(3,7)_18$ of genus 7 with Geometric Symmetries. Erscheint in: Art Discrete Appl Math (Grünbaum volume) (2020)
2. Bokowski, J., Van Maldeghem, H.: On a smallest topological triangle free (n_4) point-line configuration. Erscheint in: Art Discrete Appl Math (Grünbaum volume) (2020)
3. Dixon, J.D.: Problems in group theory. Dover Publications, Mineola, N.Y. (2007)
4. The GAP Group, *GAP – Groups, Algorithms, and Programming, Version 4.9.2* (2018)
    https://www.gap-system.org

Kapitel 7
Architektur und Mathematik

Zusammenfassung Am Fachbereich Architektur der Technischen Universität Darmstadt gab es für ein Studienprojekt eine geometrische Vorgabe für einen Messestand, den es von den Studenten zu entwerfen galt. Ein polyedrisches Möbius-Band, bestehend aus endlich vielen, gleich großen ebenen Trapezen, wurde für die Gestaltung eines Messestandes gefordert. Die ursprünglich aus Papier und anderen Werkstoffen gefertigten Entwürfe der Studenten waren nicht geeignet, für eine endgültige zu fertigende Version genaue Koordinaten zu liefern. Mit mathematischer Unterstützung konnte die Problematik gelöst werden. Zu dieser Verbindung von Architektur und Mathematik betrachten wir Beispiele von Flächen in der Architektur, die wir als Seifenhäute kennen und die von Mathematikern seit Langem als Minimalflächen untersucht werden. Die isoperimetrische Ungleichung, die besagt, dass ein Körper bei vorgegebenem Volumen als Kugel die kleinste Oberfläche besitzt, wird durch jede Seifenblase bestätigt. Wenn aber Ränder mit im Spiel sind, dann entstehen vielfältige Minimalflächen anderer Gestalt. Die Dachkonstruktion des Olympiastadions in München und die Schwimmhalle in Peking, gebaut zur Olympiade 2008, sind in diesem Sinn eindrucksvolle Beispiele.

7.1 Das *Nexus Network Journal*

Das Thema *Architektur und Mathematik* ist nicht in einem Buch zu behandeln. Wer aber das *Nexus Network Journal* nicht kennt, dem sei es an dieser Stelle empfohlen. Es handelt sich dabei um eine von Experten geprüfte Online-Forschungsressource für Studien in Architektur und Mathematik. Die Fülle der Beiträge beschreibt Wechselbeziehungen zwischen Mathematik und Architektur. Viele dieser Verbindungen möchte man als Mathematiker erwähnen, aber die Beispiele sind so zahlreich und unterschiedlich, dass die eigene Sicht sowohl auf die Mathematik als auch auf die Bauwerke eine sehr unvollkommene Sammlung hervorbringt. Es gibt viele weitere Bestrebungen, z.B. die Bridges-Tagungen, die Verbindungen von Mathematik und Architektur zu fördern.

Zusatzmaterial online
Zusätzliche Informationen sind in der Online-Version dieses Kapitel (https://doi.org/10.1007/978-3-662-61825-7_7) enthalten.

7.2 Minimalflächen in der Architektur

Wir erwähnen hier eine spezielle Verbindung von Mathematik und Architektur, bei der Minimalflächen eine Rolle spielen. Wir kennen Minimalflächen im täglichen Umgang als Seifenhäute. Sie bilden sich als stabile Flächen aus, wenn sie sich z.B. zwischen anderen festen Wänden befinden, und sie haben dann nicht nur die bekannte Kugelform, vgl. z.B. die Seifenhautfläche in Abb. 7.1. Im Kapitel über Integralgeometrie gehen wir auf Ergebnisse der Arbeiten [1], [3], [4] und [5] näher ein. Da Seifenhäute als Minimalflächen in Ruhe eine feste Gestalt bilden, sind sie für Bauwerke von Interesse.

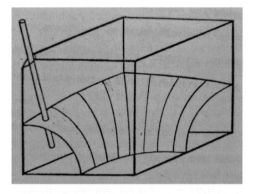

Abbildung 7.1 Die Fläche einer Seifenhaut, die das Würfelvolumen in zwei Teile zerlegt, vgl. dazu das Kapitel über Integralgeometrie. Seifenhäute müssen keine Kugelform bilden. Die Seifenhaut bildet eine Minimalfläche, sie erreicht eine Stabilität, die in der Architektur wünschenswert ist

Abbildung 7.2 Die Dachkonstruktion des Olympiastadions von Frei Otto in München besteht aus Minimalflächen, die vorher in Feuchtkammern an Seifenhäuten ausgemessen wurden. ©nedomacki / Getty Images / iStock

Abbildung 7.3 Die Schwimmhalle für die Olympiade in Peking 2008 hat Seifenschaumstrukturen im Innern. ©Zhou Zhiyong / dpa / picture alliance

Weniger bekannt ist es, dass für mathematische Untersuchungen zu Minimalflächen Fields-Medaillen vergeben wurden. Eine Fields-Medaille wird alle vier Jahre vergeben und entspricht etwa einem Nobelpreis, denn unter den Gebieten, für die Nobelpreise vergeben werden, ist die Mathematik nicht vertreten. Die mathematische Frage, ob es zu jeder geschlossenen Kurve eine von der Kurve berandete Minimalfläche gibt, bezeichnet man als *Plateau-Problem*. Dass in vielen Fällen die Existenz einer solchen Minimalfläche gesichert ist, geht auf J. Douglas zurück, der für diesen Beweis 1936 die Fields-Medaille erhielt.

Bei Kühltürmen findet man häufig Minimalflächen. Der endgültige Opernbau in Sidney hat nach langen Diskussionen mit dem Architekten schließlich Kugelausschnitte für die Dachkonstruktion bekommen. Die von Frei Otto gebaute Dachkonstruktion für das Olympiastadion in München, siehe Abb. 7.2, wurde vorher in Feuchtkammern an der Universität in Stuttgart an Seifenhäuten ausgemessen. Forschende Mathematiker, die sich mit Minimalflächen beschäftigten, waren zur Beratung hinzugezogen worden. Auch beim geplanten Stuttgarter Hauptbahnhof soll wohl eine Minimalfläche eingesetzt werden.

Das Nationale Schwimmzentrum in Peking, das zu den olympischen Sommerspielen 2008 gebaut wurde, vgl. Abb. 7.3, hat Seifenschaumstrukturen im Innern. Das sind exemplarisch einige Beispiele von Minimalflächen in der Architektur. Wir erwähnen dies, da viel zu oft der Einsatz mathematischer Methoden im täglichen Leben unbekannt bleibt.

7.3 Messestandentwurf der Architekten

Wir greifen einen Artikel aus dem *Nexus Network Journal* heraus, um eine Anwendung der Mathematik für die Architektur exemplarisch näher zu beleuchten.

Abbildung 7.4 Der einzige
Baustein für das Möbius-
Band: ein ebenes gleich-
schenkliges Trapez. Das angrenzende Trapez sollte längs
einer der nichtparallelen Kanten verheftet sein und sollte
mit diesem einen noch zu
bestimmenden Winkel bilden

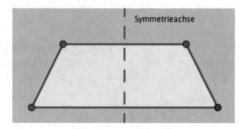

Abbildung 7.5 Eine endliche Anzahl gleich großer symmetrischer Trapeze soll ein Möbius-Band bilden. Dabei sollen sich die angrenzenden Trapeze wie in der Abbildung abwechseln. Die Anzahl der Trapeze muss ungerade sein

Am Fachbereich Architektur der Technischen Universität Darmstadt wurde die Aufgabe gestellt, einen Messestand zu entwerfen. Dieser Messestand sollte nur aus ebenen gleichschenkligen Trapezen bestehen, die (vor der endgültigen Form des Messestandes aneinandergereiht) die Form eines Möbius-Bandes bilden sollten. In Abb. 7.4 ist der einzige Baustein als symmetrisches Trapez zu sehen, und in Abbildung 7.5 sind fünf dieser Trapeze so aneinandergereiht, dass daraus durch Verheftung an den Kanten mit den Eckpunkten A und B ein Möbius-Band entstehen kann. Man erkennt leicht, dass dies mit Rechtecken nicht gelingen kann und dass die Anzahl k der Trapeze ungerade sein muss, damit sich der Wechsel zwischen langen und kurzen Kanten der zueinander parallelen Seiten der Trapeze kontinuierlich fortsetzt.

Eine weitere Bedingung wurde gefordert: Das Möbius-Band sollte nicht verknotet sein, wie es sich grundsätzlich ergeben könnte, wie man als Beispiel in Abb. 7.7 sieht.

Damit war für die mathematische Behandlung klar, was zu bestimmen war. Wenn das erste Trapez festgelegt ist, dann sind nacheinander $k-1$ Winkel im Intervall von null bis 360 Grad so zu bestimmen, dass die Ausgangspunkte A_1 und B_1 am ersten Trapez (in der Zeichnung fehlen die Indizes) mit den Endpunkten A_2 und B_2 am k-ten Trapez zusammenfallen, d.h. $A_1 = A_2$ und $B_1 = B_2$. Die Intervalle von 0 Grad bis 360 Grad können wir als Kantenlängen eines $(k-1)$-dimensionalen Würfels deuten. Wir suchen daher Punkte in diesem Würfel, sodass die Summe $d(A_1, A_2) + d(B_1, B_2)$ der Abstände $d(A_1, A_2)$ zwischen A_1 und A_2 und $d(B_1, B_2)$ zwischen B_1 und B_2 gleich null oder jedenfalls unter einer vorgegebenen erlaubten Fehlergrenze liegt. Die Abstände zu berechnen, wäre wohl für eine

Abbildung 7.6 Ein Beispiel für ein Möbius-Band. Für das Projekt wurde die Software MATLAB benutzt. Der über den QR-Code erhältliche YouTube-Film zeigt die Entstehung eines Möbius-Bandes aus dem Ausgangs-Streifen. Für jeden der Winkel an den Scharnieren wählt man mathematisch eine weitere Dimension. Das Ergebnis ist ein Vektor, der die Winkel in der Reihenfolge der Scharniere angibt.

Abbildung 7.7 Ein verknotetes Möbius-Band wäre denkbar, sollte aber nicht entstehen. Vielleicht nicht ausdrücklich gefordert, aber doch nicht gewünscht, war eine Rotation der Kante A B (vor dem Verheften) um mehr als 180 Grad. Die Modelle der Studenten entstanden aus Papier und anderen Materialien, aber genaue Winkel waren dadurch nicht zu ermitteln. Die Übersetzung in eine entsprechende mathematische Aufgabe war wünschenswert

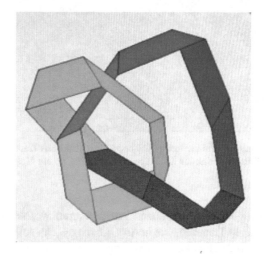

Abi-Aufgabe etwas zu umfangreich, aber der helfende Mathestudent Sebastian Stammler war einer der besten seines Semesters in der Vorlesung zur Linearen Algebra und hat die Architekten hervorragend betreut.

Eine Abstandsformel kennt man in der Ebene und im Raum. Für einen Punkt $A = (x_1, y_1)$ und einen Punkt $B = (x_2, y_2)$ in der Ebene erhält man für den Abstand $d(A, B) = \sqrt{(x_1 - x_2)^2 + (y_1 - y_2)^2}$. Den Abstand im $(k-1)$-dimensionalen Raum kann man ebenso berechnen, nur gibt es in der Formel die Summe über alle $(k-1)$ Quadrate der Komponentendifferenzen. Jetzt muss man nur noch aus den Abmessungen der Trapeze die neuen Endpunkte nach den Drehungen um die jeweiligen Scharnierwinkel berechnen und natürlich darauf achten, dass sich keine Selbstdurchdringungen ergeben, dass keine Knoten entstehen und dass bei Rotation der Kante A B nur eine Drehung von 180 Grad entsteht. Dafür kann man aber mit den ungefähren Winkeln der Modelle beginnen, die von den Studenten angefertigt wurden, und danach ein Optimierungsverfahren starten, das die Summe der vorgegebenen Abstände der Punkte A und B unter die Fehlergrenze bringt. Optimierungsverfahren sind in vorhandenen Softwarepaketen bereits implementiert. Eine Lösung sieht man in Abb. 7.6.

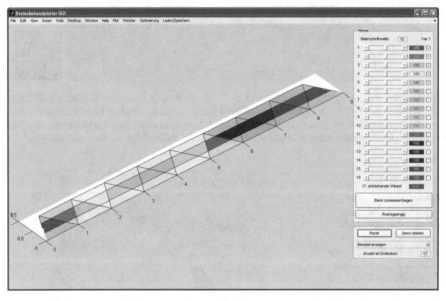

Abbildung 7.8 Die dunkler gefärbten gleichschenkligen Trapeze sollen schließlich durch Winkel entlang der nichtparallelen Seiten der Trapeze wie in Abb. 7.6 ein Möbius-Band bilden

Dieser Streifen, bestehend aus mehreren wechselseitig aneinandergereihten gleichschenkligen Trapezen, wie in Abb. 7.6 dargestellt, sollte durch entsprechende Winkel längs der nichtparallelen Kanten der Trapeze zu einem Möbius-Band werden.

Es gab auch Filme, die den Übergang aus der flachen Version des Bandes zu der endgültigen Form des verhefteten Möbius-Bandes zeigen. Zurzeit sind sie aber nicht mehr im Internet zu finden.

Genauere Informationen zu dem Projekt an der Technischen Universität Darmstadt, durchgeführt vor allem durch Prof. Dipl.-Ing. Heike Matcha, jetzt FH Aachen, Fachbereich Architektur, und Prof. Dipl.-Ing. Rüdiger Karzel, jetzt FH Köln, Fachbereich Architektur, befinden sich in der Veröffentlichung im *Nexus Network Journal*, [2], aber auch in der Broschüre, die man sich im Internet unter

```
www.researchgate.net/publication/338597028_
expo_152_experimental_parametric_object_MOEBIUSBAND
```

Abbildung 7.9 Die schließlich gebaute Version sieht man in dieser Abbildung. Sie wurde der Messestand der Darmstädter Architekten, vorgestellt im Gebäude des Darmstadtiums in Darmstadt bei einer Werbeveranstaltung für zukünftige Studenten der Architektur. Das Foto hat freundlicher Weise Stefan Daub aus Darmstadt zur Verfügung gestellt

herunterladen kann. Dadurch ist auch im Vergleich mit den abgebildeten Personen die Größe des Objekts erkennbar. Abb. 7.9 zeigt den schließlich gebauten Messestand im Darmstadtium in Darmstadt.

Literatur

1. Bokowski, J.: Schranken für Trennflächeninhalte in konvexen Körpern. Habilitationsschrift, Abteilung für Mathematik, Ruhr-Universität Bochum (1979)
2. Bokowski, J., Macha, H.: Möbius strip segmented into flat trapezoids, Design-build project to represent the two departments of Architecture and Mathematics of the Technische Universität Darmstadt. Nexus Network Journal Vol. 14,1 (2012)
3. Bokowski, J., Sperner, E.: Zerlegung konvexer Körper durch minimale Trennflächen. J. Reine Angew. Math. 311/312, 80-100 (1979)
4. Collatz, L., Wetterling, W.: Optimierungsaufgaben. Berlin, Heidelberg, New York (1971)
5. Santaló, L. A.: An inequality between the parts into which a convex body is divided by a plane section. Rendiconti del Circolo Matematico di Palermo, Volume 32, Issue 1, pp 124-130— (1983)

Kapitel 8
Reguläre Karten

Zusammenfassung Wir übertragen eine Symmetrieeigenschaft der platonischen Körper auf eine abstrakte zellzerlegte geschlossene Fläche, die *reguläre Karte* genannt wird, wenn gilt: 1. Jede Zelle hat gleich viele Ecken, und sie wird abstrakt durch eine zyklische Folge ihrer Ecken beschrieben. 2. An jeder Ecke gibt es gleichviele Zellen, die diese Ecke enthalten, und diese Zellen bilden eine zyklische Folge um diese Ecke. 3. Es gibt eine Symmetriegruppe mit Permutationen der Ecken als Elemente, sodass nach zweimaliger Auswahl eines n-Ecks mit einer Kante dieses n-Ecks und einer Ecke dieser Kante die erste Auswahl in die zweite Auswahl durch ein Element der Symmetriegruppe überführt werden kann, ohne dabei die Struktur der Zellzerlegung zu verändern. Die zellzerlegte geschlossene Fläche im Fall der platonischen Körper war eine zweidimensionale Sphäre. Wir betrachten jetzt kombinatorische symmetrische Strukturen auf einer beliebigen zusammenhängenden geschlossenen Fläche. Wichtige reguläre Karten wurden im 19. Jahrhundert im Zusammenhang mit Riemann'schen Flächen gefunden. Wir behandeln u.a. reguläre Karten von Harold Scott MacDonald Coxeter, Walther von Dyck, Adolf Hurwitz und Felix Klein mit ihren jüngsten durchdringungsfreien topologischen und polyedrischen Realisierungen.

8.1 Ausgangspunkt für reguläre Karten: die platonischen Körper

Mathematiker haben in der zweiten Hälfte des 19. Jahrhunderts über Riemann'sche Flächen gearbeitet und dabei wichtige Beispiele regulärer Karten gefunden. Darunter war mit Felix Klein ein sehr bedeutender Mathematiker seiner Zeit. Von Felix Klein (1849-1925) und von zweien seiner 68 Schüler, Walther von Dyck (1856-1934) und Adolf Hurwitz (1859-1919), gibt es gefeierte Ergebnisse zu Riemann'schen Flächen, die unmittelbar zu entsprechenden regulären Karten führten. In Abb. 8.3 sind Bilder dieser drei Mathematiker zu sehen.

Wenn man zum mathematischen Begriff einer regulären Karte im Internet zum Zeitpunkt der Entstehung dieses Buches einen kompetenten Eintrag gesucht hat, dann wurde, jedenfalls auf den ersten Seiten, keine Erklärung in deutscher Sprache gefunden. Man gibt daher besser die englische Bezeichnung *regular map* mit dem Zusatz (*graph theory*) ein,

---

Zusatzmaterial online
Zusätzliche Informationen sind in der Online-Version dieses Kapitel (https://doi.org/10.1007/978-3-662-61825-7_8) enthalten.

um dann aber immer noch nicht zu den uns interessierenden polyedrischen Realisierungen regulärer Karten zu kommen, denn unter Wikipedia findet man: *Regular maps are typically defined and studied in three ways: topologically, group-theoretically, and graph-theoretically.* Ja, reguläre Karten liefern eine Beispielfülle endlicher Permutationsgruppen und interessante Kantengraphen. Aber zudem gibt es eine Reihe von Arbeiten, die sich mit polyedrischen Realisierungen regulärer Karten beschäftigt haben. Einen schönen Überblick aus dem Jahr 1993 über diese Thematik, die wir in diesem Kapitel behandeln, findet sich im *Handbook of Convex Geometry* im Kapitel von Ulrich Brehm und Jörg W. Wills, ab der Seite 535, [11]. In einer Arbeit von Egon Schulte und Jörg M. Wills in 2012, [34], wurde eine Übersichtstabelle angegeben, die die polyedrischen Realisierungen regulärer Karten ohne Selbstdurchdringungen mit dem Geschlecht g für $2 \leq g \leq 6$ betrafen. Zu diesem Zeitpunkt war das von mir mit Michael Cuntz gefundene Beispiel vom Geschlecht 7 aus der Arbeit [3] noch nicht bekannt. Inzwischen können wir diese Tabelle erweitern (Tab. 8.1) und gehen zudem auf Teile meiner kürzlich eingereichten Veröffentlichung mit Gábor Gévay [5] ein. Dieses neueste Beispiel einer regulären Karte vom Geschlecht 7 ist von der Datenstruktur recht umfangreich. Es wird hinsichtlich der denkbaren geometrischen Symmetrien in diesem Kapitel weit umfangreicher beschrieben, um dem Leser einen Eindruck von einer sehr aktuellen Problematik zu vermitteln. Mit f_0 wird die Anzahl der Ecken beschrieben, f_1 gibt die Anzahl der Kanten an, und f_2 bezeichnet die Anzahl der Seitenflächen.

Abbildung 8.1 In meiner Keramikdarstellung der topologischen Randstruktur eines Würfels sind absichtlich die Flächen nicht als Ebenen ausgeführt, um nur die topologische Struktur zu unterstreichen. Die Ränder der dreidimensionalen Zelle werden durch Pseudoebenen gebildet

Wenn wir in Tab. 8.1 auch den Würfel aufgeführt hätten, dann wäre das Geschlecht $g = 0$, der Typ wäre durch das Schläfli-Symbol $\{4,3\}$ beschreibbar, d.h. wir haben nur 4-Ecke und jeweils drei davon stoßen an einer Ecke aneinander. Der sogenannte f-Vektor des Würfels wäre mit $(f_0, f_1, f_2) = (8, 12, 6)$ anzugeben. Angaben zu Veröffentlichungen zu der kombinatorischen Information des Randes eines Würfels und wann das zugehörige Polyeder erstmals gefunden wurde, sind natürlich nicht relevant.

Im ersten Kapitel über Punkt-Geraden-Konfigurationen waren uns schon abstrakte, topologische und geometrische Konfigurationen begegnet. Diese Konzepte treten bei den regulären Karten in analoger Form wieder auf. Wir haben die abstrakte Beschreibung, die topologische Einbettung und die durchschnittsfreien geometrischen Einbettungen mit ebenen Flächen. Die topologische Zellenstruktur eines Würfels In Abb. 8.1 zeigen wir absichtlich, um an die Pseudoebenen zu erinnern.

Abbildung 8.2 Die fünf platonischen Körper bilden die Ausgangsbeispiele zu den regulären Karten. Umfangreiche Listen der kombinatorischen Beschreibungen regulärer Karten wurden von M. Conder und P. Dobcsanyi bereitgestellt, siehe [13] und [12]. In den letzten Jahren gab es auch schöne topologische Realisierungen vieler dieser regulären Karten, siehe [37]. Wir betrachten in diesem Kapitel insbesondere die bei regulären Karten selten vorkommenden polyedrischen Realisationen ohne Selbstdurchdringungen

Die platonischen Körper wurden mit einigen Verallgemeinerungn bereits in Kap. 4 behandelt. Dieses Kapitel erweitert diesen Aspekt. Bei jedem der fünf platonischen Körper haben wir nur einen Facettentyp. Entweder haben wir ein gleichschenkliges Dreieck, wie beim Tetraeder, beim Oktaeder oder beim Ikosaeder, oder ein Quadrat beim Würfel oder ein reguläres Fünfeck beim Dodekaeder. Die Anzahl der Facetten an einer Ecke ist ebenfalls bei jedem platonischen Körper gleich, und darüber hinaus gibt es weitere Symmetrie-Eigenschaften. Wenn man auf einige dieser Eigenschaften verzichtet, dann kann man fragen, welche Körper dann entstehen können. Wenn man zwei verschiedene Facetten zulässt, dann erhält man z.B. auch die archimedischen Körper. Eine interessante Klasse von Objekten entsteht, wenn man eine zellzerlegte geschlossene Fläche nur mit einem n-Ecktyp konstruiert. Dabei verzichtet man bei den n-Ecken auf die Regularität, d.h., ein Viereck muss kein Quadrat sein, ein n-Eck muss nicht gleiche Kantenlängen haben. Wir erlauben sogar zunächst Kurvenstücke statt der Kanten als Begrenzungen der Zellen. Die Anzahl der Zellen an jeder Ecke soll aber wieder konstant sein, d.h., wenn an einer Ecke k Zellen angrenzen, dann soll das für alle Ecken gelten. Die Symmetrieeigenschaft der platonischen Körper hatten wir im Kapitel über Symmetrien durch Permutationen der Ecken beschrieben. Diese Symmetrieeigenschaft können wir für zellzerlegte geschlossene Flächen ebenfalls durch Permutationen der Ecken beschreiben.

Für dieses Kapitel übertragen wir den Begriff der Fahne eines platonischen Körpers auf kombinatorische Beschreibungen von zellzerlegten Flächen. Wie in der Zusammenfassung bereits beschrieben, betrachten wir für eine kombinatorisch beschriebene zellzerlegte Fläche alle Tripel bestehend aus einem nur kombinatorisch beschriebenen n-Eck, $(1, 2, \ldots, n)$, einer Kante $(i, i+1)$, $i \in \{1, 2, \ldots, n-1\}$ (oder der Kante $(n, 1)$) dieses n-Ecks und einem Punkt von der betrachteten Kante. Wir nennen dann ein solches Tripel eine *Fahne*. An jeder Ecke einer zellzerlegten Fläche soll die Anzahl der angrenzenden n-Ecke gleich sein, und die angrenzenden n-Ecke sollen eine zyklische Reihenfolge bilden.

Abbildung 8.3 Das Bild links zeigt Felix Klein (1849-1925). Unter seinen 68 Schülern waren u.a. Walther von Dyck (1856-1934), einem Mitbegründer des Deutschen Museums in München, und Adolf Hurwitz (Bild rechts) (1859-1919). Quellenangaben: Zu den Bildern links und rechts: ©Springer-Verlag Berlin Heidelberg GmbH 1970; zum Bild in der Mitte: Aus dem Nachruf von Faber [4], https://titurel.org/MathApprObit/vDyckFaber3.pdf

Wenn für eine kombinatorisch vorgegebene zellzerlegte Fläche eine kombinatorische Symmetrie in Form einer Permutationsgruppe der Eckenmenge der zellzerlegten Fläche vorliegt, mit der Eigenschaft, dass es für jedes Paar von Fahnen, ein Element der Symmetriegruppe gibt, die die erste Fahne des Paares auf die zweite Fahne des Paares abbildet, dann nennen wir eine solche zellzerlegte Fläche *reguläre Karte*. Diese Eigenschaft gilt für die platonischen Körper sogar für ihre geometrischen Symmetriegruppen. Wir haben nochmals Tetraeder, Würfel, Oktaeder, Dodekaeder und Ikosaeder in Abb. 8.2 abgebildet, da sie den Ausgangspunkt für reguläre Karten bilden. Die Forderung an die kombinatorische Symmetriegruppe induziert insbesondere, dass alle n-Ecke der Zellzerlegung gleich viele Ecken haben müssen.

Nach der kombinatorischen Beschreibung einer regulären Karte sind zunächst topologische Beschreibungen möglich, und wir geben dazu einige Beispiele an. Dann wenden wir uns aber dem seltenen Fall der durchschnittsfreien polyedrischen Realisierung solcher regulären Karten zu. Wir können nicht einen Überblick über reguläre Karten geben, aber drei der mit Namen versehenen regulären Karten von Felix Klein, von Walther von Dyck

Tabelle 8.1 Reguläre Karten mit polyedrischen Einbettungen vom Geschlecht g für $2 \leq g \leq 7$

g	Typ	(f_0, f_1, f_2)	Autoren	Einbettung	Ordg.
3	$\{3,7\}_8$	$(24, 84, 56)$	Klein 1879 [22, 23]	Schulte und Wills 1985 [32]	336
3	$\{3,8\}_6$	$(12, 48, 32)$	von Dyck 1880 [17, 18]	Bokowski, Brehm 1986 [1, 9]	192
5	$\{3,8\}_{12}$	$(24, 96, 64)$	Klein und Fricke 1890 [24]	Gévay, Schulte und Wills 2014 [20]	384
5	$\{4,5\,|\,4\}$	$(32, 80, 40)$	Coxeter 1937 [14]	McMullen, Schulte und Wills 1982 [29, 30, 31]	320
5	$\{5,4\,|\,4\}$	$(40, 80, 32)$	Coxeter 1937 [14]	McMullen, Schulte und Wills 1982 [29, 30, 31]	320
6	$\{4,6\,|\,3\}$	$(20, 60, 30)$	Coxeter und Boole Stott 1937 [14, 8]	McMullen, Schulte und Wills 1982 [29, 33]	240
6	$\{6,4\,|\,3\}$	$(30, 60, 20)$	Coxeter und Boole Stott 1937 [14, 8]	McMullen, Schulte und Wills 1982 [29, 33]	240
7	$\{3,7\}_{18}$	$(72, 252, 168)$	Hurwitz 1893 [21]	Bokowski und Cuntz 2018 [3] Bokowski und Gévay 2020 [5]	504

und von Adolf Hurwitz sprechen wir detaillierter an. Umfangreichere Informationen über reguläre Karten erhält man aus der Monografie von Coxeter und Moser, [16], oder aus Übersichtsartikeln, wie z.B. [10] und [11].

Die Liste der regulären Karten liefert einerseits für die Gruppentheorie viele interessante Beispiele, aber auch die Graphentheorie erhält viel Beispielmaterial, wie allgemein durch alle Kantengraphen von Polyedern. Der so häufig in der Graphentheorie behandelte Petersen-Graph entsteht beispielsweise aus dem Kantengraphen des Dodekaeders, wenn man gegenüberliegende Ecken identifiziert, vgl. Abb. 8.4.

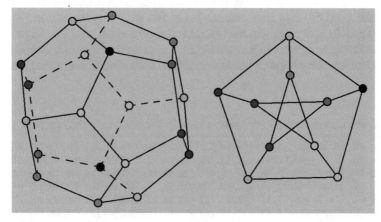

Abbildung 8.4 Kantengraphen von Polyedern bilden Beispielklassen für die Graphentheorie. Identifiziert man gegenüberliegende Eckpunkte und Kanten des Dodekaeders, dann entsteht der Petersen-Graph.

Wir haben in Tab. 8.1 eine Übersicht über durchschnittsfreie polyedrische Realisierungen orientierbarer regulärer Karten angegeben. Für Flächen mit dem Geschlecht $g = 0$, die Sphäre, gibt es nur die fünf platonischen Körper. Für Flächen mit dem Geschlecht $g = 1$, den Torus, kennt man alle unendlichen Serien solcher regulären Karten. Man findet diese Beispiele vom Typ $\{3,6\}$, $\{6,3\}$ und $\{4,4\}$ im Buch von Coxeter und Moser [16]. Für Flächen mit dem Geschlecht g zwischen 2 und 6 mit allen Erklärungen zur Bezeichnung dieser Beispiele findet man diese Tab. 8.1 in der Arbeit von Schulte und Wills [34]. Dort findet man das Beispiel von Hurwitz vom Geschlecht 7 noch als ein offenes Problem.

8.2 Kombinatorische Listen regulärer Karten

Der ursprüngliche Zugang zu regulären Karten im 19. Jahrhundert führte über Riemann'sche Flächen in der Funktionentheorie zu den heute vorliegenden ersten Ergebnissen. Klassische Beiträge finden sich im Buch von Coxeter und Moser, [16]. Durch konsequentes algorithmisches Vorgehen und Rechnereinsatz sind die regulären Karten als abstrakte Gruppenstrukturen und Graphen in neuerer Zeit in langen Listen verfügbar, vgl. die Arbeiten von M. Conder und P. Dobcsányi, in [13] und [12]. Für eine reguläre Karte, deren Zellzerlegung aus n-Ecken besteht und bei der k die Anzahl dieser n-Ecke ist, die an einer Ecke in zyklischer Folge zusammentreffen, verwenden wir die Bezeichnung $\{n,k\}_p$. Dabei bezeichnet p die Länge des Petrie-Polygons. Petrie-Polygone hatten wir in Kap. 6 erklärt. Dazu läuft man entlang einer Kante eines n-Ecks, wechselt dann am Ende der Kante das an dieser Kante befindliche n-Eck und geht dann an diesem neuen gegenüberliegenden n-Eck eine Kante weiter, wechselt wieder das an dieser neuen Kante befindliche n-Eck usw. Wenn man nach dem Durchlaufen von p Kanten, erstmalig wieder an der Ausgangsecke ankommt, dann ist p die Länge des Petrie-Polygons.

Einige Listen kombinatorischer Vorgaben der regulären Karten, die wir mit ihren durchschnittsfreien polyedrischen Realisationen behandeln wollen, geben wir in Tabellenform an, siehe Tab. 8.2. Hier folgt z.B. die Liste der Dreiecke einer regulären Karte von Felix Klein. Das Problem, daraus ein geometrisches Polyeder entstehen zu lassen, ist in jedem Fall einer kombinatorisch vorgegebenen regulären Karte eine mathematische Herausforderung.

Tabelle 8.2 56 orientierte Dreiecke der regulären Karte $\{3,7\}_8$ vom Geschlecht 3 von Felix Klein

(01, 02, 16)	(01, 16, 15)	(01, 15, 04)	(01, 04, 05)	(01, 05, 24)	(01, 24, 23)	(01, 23, 02)	(02, 23, 20)
(02, 20, 19)	(02, 19, 03)	(02, 03, 13)	(02, 13, 16)	(03, 14, 13)	(03, 04, 14)	(03, 09, 04)	(03, 12, 09)
(03, 19, 12)	(04, 15, 14)	(04, 09, 08)	(04, 08, 05)	(05, 08, 18)	(05, 18, 19)	(05, 19, 06)	(05, 06, 24)
(06, 21, 24)	(06, 14, 21)	(06, 07, 14)	(06, 19, 20)	(07, 06, 20)	(07, 08, 10)	(07, 10, 13)	(07, 13, 14)
(07, 20, 17)	(08, 17, 18)	(08, 07, 17)	(08, 09, 10)	(09, 22, 23)	(09, 12, 22)	(09, 23, 10)	(10, 11, 13)
(10, 24, 11)	(10, 23, 24)	(11, 16, 13)	(11, 18, 16)	(11, 12, 18)	(11, 21, 12)	(11, 24, 21)	(12, 19, 18)
(12, 21, 22)	(14, 15, 21)	(15, 22, 21)	(15, 17, 22)	(15, 16, 17)	(16, 18, 17)	(17, 20, 22)	(20, 23, 22)

Wir beschränken uns auf einige Fälle regulärer Karten, da uns nicht an einer umfassenden Darstellung als Forschungsmonografie gelegen ist. Gelöste Fälle polyedrischer durchschnittsfreier Realisierungen regulärer Karten könnten anregen, sich mit anderen Beispielen zu beschäftigen, bei denen die Einbettung bisher nicht gelungen ist.

Zur dualen regulären Karte dieses Beispiels gibt es beispielsweise noch keine durchschnittsfreie polyedrische Realisation mit 24 ebenen 7-Ecken. Auch ein Beweis, dass es ein solches Beispiel nicht geben kann, wäre sehr erwünscht. Wir wissen immerhin, dass es das nicht mit konvexen Siebenecken geben kann, vgl. [34].

8.3 Durchschnittsfreie topologische Realisationen regulärer Karten

In den letzten Jahren gab es mehrere Versuche, durchschnittsfreie topologische Realisationen regulärer Karten vor allem mit Computergrafik anzugeben. Von Carlo Sequin aus Berkeley gab es z.B. Beiträge auf den Bridges-Tagungen 2006 und 2010 [35, 36].

Abbildung 8.5 Topologische Darstellung der Hurwitz'schen regulären Karte $\{3,7\}_{18}$ mit 168 gekrümmten Dreiecksseiten. Computerdarstellungen von Jarke van Wijk aus dem Jahr 2014, Eindhoven University of Technology, Niederlande, Dept. of Mathematics and Computer Science

Von Jarke J. van Wijk aus Eindhoven, Niederlande, gab es viele sehr schöne Darstellungen regulärer Karten als Filmversionen, [37]. Ein von ihm noch unveröffentlichtes Bild in Abb. 8.5 hat er mir dankenswerter Weise zur Veröffentlichung zur Verfügung gestellt. Es betrifft die reguläre Karte $\{3,7\}_{18}$ von Hurwitz mit 168 gekrümmten Dreiecksseiten, der wir uns noch intensiv zuwenden wollen.

Das Bild in Abb. 8.5 war für mich die Vorlage für ein weiteres Modell, um die Dreiecksstruktur dieser regulären Karte genauer zu durchdenken. Jeder Mathematiker, der Modelle mit Computergrafiken vergleicht, kennt die Vorzüge eines Modells. Mein Modell in Abb. 8.6 hat in der Phase einer engen Zusammenarbeit mit Michael Cuntz aus Hannover hilfreich zur Seite gestanden. In dieser Zeit haben wir die Suche nach einer siebenfachen Symmetrie aufgegeben, und die Zusammenarbeit führte schließlich zu dem erstaunlichen Ergebnis einer durchschnittsfreien polyedrischen Realisierung dieser regulären Karte von Hurwitz ohne Selbstdurchdringungen, [3].

Abbildung 8.6 Modell des Autors zur topologischen Struktur der regulären Karte $\{3,7\}_{18}$ von Hurwitz, vorgestellt auf der Tagung anlässlich des 80. Geburtstages von Prof. Dr. Dr. hc. Jörg M. Wills an der Technischen Universität Berlin, 2017

In Berlin haben sich zudem Faniry Razafi und Konrad Polthier in den letzten Jahren mit topologischen Darstellungen regulärer Karten beschäftigt. Es gibt auch immer wieder Versuche, durch Modelle eine Veranschaulichung regulärer Karten zu erreichen. Dazu gehören u.a. Darstellungen mithilfe von Knoten von Carlo Sequin.

8.4 Die reguläre Karte $\{3,7\}_8$ von Felix Klein

Bei Tab. 8.2 handelt es sich um die kombinatorische Beschreibung der regulären Karte $\{3,7\}_8$ vom Geschlecht 3 von Felix Klein. Sie besitzt 56 Dreiecke, von denen in jeder Ecke sieben in zyklischer Reihenfolge angrenzen. Die Länge der Petrie-Polygone ist 8. Diese elementar klingende Beschreibung der regulären Karte $\{3,7\}_8$ von Felix Klein ist aus mathematischer Sicht kaum die Spitze eines Eisbergs, die sich hier an mathematischer Thematik anschließt. Wer versucht, sich einen Eindruck des mathematischen Eisberggebirges zu verschaffen, das sich aus der Arbeit von Felix Klein hieraus ergeben hat, der sollte sich das Buch des Herausgebers Levy [25] ansehen. Es ist frei im Internet verfügbar. Für die vielen Arbeiten, die in diesem Werk von führenden Mathematikern aus unterschiedlichsten Gebieten zusammengestellt wurden, gab es einen Anlass: Eine Skulptur des Künstlers Helaman Ferguson war in Berkeley aufgestellt worden, die sich auf die Arbeit von Felix Klein bezog. Auch andere Skulpturen von Helaman Ferguson sind beeindruckend. Felix Klein entdeckte 1878, dass eine Fläche, deren Gleichung in projektiven komplexen Koordinaten einfach durch die Formel

$$x^3y + y^3z + z^3x = 0$$

beschrieben werden konnte, bemerkenswerte Symmetrieeigenschaften besitzt. Diese Symmetriegruppe von der Ordnung 336 ist die Symmetriegruppe der oben angegebenen regulären Karte von Felix Klein. Der Leser hat evtl. nur die Beschreibung einer Sphäre im Raum kennengelernt durch die Gleichung für reelle Zahlen: $x^2 + y^2 + z^2 = 1$, die vorherige Interpretation im Komplexen ist für den Leser evtl. nur zu ahnen.

Die der regulären Karte $\{3,7\}_8$ von Felix Klein zugrunde liegende Arbeit stammt aus dem Jahr 1879, [22]. Wir schreiben für die Anzahl der zweidimensionalen Seiten dieser regulären Karte $f_2 = 56$, für die Anzahl der Kanten $f_1 = 84$ und für die Anzahl der Ecken $f_0 = 24$. Die verallgemeinerte Euler'sche Polyederformel besagt dann für das Geschlecht g der dadurch definierten orientierbaren 2-Mannigfaltigkeit:

$$f_2 - f_1 + f_0 = 2 - 2g$$

Wir berechnen daher für das Geschlecht der Klein'schen regulären Karte: 56 - 84 + 24 = $-4 = 2 - 2g$, also erhalten wir für das Geschlecht $g = 3$.

Die zu dieser regulären Karte von Felix Klein gehörende Symmetriegruppe von der Ordnung 336 ist eine einfache Gruppe, d.h., sie hat keine Normalteiler als Untergruppen und sie bildet den Anfang einer Folge von einfachen Gruppen, die Hurwitz 1893 gekennzeichnet hat. Diese Kennzeichnung, [21], betrifft die Funktionentheorie, speziell die Symmetriegruppen von hyperbolischen kompakten Riemann'schen Flächen vom Geschlecht $g \geq 2$. Eine solche Gruppe hat höchstens $84(g-1)$ Elemente.

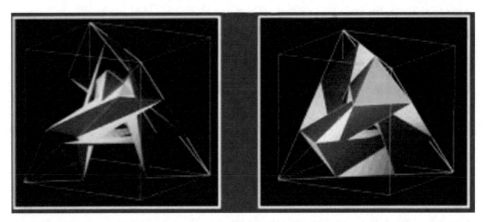

Abbildung 8.7 Felix Kleins Karte als polyedrisches Modell. Diese beiden Computergrafiken bildeten den oberen Teil des Titelblattes der Zeitschrift *The Mathematical Intelligencer*, Volume 10, Number 1, Winter 1988, vgl. [6]

Durch die Verallgemeinerung der Symmetrieeigenschaften platonischer Körper zu regulären Karten, wurde die Polyedereigenschaft der platonischen Körper aufgegeben. Wir haben zunächst nur abstrakte Flächenstrukturen oder deren topologische Realisationen. Die Skulptur von Helaman Ferguson in Berkeley (im Internet zu finden unter: The Mathematical Tourist: The Eightfold Way) ist eine solche topologische Realisation der regulären Karte von Felix Klein.

Abbildung 8.8 Die Blender-Darstellung links zeigt alle Dreiecke der von Schulte und Wills gefundenen polyedrischen Realisation der regulären Karte $\{3,7\}_8$ von Felix Klein. Im rechten Bild fehlen 4x6 äußere Dreiecke bei gleicher orthogonaler Projektion. Einen besseren Eindruck bekommt man durch die rotierende Ansicht im Film bei YouTube über den QR-Code

Es gab aber bereits 1985 eine erste polyedrische Realisation der regulären Karte $\{3,7\}_8$ vom Geschlecht 3 von Felix Klein ohne Selbstdurchdringungen durch Egon Schulte und Jörg M. Wills, siehe [32]. Im Winter 1988 erschienen dazu im *The Mathematical Intel-*

ligencer des Springer Verlages auf der Titelseite die beiden Computergrafiken der Abb. 8.7. Die Ecken des Polyeders sind einfach beschreibbar, obgleich die genauen Abmessungen dadurch noch nicht gegeben sind. Exakte ganzzahlige Koordinaten findet man z.B. in der Arbeit [?]. Schneidet man von zwei ineinanderliegenden Tetraedern die Ecken ab, wie es die Abbildungen erkennen lassen, dann geben die nach Art von Kameraverschlüssen angeordneten Dreiecke jedenfalls die Infomation der Gestalt im Außenbereich an.

Ein weiteres Bild der polyedrischen Realisierung der regulären Karte von Felix Klein von Schulte und Wills mit Mitteln der heute verfügbaren Computergrafik (in diesem Fall die Blender-Software) sieht man in Abb. 8.8. Wenn man die Polyeder auf dem Bildschirm drehend betrachtet, dann erhält man einen weitaus besseren räumlichen Eindruck von diesem Polyeder.

8.5 Die reguläre Karte $\{3,8\}_6$ von Walther von Dyck

In diesem Abschnitt wird eine reguläre Karte von Walther von Dyck (1856-1934), einem Gründungsmitglied des Deutschen Museums in München, besprochen, vgl. [18]. Walther von Dyck war ehemaliger Rektor der Technischen Hochschule München und gehörte 27 Jahre lang dem dreiköpfigen Vorstand des Deutschen Museums München an.

Tabelle 8.3 32 orientierte Dreiecke der regulären Karte $\{3,8\}_6$ vom Geschlecht 3 von Walther von Dyck

(01, 03, 02)	(01, 02, 09)	(01, 09, 11)	(01, 11, 06)	(01, 06, 05)	(01, 05, 12)	(01, 12, 08)	(01, 08, 03)
(02, 03, 07)	(09, 02, 10)	(11, 09, 07)	(06, 11, 10)	(05, 06, 07)	(12, 05, 10)	(08, 12, 07)	(03, 08, 10)
(02, 07, 12)	(09, 10, 08)	(11, 07, 03)	(06, 10, 02)	(05, 07, 09)	(12, 10, 11)	(08, 07, 06)	(03, 10, 05)
(02, 12, 04)	(09, 08, 04)	(11, 03, 04)	(06, 02, 04)	(05, 09, 04)	(12, 11, 04)	(08, 06, 04)	(03, 05, 04)

Bei Tab. 8.3 handelt es sich um die reguläre Karte $\{3,8\}_6$ von Walther von Dyck, die 32 Dreiecke besitzt, von denen in jeder Ecke acht in zyklischer Reihenfolge angrenzen. Diese reguläre Karte bildet eine geschlossene Fläche vom Geschlecht 3, und die Petrie-Polygonlänge ist 6. Wieder kann man die Fläche betrachten, die durch die Gleichung

$$x^4 + y^4 + z^4 = 0$$

für projektive komplexe Koordinaten beschrieben wird. Sie hat die Symmetriegruppe der regulären Karte von von Dyck.

Von der regulären Karte $\{3,8\}_6$ von Walther von Dyck sehen wir in Abb. 8.9 erzeugende Permutationen ihrer Symmetriegruppe. Es ist typisch für eine reguläre Karte, dass erst durch mehrere Darstellungen die Vielfalt der Symmetrien erkennbar wird. Aus nur einem der beiden Bilder in Abb. 8.9 hätte man nicht die jeweils andere Symmetrie vermutet. Abb. 8.10 zeigt eine weitere Symmetrie.

Dem linken Bild in Abb. 8.9 entnimmt man eine weitere Symmetrie, wenn man alle Punkte am Punkt 1 spiegelt. Dann bleiben die vier Punkte $1, 10, 11, 12$ fest, und wir haben die Permutation $(2,6)(3,7)(4,8)(5,9)$.

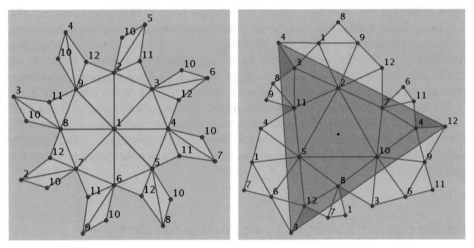

Abbildung 8.9 Zwei Permutationen, die die Symmetriegruppe der von Dyck'schen regulären Karte erzeugen. Die Permutation um eine Ecke ergibt die Permutation $(2,3,4,5,6,7,8,9)(11,12)$. Die Drehung eines Dreiecks ergibt die Permutaion $(1,9,6)(2,10,5)(3,4,12)(7,8,11)$

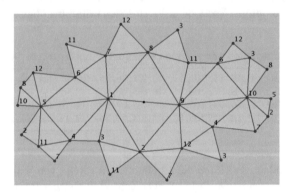

Abbildung 8.10 Eine weitere Symmetrie wird durch die Spiegelung am Mittelpunkt einer Kante erhalten, $(1,9)(2,8)(3,11)(4,6)(5,10)(7,12)$

Für die Anzahl der zweidimensionalen Seiten schreiben wir $f_2 = 32$. Für die Anzahl der Kanten, d.h. der 1-Seiten haben wir $f_1 = 48$, und für die Anzahl der Ecken oder 0-Seiten gilt $f_0 = 12$. Die verallgemeinerte Euler'sche Polyederformel besagt für das Geschlecht g der orientierbaren 2-Mannigfaltigkeit:

$$f_2 - f_1 + f_0 = 2 - 2g$$

Wir berechnen daher für das Geschlecht der von Dyck'schen regulären Karte: 32 - 48 + 12 $= -4 = 2 - 2g$, also erhalten wir für das Geschlecht $g = 3$.

Ein erstes polyedrisches Modell zur regulären Karte von Walther von Dyck hatte ich auf der Tagung *Computer-Aided Geometric Reasoning* 1987 in Sophia-Antipolis, Frank-

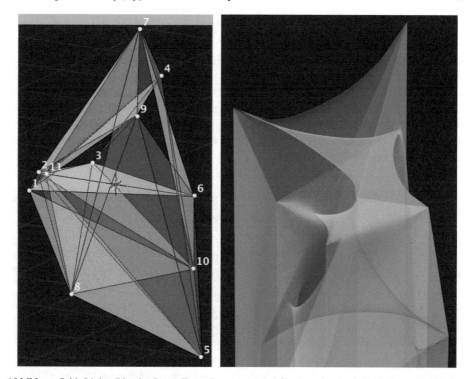

Abbildung 8.11 Links: Blender-Darstellung des ersten Modells einer durchschnittsfreien polyedrischen Realisation der regulären Karte von Walther von Dyck, ohne Ecke 12. Es gab dazu vorher Darstellungen auf dem Titelblatt, *The Mathematical Intelligencer*, Winter 1988. Rechts: Nur bedingt gelungene Blender-Darstellung mit allen zwölf Ecken und der Subdivision-Option (Unterteilung der Flächen), um das Geschlecht der Fläche zu verdeutlichen

reich, gezeigt. In der Arbeit [3] gibt es davon ein Foto. In Abb. 8.11 (links) sieht man eine Blender-Darstellung mit nur elf Ecken. Die zwölfte Ecke muss man sich unter dem Modell vorstellen. Von dort startet eine *Tüte* zu den oberen Punkten 1, 2, 3, 4, 5, 6, 7, 8, die in der Projektion ein reguläres Achteck bilden. Diese Tüte hätte aber einen Teil der oberen Struktur verdeckt. Über diese durchschnittsfreie polyedrische Realisierung zur regulären Karte von Walther von Dyck hatte ich davor bereits auf einer Tagung in Siegen vorgetragen, auf der auch Coxeter unter den Zuhörern war. Er stellte mir nach meinem Vortrag die Frage: *What is the shape of it?* Da ich eher an den zugehörigen Realisationsraum meiner Koordinaten dabei dachte, hatte ich auch keine Antwort parat, nachdem mir seine Frage völlig klar geworden war. Für Coxeter waren seine polyedrischen Objekte immer mit hohen Symmetrien versehen. Damit war für ihn die Gestalt eines Polyeders bis auf eine Bewegung im Raum oder eine Maßstabsveränderung weitgehend festgelegt. Mir war es dagegen wichtig, die Vermutung von Schulte und Wills, dass diese reguläre Karte nicht durchdringungsfrei polyedrisch realisiert werden kann, widerlegt zu haben. Der Frage nach geometrischen Symmetrien konnte man sich nun anschließend widmen. Die Punkte der Realisation konnten noch stetig verschoben werden, ohne die durchschnittsfreie Realisierbarkeit zu verletzten. Das Modell auf der Tagung in Antibes, Frankreich, 1987 hatte allein durch die Materialien einen beachtlichen Preis. Später fand Ulrich Brehm, [9] dann eine symmetrische Version der regulären Karte von von Dyck, die aber früher veröffentlicht wurde. Die polyedrische Version von Ulrich Brehm ist in Abb. 8.12 in einer Blender-Darstellung zu sehen. Abb. 8.13 zeigt deutlicher das Geschlecht der Fläche. Der Vergleich beider Realisationen zeigt, dass man nach einer ersten durchschnittsfreien polyedrischen Realisation nach einer Version sucht, die zusätzliche geometrische Symmetrien besitzt. Dieser Frage widmen wir uns ausführlich in einem weitaus komplexeren aktuellen Beispiel einer regulären Karte von Hurwitz am Ende dieses Kapitels.

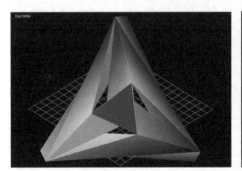
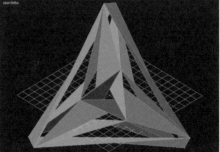

Abbildung 8.12 Diese polyedrische Realisation der von Dyck'schen Karte ohne Selbstdurchdringungen von Ulrich Brehm hat eine maximale geometrische Symmetrie. Links sieht man das gefärbte vollständige Polyeder, rechts wurden einige Dreiecke entfernt, um die innere Dreiecksstruktur zu verdeutlichen

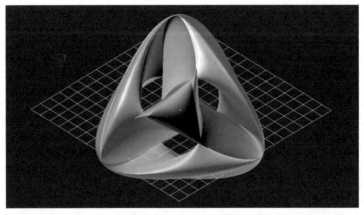

Abbildung 8.13 Die Option in der Blender-Software, eine sukzessive Unterteilung der Triangulierung vorzunehmen, ohne die Topologie des Objekts zu verändern, wurde hier eingesetzt, um das Geschlecht der Fläche $g = 3$ zu zeigen. Das Bild im rechten Teil der Abb. 8.11 hatte transparente Flächen

Wir stellen am Ende dieses Abschnitts auch erneut die Frage, ob es nicht auch zur dualen regulären Karte von von Dyck eine durchschnittsfreie polyedrische Realisation gibt oder einen Beweis, dass das nicht möglich ist. Man müsste dazu zwölf ebene Achtecke finden, deren insgesamt 56 Eckpunkte und 48 Kanten Inzidenzeigenschaften besitzen, wie wir sie durch die reguläre Karte von von Dyck kennen. Diese ebenen Achtecke können allerdings nicht konvex sein, vgl. [34].

8.6 Die reguläre Karte $\{3,8\}_{12}$ von Klein und Fricke

Auf Klein und Fricke geht die kombinatorische Beschreibung einer regulären Karte vom Geschlecht 5 zurück. Die polyedrische Realisierung durch Branko Grünbaum wurde ausgiebig in der Arbeit von Gábor Gévay, Egon Schulte und Jörg M. Wills, [20], mit dem Titel *The regular Grünbaum polyhedron of genus 5* beschrieben. Abb. 8.14 zeigt dieses Polyeder.

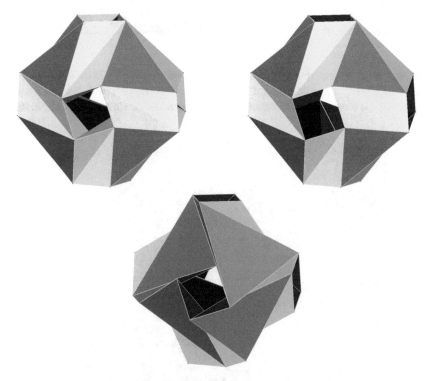

Abbildung 8.14 Das Polyeder von Grünbaum aus der angegebenen Arbeit [20]. Die Zeichnungen hat mir Gábor Gévay zur Verfügung gestellt. Das obere linke Bild zeigt das gesamte Polyeder. Rechts daneben sieht man nur die äußere Hülle und unten nur einen inneren Teil

8.7 Die regulären Karten von Harold Scott MacDonald Coxeter und Alicia Boole Stott

Coxeter (1907-2003), war ein bedeutender britisch-kanadischer Mathematiker. Wir sehen ein Bild von ihm aus dem Jahr 1984 in Abb. 8.15.

Abbildung 8.15 Harold Scott MacDonald Coxeter (1907-2003) im Jahr 1984 in Oberwolfach auf einer Aufnahme von Ludwig Danzer, Quelle: Bildarchiv des Mathematischen Forschungsinstituts Oberwolfach. Sein Arbeitsgebiet betraf die regulären Polytope [15]. Das Buch von Coxeter und Moser [16] aus dem Jahr 1980 ist eine schöne Übersicht über reguläre Karten zum damaligen Zeitpunkt

Eine spezielle Klasse von Symmetrie-Gruppen wurde nach Coxeter benannt. Im Vorwort des Buches von Peter McMullen und Egon Schulte über *Abstract Regular Polytopes*, [28], bezeichnen diese beiden Autoren Coxeter als das *Urgestein* zu dieser Thematik.

Abbildung 8.16 Das Bild zeigt die reguläre Karte $\{4,6\,|\,3\}$ von Coxeter und Boole Stott mit 20 Ecken, 60 Kanten und 30 Vierecken vom Geschlecht 6. Die polyedrische Realisierung dieser regulären Karte hat eine Symmetrie des regulären Tetraeders

Es überrascht daher nicht, dass vier der polyedrischen durchschnittsfreien Realisierungen regulärer Karten mit Coxeters Namen verbunden sind. Ein Paar zueinander dualer regulärer Karten hat jeweils das Geschlecht 6, d.h., diese Polyeder haben sechs Henkel. In den Abbildungen 8.16 und 8.17 zeigen wir jeweils Blender-Darstellungen dieser regulären Karten. Die Arbeiten von Coxeter und Boole Stott dazu wurden 1910 und 1937 veröffentlicht,[14, 8]. Zu den polyedrischen Realisieerungen gibt es drei Arbeiten von Peter McMullen, Christoph Schulz und Jörg M. Wills, [29, 30, 31].

Die reguläre Karte $\{6, 4 \,|\, 3\}$ in Abb. 8.17 von Coxeter und Boole Stott mit 30 Ecken, 60 Kanten und 20 Sechsecken vom Geschlecht 6 hat ebenfalls eine Symmetrie des regulären Tetraeders. Sie ist dual zu der regulären Karte von Coxeter aus Abb. 8.16.

Bei diesem Bild wurde eine Ecke gelöscht, damit man besser den inneren Teil erkennen kann. Statt der vier Dreiecksseiten eines regulären Tetraeders, hat man zunächst vier Sechsecke aus den Facetten eines regulären Tetraeders durch das Abschneiden der Ecken des Tetraeders erhalten. Dadurch hat jede zweite Kante bereits ein Nachbarsechseck. Von den anderen Kanten (das sind vier mal drei Sechsecke) wird ein Sechseck nach innen gefaltet. Dort treffen diese Sechsecke wieder auf ein Tetraeder, von dem die Ecken abgeschnitten wurden. Damit hat man insgesamt 20 Sechsecke. Über den QR-Code sieht man eine verständlichere Videodarstellung dieses Polyeders.

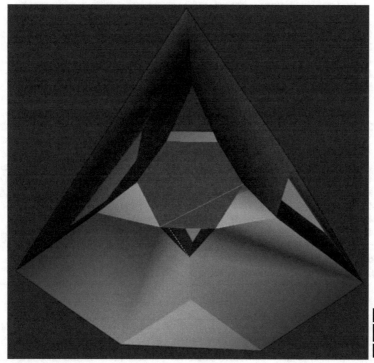

Abbildung 8.17 Blender-Darstellung einer polyedrischen Version der regulären Karte $\{6, 4 \,|\, 3\}$ von Coxeter und Boole Stott

8.8 Die reguläre Karte $\{3,7\}_{18}$ von Adolf Hurwitz

Die kombinatorische Beschreibung der regulären Karte $\{3,7\}_{18}$ vom Geschlecht 7 von Adolf Hurwitz (1859-1919) kann man seiner Arbeit [21] aus dem Jahr 1893 entnehmen. In einer Arbeit von Macbeath [26] im Jahr 1965 wurde das Ergebnis von Hurwitz wiederentdeckt und weiterbearbeitet, vgl. auch [27], sodass auch der Name Macbeath mit dieser regulären Karte verbunden wird. Wir sehen die Dreiecksliste in Tab. 8.4. Sie besitzt 168 Dreiecke, von denen in jeder Ecke sieben in zyklischer Reihenfolge angrenzen. Die Dreiecke bilden eine geschlossene Fläche vom Geschlecht 7, und die Petrie-Polygonlänge ist 18. Diese reguläre Karte stammt aus einer Serie, von der das erste Beispiel die reguläre Karte von Felix Klein ist, die wir vorher betrachtet hatten. Wer die Thematik und die Bedeutung der einfachen Gruppen kennt, dem wird die Symmetriegruppe dieser regulären Karte von Hurwitz als einfache Gruppe von der Ordnung 1008 evtl. schon begegnet sein.

Tabelle 8.4 Die 168 orientierten Dreiecke der regulären Karte $\{3,7\}_{18}$ vom Geschlecht 7 von Hurwitz

(01, 02, 03)	(01, 03, 04)	(01, 04, 05)	(01, 05, 06)	(01, 06, 07)	(01, 07, 08)	(01, 08, 02)
(02, 08, 09)	(02, 10, 03)	(03, 11, 04)	(12, 05, 04)	(13, 06, 05)	(14, 07, 06)	(08, 07, 15)
(02, 09, 23)	(03, 10, 24)	(11, 25, 04)	(12, 26, 05)	(13, 27, 06)	(14, 28, 07)	(08, 15, 29)
(02, 16, 10)	(03, 17, 11)	(12, 04, 18)	(13, 05, 19)	(20, 14, 06)	(21, 15, 07)	(22, 09, 08)
(02, 23, 16)	(03, 24, 17)	(04, 25, 18)	(19, 05, 26)	(20, 06, 27)	(21, 07, 28]	(22, 08, 29)
(22, 51, 09)	(16, 52, 10)	(11, 17, 53)	(12, 18, 54)	(55, 13, 19)	(56, 14, 20)	(21, 57, 15)
(46, 23, 09)	(47, 24, 10)	(48, 25, 11)	(49, 26, 12)	(50, 27, 13)	(44, 28, 14)	(45, 29, 15)
(46, 09, 32)	(47, 10, 33)	(48, 11, 34)	(49, 12, 35)	(50, 13, 36)	(44, 14, 30)	(45, 15, 31)
(32, 09, 51)	(10, 52, 33)	(11, 53, 34)	(12, 54, 35)	(55, 36, 13)	(30, 14, 56)	(31, 15, 57)
(36, 16, 23)	(30, 17, 24)	(31, 18, 25)	(32, 19, 26)	(20, 27, 33)	(21, 28, 34)	(22, 29, 35)
(36, 42, 16)	(30, 43, 17)	(31, 37, 18)	(38, 19, 32)	(39, 20, 33)	(21, 34, 40)	(22, 35, 41)
(58, 16, 42)	(59, 17, 43)	(37, 60, 18)	(38, 61, 19)	(39, 62, 20)	(21, 40, 63)	(64, 22, 41)
(58, 52, 16)	(59, 53, 17)	(54, 18, 60)	(55, 19, 61)	(56, 20, 62)	(21, 63, 57)	(64, 51, 22)
(36, 23, 37)	(30, 24, 38)	(39, 31, 25)	(40, 32, 26)	(41, 33, 27)	(34, 28, 42)	(35, 29, 43)
(37, 23, 60)	(38, 24, 61)	(39, 25, 62)	(40, 26, 63)	(64, 41, 27)	(58, 42, 28)	(59, 43, 29)
(46, 60, 23)	(47, 61, 24)	(48, 62, 25)	(49, 63, 26)	(50, 64, 27)	(44, 58, 28)	(45, 59, 29)
(44, 30, 38)	(45, 31, 39)	(46, 32, 40)	(47, 33, 41)	(48, 34, 42)	(49, 35, 43)	(50, 36, 37)
(30, 56, 43)	(31, 57, 37)	(38, 32, 51)	(39, 33, 52)	(40, 34, 53)	(54, 41, 35)	(55, 42, 36)
(50, 37, 57)	(44, 38, 51)	(45, 39, 52)	(46, 40, 53)	(47, 41, 54)	(48, 42, 55)	(49, 43, 56)
(44, 51, 65)	(45, 52, 66)	(46, 53, 67)	(47, 54, 68)	(48, 55, 69)	(49, 56, 70)	(50, 57, 71)
(44, 65, 58)	(45, 66, 59)	(46, 67, 60)	(47, 68, 61)	(48, 69, 62)	(49, 70, 63)	(50, 71, 64)
(64, 65, 51)	(58, 66, 52)	(67, 53, 59)	(68, 54, 60)	(55, 61, 69)	(56, 62, 70)	(63, 71, 57)
(58, 65, 66)	(67, 59, 66)	(67, 68, 60)	(68, 69, 61)	(69, 70, 62)	(63, 70, 71)	(64, 71, 65)
(66, 65, 72)	(67, 66, 72)	(67, 72, 68)	(68, 72, 69)	(69, 72, 70)	(71, 70, 72)	(65, 71, 72)

Adolf Hurwitz promovierte 1881 an der Universität Leipzig bei Felix Klein. Er wurde Privatdozent an der Universität Göttingen und erhielt 1884 an der Universität Königsberg ein Ordinariat. Dort stand er in Verbindung mit zwei bedeutenden Mathematikern seiner Zeit, mit Hermann Minkowski und mit David Hilbert. Die von Hilbert als wesentlich erachteten Probleme der Mathematik, die er zur Jahrhundertwende 1900 veröffentlichte, sind noch heute immer wieder im Gespräch auf internationalen Tagungen. Die *Zürcher Zeitung* brachte zur Jahrhundertwende 2000 eine Übersicht über den Stand dieser Probleme, sie würde aber den Rahmen dieses Buches weit übersteigen.

Wir haben eine topologische Realisation der regulären Karte $\{3,7\}_{18}$ von Hurwitz bereits in den Abbildungen 8.5 und 8.6 gesehen. Eine erste Anfertigung eines Vormodells zeigt Abb. 8.18.

Abbildung 8.18 Diese Abbildung zeigt eines meiner Vormodelle, um die Realisation der regulären Karte $\{3,7\}_{18}$ von Hurwitz zu klären. Zum Zeitpunkt dieses Modellbaus bestand noch die Hoffnung, dass es eine Realisation mit zyklischer Symmetrie der Ordnung 7 geben könnte. Durch die hohe Anzahl der Flächen, $f_2 = 168$, die hohe Anzahl der Kanten, $f_1 = 252$, und durch die hohe Anzahl der Punkte, $f_0 = 72$, im Vergleich zu allen bis dahin gefundenen polyedrischen durchschnittsfreien Realisierungen regulärer Karten mit kleinem Geschlecht, war die Herausforderung nicht nur beim Modellbau beachtlich. Die Materialien zum Modellbau wurden mehrfach nachgebessert

Die Frage, ob es zu der regulären Karte von Hurwitz mit 168 Dreiecken und dem Geschlecht 7 eine polyedrische Realisation mit ebenen Dreiecken und ohne Selbstdurchdringungen gibt, wurde mir von Jörg M. Wills aus Siegen gestellt mit dem Hinweis, er hätte es vergeblich einige Zeit versucht.

Das Problem habe ich verschiedentlich auf Tagungen als offenes Problem weitergegeben, so etwa auf einer Tagung in Mulhouse, Frankreich, 2014, und auf einer Tagung in Ixtapa, Mexiko, 2014, siehe [7]. Häufig erfährt man bei der Bearbeitung eines mathematischen Problems erst später von Kollegen, wer sich schon vorher mit dem Problem beschäftigt hat und welche Teilergebnisse dabei entstanden sind. Einige Zeit verbrachte ich damit, ein Modell anzufertigen, das Hinweise auf die Realisierbarkeit bringen sollte. Das Modell in Abb. 8.18 stammt aus der Zeit, als ich noch die Hoffnung auf eine Realisation mit einer zyklischen Symmetriegruppe der Ordnung 7 hatte. In Mexiko hatte ich erfahren, dass es viele topologische Realisationen regulärer Karten von Jarke van Wijk gibt, bei denen ich aber zunächst nicht die Karte von Hurwitz fand. Nach einem Kontakt mit ihm bekam ich dann einen Film von ihm zu sehen, bei dem auch eine topologische Realisation der regulären Karte $(3,7)_{18}$ enthalten war. Dieses Beispiel ist zurzeit noch

Abbildung 8.19 3-D-Ausdruck eines Polyeders zu dem Beispiel von Hurwitz. Polyedrische Realisation basierend auf meiner Untersuchung mit Michael Cuntz, Universität Hannover, in 2017. Gegenüber der ursprünglich gefundenen Realisierung waren die Koordinaten hierfür verbessert worden, um die Probleme beim 3-D-Druck zu reduzieren. Die Problematik einer Fläche vom Geschlecht 7 beim 3-D-Druck erfordert bessere Techniken. Einige Firmen haben mit dem Objekt Probleme gehabt

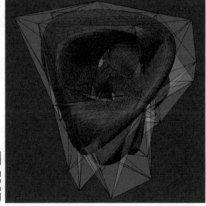

Abbildung 8.20 Eine Blender-Darstellung des Modells zur regulären Karte $(3,7)_{18}$ vom Geschlecht 7 von Hurwitz (links). Durch eine dreimalige Unterteilung der Triangulierung (*modifier: subdivision surface*) (rechts) ist das Geschlecht der Fläche leichter zu erkennen

nicht von ihm veröffentlicht, aber er hat mir gestattet, dieses Bild hier zu verwenden. Es ist dargestellt in Abbildung 8.5.

Vor der Veröffentlichung meines mit Michael Cuntz gefundenen Ergebnisses, [3], erfuhr ich von Carlo Sequin aus Berkley, dass er vor Jarke van Wijk bereits eine topologische Version der regulären Karte von Hurwitz angefertigt hatte, die noch als Abbildung in der Arbeit [3] erschien. Es begann nun eine Zeit, in der die ganzzahligen Koordinaten

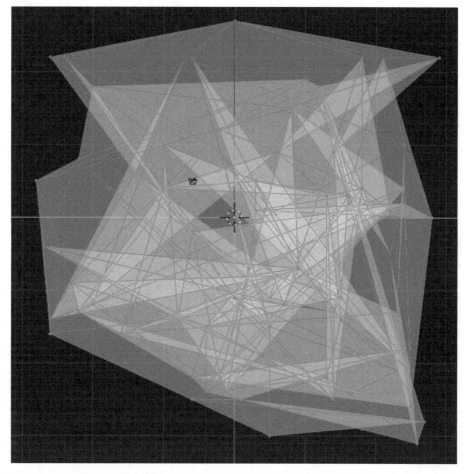

Abbildung 8.21 Die Realisation der regulären Karte von Hurwitz mit ebenen Dreiecken und ohne Selbstdurchdringungen in einer Blender-Darstellung mit transparenten Dreiecksflächen

verbessert werden sollten, um die Henkel der Mannigfaltigkeit vom Geschlecht 7 besser zu erkennen. Von einem 3-D-Druck hatte ich ein besseres Verständnis erwartet. In Abb. 8.19 ist ein 3-D-Druck einer Realisation der Hurwitz'schen Karte zu sehen, die aus der ursprünglichen Realisation von Michael Cuntz und mir, [3], durch stetige Veränderungen der Koordinaten, ohne die Realisierbarkeit zu verletzen, hervorgegangen ist.

Solche stetigen Veränderungen sollten mich auch zu einer Realisation führen, die dann eine geometrische Symmetrie besitzt. Eine solche Realisation mit einer siebenfachen Symmetrie wäre aber nie gelungen, wie sich durch eine spätere Überlegung zur Knotenstruktur in der Realisation zeigte. Wir kommen darauf noch zurück.

Was kann die Software Blender bereitstellen? In Abb. 8.21 ist eine transparente Version zu sehen. Gibt es weitere Methoden, das Polyeder verständlich darzustellen? Bereits beim Möbius-Torus wurde klar, dass für den normalen Betrachter Dreiecksstrukturen sehr un-

Abbildung 8.22 Explosionszeichnung zur polyedrischen Realisation zur regulären Karte von Hurwitz.
Der Deckel wurde angehoben, und ein Bodenteil wurde gesenkt. Zwei Seitenteile wurden nach außen
bewegt. Dadurch kann man insbesondere durch die Drehung des Objekts mit der Blender-Software oder
eines anderen 3-D-Softwareprogramms die Durchschnittsfreiheit erkennen und das Geschlecht der Fläche
überprüfen

gewohnt sind. Sie erschweren das Verständnis erheblich, da wir gewohnt sind, Objekte mit
rechten Winkeln zu sehen. In der Technik werden oft sogenannte Explosionszeichnungen
eingesetzt. Eine solche Zeichnung mit Blender-Unterstützung zeigt die Abb. 8.22.

Durch die Möglichkeit in der Software Blender, eine Unterteilung der Triangulierung
vorzunehmen, kann man sich eine bessere Vorstellung von den Henkeln bei der Realisation
verschaffen. Eine entsprechende Darstellung sieht man in Abb. 8.20.

Ich habe während der Entstehung dieses Buches immer wieder über eine symmetrische
polyedrische Realisierung der regulären Karte von Hurwitz nachgedacht und lange Zeit
auch in Zusammenarbeit mit Gábor Gévay aus Ungarn. Diese Überlegungen sind in eine
Arbeit zu dieser Thematik eingeflossen, [5]. In diesem Kapitel stellen wir nicht nur neue
Fragen und beschreiben die Ergebnisse in diesem Fall, sondern wir gehen auch auf Teile
der Lösungsmethoden ein.

Wir widmen uns ausführlich dieser regulären Karte $\{3,7\}_{18}$ vom Geschlecht 7 von
Hurwitz. Sie ist die zweitkleinste einer Serie regulärer Karten vom Typ $\{3,7\}$. Die kleins-

te reguläre Karte aus dieser Serie ist die berühmte reguläre Karte von Felix Klein vom Geschlecht 3, die wir in diesem Kapitel bereits behandelt haben. Die Nummerierung der Ecken stammt aus der Arbeit [3].

Wir werden im Folgenden der Frage nachgehen, ob man nicht auch eine geometrische Symmetrie einer solchen Realisation erreichen kann. Die schönen topologischen Darstellungen im Zusammenhang mit regulären Karten von Carlo Sequin, Jarke van Wijk, Faniry Razafi und Konrad Polthier leben von den Symmetrien der dargestellten Flächen.

8.9 Hurwitz-Polyeder $(3,7)_{18}$ mit geometrischer Symmetrie?

Die Hurwitz-Fläche $(3,7)_{18}$ hat das Geschlecht 7, und die kombinatorische Symmetriegruppe hat die Ordnung 1008. Trotz der hohen kombinatorischen Symmetrie hat die gefundene durchschnittsfreie Realisation in [3] keine geometrische Symmetrie. Dagegen hatten alle vorher gefundenen polyedrischen Realisierungen regulärer Karten ohne Selbstdurchdringungen auch nichttriviale geometrische Symmetrien.

Daher stellt sich die Frage: Können wir eine durchschnittsfreie Realisation mit einer geometrischen Symmetrie finden? Wir betrachten dazu die Untergruppen der kombinatorischen Symmetriegruppe, die die Orientierung der Fläche erhalten. Nur diese Untergruppen müssen wir untersuchen. Die mathematische Terminologie lautet: Wir suchen Untergruppen bis auf Konjugation der zu findenden Untergruppe. Wir benutzen wieder die GAP-Software, [19], auf einem MacBook Pro Rechner (OS X El Capitan) Version 10.11.6, die wir in Kap. 6 bereits verwendet hatten.

Zwei erzeugende Permutationen r und s ergeben die Gruppe $Hu := Group(r,s)$, die die Orientierung der Fläche vom Geschlecht 7 beibehält. Eine gesuchte geometrische Symmetrie wäre eine Untergruppe dieser Symmetriegruppe $Hu := Group(r,s)$. Die Permutation r beschreibt die Rotation des Dreiecks $(1,2,3)$, wenn man es als gleichschenklig annimmt und es um 120 Grad um seinen Mittelpunkt dreht. Die Permutation s beschreibt die Rotation um den Punkt 1.

$$r := (01,02,03)(04,08,10)(05,09,24)(06,23,17)(07,16,11)(12,22,47)$$
$$(13,46,30)(14,36,53)(15,52,25)(18,29,33)(19,32,38)(20,37,59)$$
$$(21,58,48)(26,51,61)(27,60,43)(28,42,34)(31,45,39)(35,41,54)$$
$$(40,44,55)(49,64,68)(50,67,56)(57,66,62)(63,65,69)(70,71,72)$$

$$s := (02,03,\ldots,08)(09,10,\ldots,15)(16,17,\ldots,22)(23,24,\ldots,29)(30,31,\ldots,36)$$

$$(37,38,\ldots,43)(44,45,\ldots,50)(51,52,\ldots,57)(58,59,\ldots,64)(65,66,\ldots,71)$$

Die GAP-Software liefert uns die Untergruppen.
gap> Hu:=Group(r,s);

Mit dem GAP-Befehl ConjugacyClassesSubgroups(Hu); erhalten wir alle Konjugierten-klassen der Untergruppen der Gruppe Hu.

gap> ConjugacyClassesSubgroups(Hu);

Wir können jetzt für alle Untergruppen ihre erzeugenden Elemente angeben, geben aber nur deren Untergruppen mit nur einem erzeugenden Element an.

Eine erste zyklische Untergruppe, Hu01, hat die Ordnung 2.

(01,03)(02,04)(05,10)(06,24)(07,17)(08,11)(09,25)(12,16)(13,47)
(14,30)(15,53)(18,23)(19,33)(20,38)(21,59)(22,48)(26,52)(27,61)
(28,43)(29,34)(31,46)(32,39)(35,42)(36,54)(37,60)(40,45)(41,55)
(44,56)(49,58)(50,68)(51,62)(57,67)(63,66)(64,69)(65,70)(71,72)

Eine zweite zyklische Untergruppe, Hu02, hat die Ordnung 3.

(01,36,32)(02,23,09)(03,37,51)(04,50,38)(05,13,19)(06,55,26)
(07,42,40)(08,16,46)(10,60,22)(11,57,44)(12,27,61)(14,48,63)
(15,58,53)(17,31,65)(18,64,24)(20,69,49)(21,28,34)(25,71,30)
(29,52,67)(33,68,35)(39,72,43)(41,47,54)(45,66,59)(56,62,70)

Die dritte zyklische Untergruppe, Hu03, hat die Ordnung 7.

(01,52,51,55,56,54,57)(02,58,38,69,49,18,15)
(03,66,32,48,43,60,21)(04,45,09,42,30,68,63)
(05,39,22,36,14,47,71)(06,33,64,13,20,41,50)
(07,10,65,19,62,35,37)(08,16,44,61,70,12,31)
(11,59,46,34,17,67,40)(23,28,24,72,26,25,29)

Die vierte zyklische Untergruppe, Hu04, hat die Ordnung 9.

(01,08,22,64,71,70,62,25,04)(02,09,51,65,72,69,4. 8,11,03)
(05,07,29,41,50,63,56,39,18)(06,15,35,27,57,49,20,31,12)
(10,23,32,44,66,68,55,34,17)(13,21,43,33,37,26,14,45,54)
(16,46,38,58,67,61,42,53,24)(19,28,59,47,36,40,30,52,60),

Die übrigen Untergruppen haben mehr als ein erzeugendes Element. Die Software GAP bestätigt uns die Ordnung 504 der Gruppe Hu: $Size(Hu) = 504$. Die größere kombinatori-sche Symmetriegruppe der Ordnung 1008 enthält noch eine Symmetrie, die das Innere der Fläche mit dem Äußeren der Fläche vertauscht.

Die trivialen Untergruppen interessieren uns nicht, auch nicht jene mit mehreren er-zeugenden Permutationen. Wir erhalten damit genau vier Untergruppen mit nur einem erzeugenden Element: Hu01 mit der Ordnung 2, Hu02 mit der Ordnung 3, Hu03 mit der Ordnung 7 und Hu04 mit der Ordnung 9. Wenn wir diese Untergruppen nicht geometrisch realisieren können, dann auch nicht die mit mehreren erzeugenden Permutationen. Die-se vier zyklischen Untergruppen haben die Ordnungen 2,3,7 und 9. Wenn wir feststellen, dass diese vier Untergruppen für geometrische Symmetrien ausscheiden, dann haben wir gezeigt, dass es keine durchschnittsfreie polyedrische Realisation mit einer geometrischen Symmetrie geben kann.

Wir wollen uns jetzt einer Klärung dieser Frage zuwenden. Wir beschreiben im Folgenden, wie die Frage weiter eingeengt werden konnte. Es überrascht nicht, dass wir zunächst eine Fallunterscheidung hinsichtlich der vier Untergruppensituationen vornehmen. Wenn wir im Folgenden nichts anderes vermerken, meinen wir stets mit einer polyedrischen Realisation eine durchschnittsfreie polyedrische Realisation, in der Literatur mitunter auch *Einbettung* genannt.

Für jede der vier zyklischen Gruppen werden wir den Kantengraphen mit der entsprechenden Symmetrie angeben. Damit wird indirekt die hohe abstrakte Symmetrie der regulären Karte von Hurwitz erkennbar. Wir behandeln im Folgenden die einzelnen zyklischen Untergruppen getrennt. Wenn wir in jedem Fall einen Widerspruch zur entsprechenden symmetrischen Einbettung finden, dann kann es für keine der Untergruppen eine geometrische Einbettung geben.

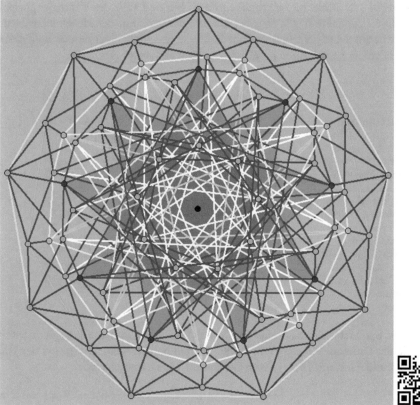

Abbildung 8.23 Kantengraph der regulären Karte $\{3,7\}_{18}$ vom Geschlecht 7 von Hurwitz mit einer zyklischen Symmetrie des regulären 9-Ecks

8.9.1 Es gibt keine geometrische Symmetrie der Ordnung 9

Der Fall der Symmetriegruppe von der Ordnung 9 (Hu04) schränkt die Koordinaten-
wahl für eine geometrische durchschnittsfreie polyedrische Realisation am meisten ein,
die mögliche Einbettung in diesem Fall sollte daher auch am einfachsten zu klären sein?
Das ist richtig, aber ein entsprechendes Argument muss erst gefunden werden. Die Symmetrie der Ordnung 9 wird beschrieben durch die erzeugende abstrakte Permutation der
Ecken, die wir für die Untergruppe Hu04 angegeben hatten.

Wir können damit den Kantengraphen mit dieser Symmetrie zeichnen. Die zyklische
Symmetrie eines regulären Neunecks führt zur Darstellung des Kantengraphen der regulären Karte in Abb. 8.23 mit ebendieser Symmetrie.

Natürlich klärt man dann, ob durch die Symmetrieforderung eine Folgerung für die
Lage der Dreiecke erfolgt, und das ist in der Tat der Fall. Die drei rot markierten Drei-
ecke in Abb. 8.24 sind Dreiecke der regulären Karte. Sie sind Teile des Kantengraphens in
Abb. 8.23. Ihre Eckpunkte liegen aber bei dieser Symmetrie auf den Ecken eines Neun-
ecks, und sie haben daher gemeinsame Punkte. Das widerspricht einer durchschnittsfreien
Realisation bei einer geometrischen zyklischen Symmetrie eines Neunecks.

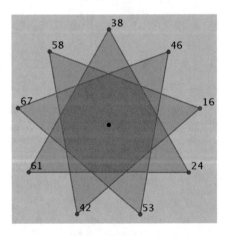

Abbildung 8.24 Der rote
Teil des Kantengraphen der
regulären Karte $\{3,7\}_{18}$ vom
Geschlecht 7 von Hurwitz mit
einer zyklischen Symmetrie
des regulären 9-Ecks zeigt
drei Dreiecke, die bei der
Symmetrieforderung in einer
Ebene liegen müssen und
die sich dort durchdringen.
Diese Teilinformation schließt
auch eine durchschnittsfreie
topologische Realisation mit
dieser Symmetrie aus

Damit ist der erste Symmetriefall im negativen Sinne geklärt. Eine geometrische
Symmetrie der Ordnung 9 für eine durchschnittsfreie polyedrische Realisation der Hurwitz'schen regulären Karte $\{3,7\}_{18}$ vom Geschlecht 7 kann es nicht geben.

8.9.2 Argumente gegen eine geometrische Symmetrie der Ordnung 7

Dieser Fall ist deutlich komplexer. Eine Betrachtung der Modelle zu der betreffenden regulären Karte von Hurwitz und eine Ansicht der Computergrafik von Jarke van Wijk lässt
zwar jeden Betrachter vermuten, dass eine solche Realisation mit siebenfacher Symmetrie

nicht existieren wird, aber ein Beweis für eine Nichtrealisierbarkeit ist damit keinesfalls gegeben.

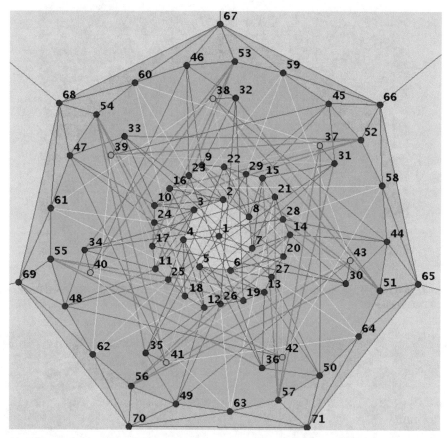

Abbildung 8.25 Kantengraph der regulären Karte $\{3,7\}_{18}$ vom Geschlecht 7 von Hurwitz mit einer zyklischen Symmetrie der Ordnung 7. Die Ecke 72 (ein Fixpunkt) denke man sich an den Außenkanten

Wir zeigen zunächst in Abb. 8.25 den Kantengraphen der regulären Karte, diesmal mit der zyklischen Symmetrie (Hu03) der Ordnung 7, die durch die erzeugende Permutation der Untergruppe Hu03 gegeben ist. Wir haben aber in diesem Fall die erzeugende Permutation benutzt, die wir auch zur Erzeugung der Gruppe mit dem Element s verwendet hatten. Dann ist die gewählte Bezeichnung für die Ecken besser zu verwenden. Hier noch einmal die s entsprechende Permutation:

$$s := (02, 03, \ldots, 08)(09, 10, \ldots, 15)(16, 17, \ldots, 22)(23, 24, \ldots, 29)(30, 31, \ldots, 36)$$

$$(37, 38, \ldots, 43)(44, 45, \ldots, 50)(51, 52, \ldots, 57)(58, 59, \ldots, 64)(65, 66, \ldots, 71)$$

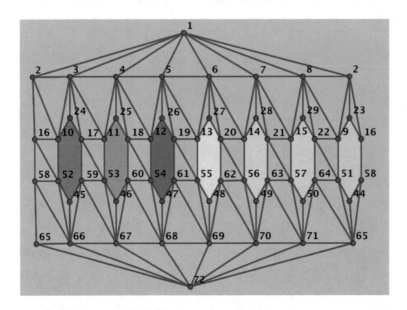

Abbildung 8.26 Die Sphäre mit den sieben Sechsecken hat zusätzliche 16 Ecken, die einen Boden und einen Deckel bilden

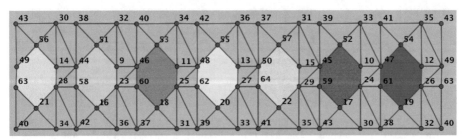

Abbildung 8.27 Der Torus mit den sieben Sechsecken hat zusätzlich einen zyklischen Polygonzug mit 14 Ecken

Die Punkte 1 und 72 sind Fixpunkte. Wenn man nur den Kantengraphen mit der Symmetrie der Ordnung 9 gesehen hat, ohne Hinweis auf Modelle oder topologische Darstellungen, dann ist es überraschend, dass für den Kantengraphen auch die zyklische Symmetrie der Ordnung 7 existiert. Das ist aber typisch für reguläre Karten. Die Definition einer regulären Karte erfordert ja eine hohe kombinatorische Symmetrie, aber sie ist am Modell in der Regel nicht erkennbar. Sie ist *versteckt*, von Jörg M. Wills wurde daher der Begriff *hidden symmetry* geprägt.

Die Computergrafik von Jarke van Wilk oder das von mir nach diesem Vorbild gebaute Modell in Abb. 8.6 lud ein, das Modell zu zerlegen in eine Sphäre und einen Torus, indem

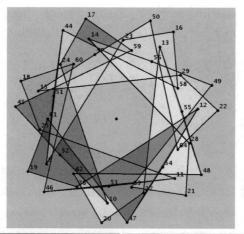

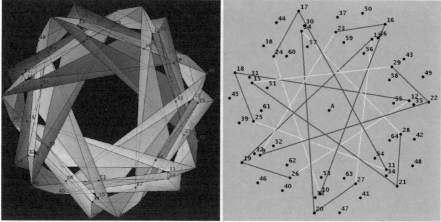

Abbildung 8.28 Die 84 Dreiecke der regulären Karte $\{3,7\}_{18}$ vom Geschlecht 7 von Hurwitz mit einer zyklischen Symmetrie des regulären Siebenecks müssen eine verknotete Realisation bilden, wie es diese Abbildung unten links zeigt. Die gleiche orthogonale Projektion entlang der Rotationsachse zeigt oben die projizierten Ränder der sieben Fenster und rechts unten den projizierten Rand einer topologischen Kreisscheibe um den Punkt 1

man sieben Sechsecke einfügte, die den Übergang von der Sphäre zum Torus ermöglichen. Man könnte diese Sechsecke als Fenster deuten, um von der Sphäre zum Torus zu gelangen oder umgekehrt.

Wir übernehmen die in der Arbeit [3] bereits angegebene Zerlegung der Fläche in einen Torus und eine Sphäre für unsere Argumentation. Die sieben Sechsecke sind in den Abbildungen 8.26 und 8.27 in den Farben Rot, Braun, Blau, Weiß, Gelb, Grün und Türkis markiert. Die Reihenfolge der Farben stimmt in den beiden Abbildungen von Sphäre und Torus nicht überein. Die 42 Ecken der sieben Sechsecke sind sowohl Ecken von der Sphäre mit den sieben Sechsecken, als auch Ecken vom Torus mit den sieben Sechsecken. Die Sphäre hat zusätzlich die Ecken, die an den Ecken 1 und 72 unmittelbar angrenzen, und

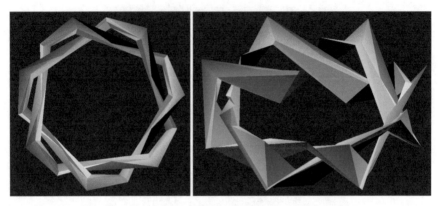

Abbildung 8.29 Der Knoten in einer anderen Realisierung in zwei Ansichtsversionen

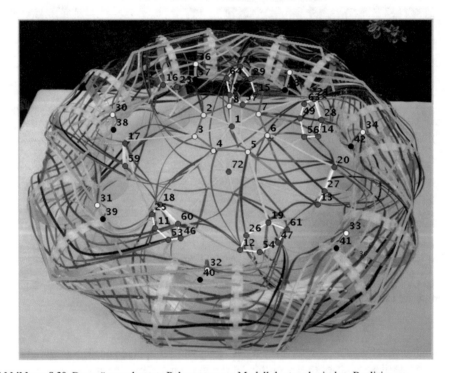

Abbildung 8.30 Der grüne verknotete Polygonzug am Modell der topologischen Realisierung

der Torus hat zusätzlich ein Polygonring mit der zyklischen Eckenfolge

$$43, 30, 38, 32, 40, 34, 42, 36, 37, 31, 39, 33, 41, 35, 43.$$

Wir stellen fest, dass der angesprochene geschlossene Polygonzug vom Torus durch die Symmetrie der Ordnung 7 die Ecken zweier regulärer Siebenecke durchlaufen muss, die sich dabei aber ständig abwechseln. Diese beiden regulären Siebenecke dürfen wegen der Durchschnittsfreiheit nicht in einer Ebene liegen. Daher haben wir eine verknotete Situation, von der man zunächst annimmt, dass man sie nicht durchschnittsfrei durch eine Torusstruktur ohne die sieben Sechsecke realisieren kann. Das ist aber nicht der Fall. In Abb. 8.28 sehen wir eine durchschnittsfreie Realisation einer solchen partiellen Torusstruktur.

In Abb. 8.30 haben wir am Modell aus Abb. 8.6 einige Ecken nummeriert und den verknoteten Polygonzug grün markiert. Die geraden Strecken erfordern bei der Realisierung eine Form, die schließlich in Abb. 8.28 erreicht wurde.

Die Sechsecke sind natürlich nicht als ebene Teile dabei mit realisiert. Durch die Überprüfung der Selbstdurchdringungen durch die Blender-Software und durch Drehen des Objekts mit der Blender-Software sind wir sicher, dass die gezeigte Struktur in den Abbildungen 8.28 und 8.29 die interessante Knotendarstellung durchschnittsfrei besitzt.

Die sieben Sechsecke wurden in der Abb. 8.28 eingezeichnet.

Können wir nun auch die restlichen Dreiecke der Sphärenkappe durchschnittsfrei hinzufügen? Wir betrachten von der Sphärenkappe um die Ecke 1 mit dem zyklischen Rand

$$16, 10, 24, 17, 11, 25, 18, 12, 26, 19, 13, 27, 20, 14, 28, 21, 15, 29, 22, 9, 23, 16$$

den entsprechenden Polygonverlauf in der Torusstruktur. Die vermerkte unterschiedliche Farbreihenfolge der sieben Sechsecke von Sphäre und Torus und durch die Knotenstruktur des zuerst angesprochenen Knotens bei der Torusstruktur windet sich der Polygonzug mehrfach um den Mittelpunkt der regulären Siebenecke. Das ist ein Widerspruch zur geforderten Durchdringungsfreiheit. Ich halte es für möglich, dass es sich bei dieser Argumentation um einen denkbaren Beweisansatz handelt, der die Einbettungsfrage bei einer zyklischen Symmetrie der Ordnung 7 im negativen Sinne beantworten kann. Wenn man für alle Einbettungen des (7,2)Torusknotens mit seinen angrenzenden Dreiecken in der Projektion diese Mehrfachumrundung um die Symmetrieachse des Randes einer topologischen Kreisscheibe um den Punkt 1 nachweisen kann, dann wäre der Beweis gelungen. Die Beweglichkeit des Knotens ist ja sehr eingeschränkt, sodass man auf einen solchen Beweis hoffen kann.

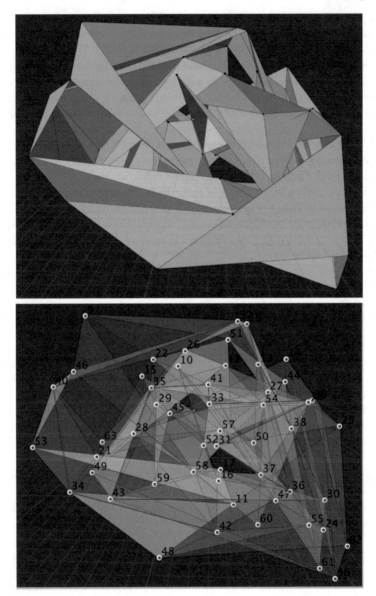

Abbildung 8.31 In der bekannten polyedrischen Realisierung der regulären Karte von Hurwitz sieht man hier die Knotenstruktur des Polygons der Länge 14. Eine Projektion des Polygonzuges der Länge 14 als (7,2)Torusknoten hätte in der Projektion mehr Schnittpunkte, als es diese Projektion zeigt. Es kann sich daher nicht um einen solchen Knoten handeln

Wir zeigen in Abb. 8.31 (oben und unten) die (7,2)Torusknotenstruktur, die im Falle einer zyklischen Symmetrie der Ordnung 7 auftreten müsste, im Falle der bekannten Einbettung ohne Symmetrie, d.h., wir sehen in dieser Abblidung den Toruspolygonzug der Länge 14 mit den angrenzenden Dreiecken. Abb. 8.31 (unten) zeigt diese Abbildung mit transparenten Dreiecken, und der Kantenzug ist in dieser Projektion mit den Indizes der Eckpunkte eingetragen. Wir erkennen, dass die Anzahl der Überschneidungen dieses Kantenzuges geringer ausfällt als im Falle eines (7,2)Torusknotens. Er hat also eine andere Struktur. Das bedeutet, dass man durch stetige Veränderungen im Realisationsraum der gefundenen Einbettung eine zyklische Symmetrie der Ordnung 7 nicht erreichen kann. Diese stetigen Veränderungen hatte ich ursprünglich an der bekannten Realisation vorgenommen mit der Hoffnung, dass mir eine geometrische Symmetrie der Ordnung 7 gelingen könnte. Diese Versuche hätten nie zum Erfolg geführt.

Abb. 8.32 und Abb. 8.33 zeigen zwei partielle durchschnittfreie Realisierungen mit einer geometrischen Symmetrie der Ordnung 7. Die zugehörigen YouTube-Filme lassen erkennen, dass noch viele Dreiecke in diesen partiellen Realisierungen fehlen.

8.9.3 Es gibt keine geometrische Symmetrie der Ordnung 3

Für die Untersuchung der geometrischen Symmetrie der Ordnung 3 betrachten wir zunächst wieder den Kantengraphen, dieses Mal mit der Symmetrie der Ordnung 3 entsprechend der zweiten zyklische Untergruppe, Hu02:

$$(01,36,32)(02,23,09)(03,37,51)(04,50,38)(05,13,19)(06,55,26)$$
$$(07,42,40)(08,16,46)(10,60,22)(11,57,44)(12,27,61)(14,48,63)$$
$$(15,58,53)(17,31,65)(18,64,24)(20,69,49)(21,28,34)(25,71,30)$$
$$(29,52,67)(33,68,35)(39,72,43)(41,47,54)(45,66,59)(56,62,70)$$

Das Bild in Abb. 8.34 ist recht unübersichtlich, aber durch die Tatsache, dass genau sechs der Dreiecke unter der Permutation der Ecken in ihrer Position verbleiben, haben wir eine Eigenschaft, mit der wir arbeiten können.

Die Dreiecke in den jeweiligen Mitten der Abb. 8.35 bilden jeweils den Ausgangspunkt von Kreisscheiben um die Symmetrieachse. Es wird kein weiteres Dreieck von der Symmetrieachse getroffen, da dies zu einer Selbstdurchdringung führen würde. Also könnten wir mit den topologischen Scheiben in sechs Ebenen starten und sie geeignet miteinander verbinden. Ein entsprechendes Modell dazu in Abb. 8.36 stammt aus der Zeit, als die Hoffnung auf eine Einbettung mit einer Symmetrie der Ordnung 3 noch bestand. Die sechs Ebenen sind zu erkennen, aber die Verbindung dieser topologischen Scheiben gelang nicht. Es hat sich dann gezeigt, dass nicht alle sechs topologischen Scheiben benötigt werden, um nachzuweisen, dass ein solches Modell mit der 3-fachen Symmetrie nicht mal topologisch existieren kann.

Um das zu erkennen, erweitern wir den Rand der topologischen Ausgangskreisscheibe mit dem Fixdreieck $(41, 47, 54)$ in Abb. 8.35 weiter unter Einsatz der Symmetrie zu der Situation in Abb. 8.37.

Dann müssen schließlich die weiteren Dreiecke, die die in der Abbildung rot, grün und blau gezeichneten Bänder bilden, hinzukommen. Wenn man sich an der Ecke 19 für eine

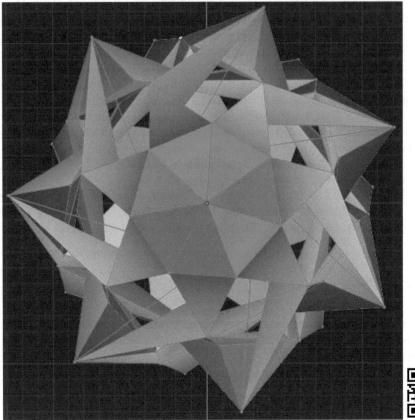

Abbildung 8.32 Dieses Bild zeigt eine partielle durchschnittsfreie Realisierung mit einer zyklischen Symmetrie der Ordnung 7. Die Anzahl der dabei eingesetzten Dreiecke ist noch weit entfernt von der erforderlichen Anzahl 168

von zwei Varianten entscheidet, d.h. z.B., ob das grüne Band über dem roten Band liegt (wie es die Zeichnung zeigt), dann ist aus Symmetriegründen die Situation an den Ecken 5 und 13 ebenfalls festgelegt. Es gibt aber noch das Fixdreieck mit den Ecken 19, 5 und 13, von dem wir seine Orientierung im Vergleich zum Fixdreieck $(41, 47, 54)$ kennen. Denken wir uns dieses Dreieck an der Kante von 19 zu 5 an dem grünen Band und verfolgen wir den Verlauf über dem roten Band (wie es die Situation am Punkt 19 zeigt) und unter dem blauen Band (wie es die Situation am Punkt 5 zeigt) zum Punkt 13, dann müsste dort das blaue Band über dem roten Band liegen, damit dies möglich ist. Das ist aber ein Widerspruch. Wir haben ihn nur mit topologischen Überlegungen geführt. Das bedeutet, dass auch ein topologisches Modell mit einer Symmetrie der Ordnung 3 nicht realisiert werden kann.

Wenn es eine durchschnittsfreie symmetrische Realisation nicht gibt, dann ist es gerechtfertigt, ein Polyeder als Kepler-Poinsot-Modell anzugeben, wobei möglichst wenig

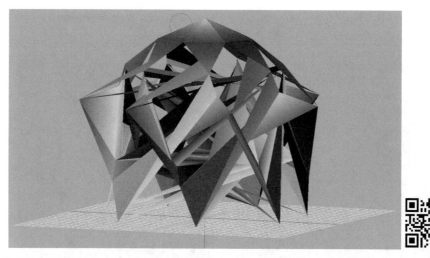

Abbildung 8.33 Ein weiteres Bild einer partiellen durchschnittsfreien Realisierung mit einer zyklischen Symmetrie der Ordnung 7. Geometrische Symmetrien sind wirklich erwünscht, aber die komplexe Struktur aller 168 Dreiecke führte zu der jetzt durch viele Argumente unterstützten Vermutung, dass es eine Symmetrie der Ordnung 7 nicht geben wird

Durchdringungen auftreten. Dazu kann man zunächst versuchen, eine große Anzahl von Dreiecken durchschnittsfrei zu realisieren. In diesem Sinne hatten wir bereits im Fall einer zyklischen Symmetrie der Ordnung 7 die Abb. 8.32 angegeben. Analog zeigt die Abb. 8.36 eine partielle Realisation im Fall einer zyklischen Symmetrie der Ordnung 3.

8.9.4 Argumente gegen eine geometrische Symmetrie der Ordnung 2

Wir betrachten die Symmetrie, die durch die Permutation

$$(01,03)(02,04)(05,10)(06,24)(07,17)(08,11)(09,25)(12,16)(13,47)(14,30)(15,53)(18,23)$$
$$(19,33)(20,38)(21,59)(22,48)(26,52)(27,61)(28,43)(29,34)(31,46)(32,39)(35,42)(36,54)$$
$$(37,60)(40,45)(41,55)(44,56)(49,58)(50,68)(51,62)(57,67)(63,66)(64,69)(65,70)(71,72)$$

beschrieben wird. Eine geometrische Symmetrie der Ordnung 2 in unserem dreidimensionalen Raum kann durch eine Spiegelung an einer Ebene entstehen, durch eine Spiegelung an einer Geraden oder durch eine Spiegelung an einem Punkt. Die erste und die dritte Möglichkeit scheidet aus, da dann zwei angrenzende Dreiecke einer polyedrischen Realisation in einer Ebene liegen müssen. Die entsprechenden Dreiecke sind in Abb. 8.38 dargestellt.

Bei einer Spiegelung an einer Geraden g stellen wir fest, dass es dann genau vier Kanten gibt, die diese Gerade senkrecht schneiden. Damit gibt es genau acht Dreiecke, die die Gerade berühren. Alle weiteren Dreiecke (einschließlich ihres Randes) können keinen Punkt mit dieser Geraden g gemein haben, da es dann zwei Dreiecke gäbe, die diesen Punkt ent-

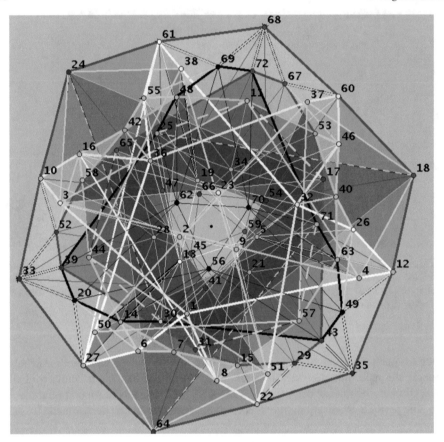

Abbildung 8.34 Der Kantengraph mit einer Symmetrie der Ordnung 3

halten. Das widerspricht der Durchdringungsfreiheit, die wir ja fordern. Wir denken uns die Gerade senkrecht auf einer Ebene E im Nullpunkt stehend. Wenn wir eine senkrechte Projektion des gedachten Polyeders längs der Geraden g auf die Ebene E betrachten, dann darf der projizierte Punkt der Geraden g kein innerer Punkt eines projizierten Dreiecks des Polyeders sein.

In Abb. 8.39 ist eine Symmetrie der Ordnung 2 des Kantengraphen der regulären Karte von Hurwitz dargestellt. Es wurde Wert darauf gelegt, dass man auch die Dreiecksstruktur verstehen kann. Die Kanten von Ecke 1 zur Ecke 3, von Ecke 14 zur Ecke 30, von Ecke 37 zur Ecke 60 und von Ecke 71 zur Ecke 72 verlaufen senkrecht durch die Gerade g, an der gespiegelt wird. Durch jede dieser vier Kanten wird eine topologische Kreisscheibe begonnen, deren Rand in der Projektion um den Nullpunkt verläuft. Die Kante von Ecke 1 zur Ecke 3 bildet eine Diagonale im Rechteck, und die grüne Randzone bildet eine solche topologische Scheibe mit der gedachten Rückseite des Rechtecks. Die Kante von Ecke 14 zur Ecke 30 bildet eine beginnende topologische Scheibe, die durch türkisfarbige Ränder markiert wurde. Durch gelbe Ränder wurde die topologische Scheibe um die Kante von

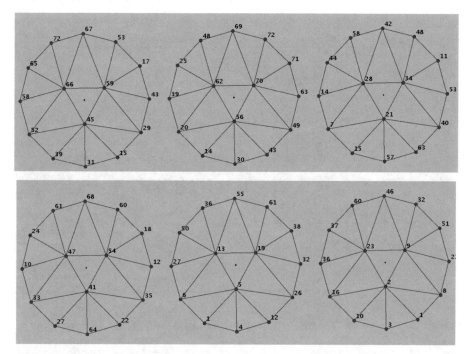

Abbildung 8.35 Die sechs Scheiben um die Symmetrieachse, die zu erweitern wären

Ecke 71 zur Ecke 72 markiert. Rote Ränder wurden für die vierte topologische Scheibe verwandt, die mit der Kante von Ecke 37 zur Ecke 60 beginnt. Weitere Dreiecke sind zum Teil leicht auch als Gruppe erkennbar, aber es gibt auch sechs Dreieckspaare, die von der Symmetrieachse durchschnitten werden:

$$(27,50,64) - (61,68,69),\ (45,52,66) - (40,26,63),\ (28,42,34) - (43,35,29)$$
$$(21,34,40) - (59,29,45),\ (19,61,55) - (33,27,41),\ (38,19,32) - (20,33,39)$$

Bei Abb. 8.40 mit einigen durchdringungsfreien Dreiecken, bestand noch Hoffnung, dies zu einer symmetrischen kompletten Version fortzusetzen. Die Vermutung liegt nach all den Überlegungen in diesem Kapitel aber nahe, dass die reguläre Karte $\{3,7\}_{18}$ von Hurwitz keine selbstdurchdringungsfreie Realisation mit geometrischer Symmetrie besitzt. Daher ist ein Polyeder vom Kepler-Poinsot-Typ gefragt. In Abb. 8.41 sehen wir eine polyedrische Version, die bei den vielen Versuchen entstand, eine polyedrische Realisation mit einer Spiegelungssymmetrie an einer Geraden ohne Selbstdurchdringungen zu erhalten. Das Beispiel in Abb. 8.42 ist der Arbeit [5] entnommen.

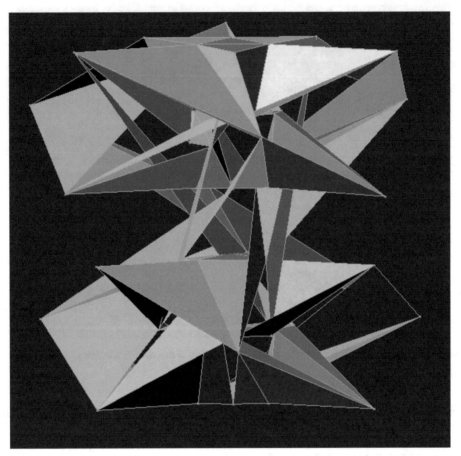

Abbildung 8.36 Ein vergeblicher Versuch, bei einer Symmetrie der Ordnung 3 zu einer Realisation zu kommen. Die Anzahl der Dreiecke lag noch immer weit unter der erforderlichen Anzahl von 168

8.9.5 Fazit nach fehlgeschlagener Symmetriesuche

Was bleibt, wenn keine geometrische Einbettung der regulären Karte von Hurwitz gefunden werden kann? Nun, wir können versuchen, die Koordinaten zu verbessern, um kleine spitze Winkel bei den Dreiecken zu vermeiden. Wir können versuchen, kleine spitze Winkel zwischen Dreiecken mit gemeinsamer Kante zu vermeiden. Wir können versuchen, den minimalen Abstand zwischen gewissen Kantenpaaren möglichst groß zu wählen bei vorgegebenem Radius der Umkugel aller Dreiecke. Wir können die Öffnungen zwischen den Henkeln vergrößern, um das Geschlecht der Fläche besser erkennbar zu machen. Diese Ziele kann man nicht gleichzeitig erfüllen, aber für eine sinnvolle Gewichtung dieser Ziele könnte man versuchen, ein Optimum zu finden. Die Software Blender ist dabei ein zweckmäßiges Werkzeug. In Abb. 8.43 ist das Ergebnis eines solchen Versuchs zu sehen und die Filmversion, die über den QR-Code verfügbar ist, veranschaulicht nochmals die

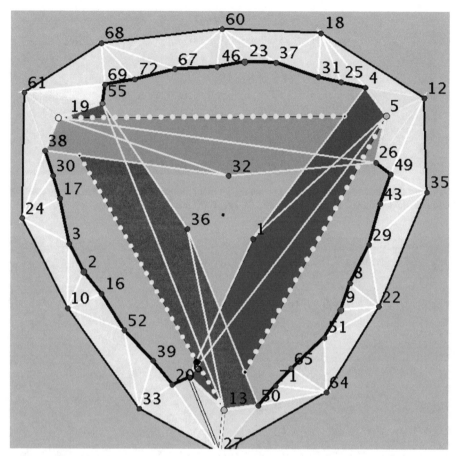

Abbildung 8.37 Die Widerspruchssituation durch nur eine topologische Kreisscheibe und drei Verbindungsstreifen

Komplexität eines solchen Polyeders. Ausgehend von einer einfarbigen Projektion wird das Modell gedreht, dann gefärbt und wieder drehend gezeigt. Danach werden alle 168 Dreiecke in wahrer Gestalt gezeigt. (Diese Option ist für ein Modellbau von großer Bedeutung.) Die Löschung vieler dieser Dreiecke wird im Film vorgenommen, um die verbliebene Struktur zu erkennen. Selbst nach vielen gelöschten Dreiecken verbleibt noch eine sehr komplexe Struktur. Danach werden die Dreiecke wieder eingesetzt. Durch mehrmalige Unterteilungen der Randstruktur des Polyeders durch weitere Dreiecke entsteht zunehmend eine glatte Oberfläche der Randstruktur, die aber das Geschlecht der Fläche erhält. Diese Unterteilung wird abschließend wieder rückgängig gemacht und es wird abschließend eine andere Färbung des Polyeders durch die Option der Eckenfärbung mit Blender vorgenommen.

Wer nach einer symmetrischen Realisation der regulären Karte von Hurwitz vom Geschlecht 7 suchen möchte, die durch eine Spiegelung an einer Geraden entsteht, die bisher

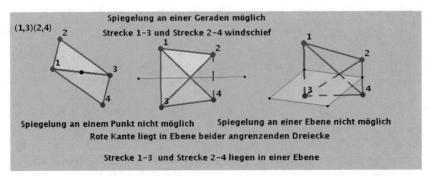

Abbildung 8.38 Punktspiegelung und Spiegelung an einer Ebene scheiden aus für eine geometrische Symmetrie der Ordnung 2 der regulären Karte $\{3,7\}_{18}$ vom Geschlecht 7 von Hurwitz

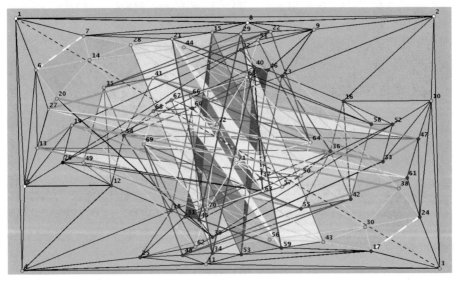

Abbildung 8.39 Bei der Spiegelung an einer Geraden g, kann man eine senkrechte Projektion eines denkbaren durchschnittsfreien Polyeders der regulären Karte von Hurwitz längs dieser Geraden g betrachten. Genau acht der 168 Dreiecke haben einen Randpunkt mit der Geraden gemein. Die übrigen 160 Dreiecke werden nicht von der Geraden g getroffen

nicht gefunden wurde, und die auch bisher nicht ausgeschlossen werden konnte, dem werden hier noch einmal Informationen bereitgestellt. Abb. 8.44 zeigt eine Projektion des Polyeders in die x-y-Ebene einerseits mit transparenten Dreiecken, in der die Punkte mit ihrer Nummerierung versehen sind (In den Blender-Dateien wird übrigens die *Bevel*-Option für die Punkte zur Bezeichnung der Punkte verwendet.) Das Bild rechts daneben zeigt die gleiche Projektion mit gefärbten Dreiecken. Die farbigen Kanten im linken Bild markieren die vier topologischen Kreisscheiben um die Kanten (1,3), (14,30), (37,60) und (71,72). Diese Kanten müssten die Symmetrieachse senkrecht schneiden, wenn die vorher berachtete

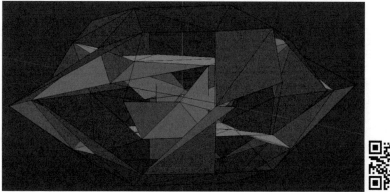

Abbildung 8.40 In dieser Darstellung mit einer Symmetrie der Ordnung 2 sind einige Dreiecke durchdringungsfrei, und die Hoffnung auf eine komplette durchdringungsfreie Realisation erschien noch denkbar

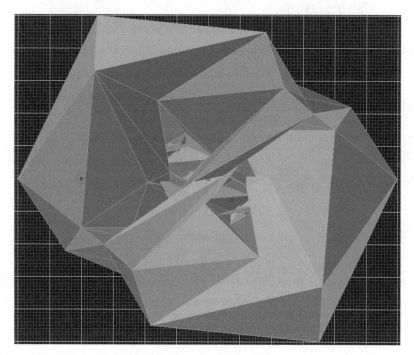

Abbildung 8.41 Nach langen Versuchen, eine durchdringungsfreie Realisation zu finden, habe ich die Suche aufgegeben. Dies ist ein Polyeder vom Kepler-Poinsot-Typ

Symmetrie der Ordnung 2 vorliegen würde. Die leicht nach links etwas gedrehte Ansicht des Polyederes in der zweiten Zeile links zeigt einige Dreiecke, die für den Filmanfang gelöscht wurden, um die durch das Polyeder erzeugte Fläche mit den sieben Henkeln besser betrachten zu können. Man kann so in die Henkel der Fläche schauen. Das Startbild im

Abbildung 8.42 Polyedrische Realisation vom Kepler-Poinsot-Typ mit einer zyklischen Symmetrie der Ordnung 7

Abbildung 8.43 Die polyedrische Einbettung der regulären Karte $\{3,7\}_{18}$ von Hurwitz vom Geschlecht 7 mit verbesserten Koordinaten, verglichen mit der ursprünglich 2017 von Michael Cuntz und mir gefundenen Version. Der Film dazu unter YouTube dauert etwa 9 Minuten und zeigt u.a. deutlich die Komplexität der Realisierung und einige eindrucksvolle Optionen der Software Blender

Film zeigt die durch die weitere Triangulierung der Polyederfläche erzeugte eher abgerundet erscheinende Form der Fläche. An Teilen der Fläche fehlen die Farben. Dadurch sieht man ins Innere. Diese Teile entsprechen den Dreiecken, die vorher am Polyeder gelöscht wurden. Die Triangulierung ist dennoch für jedes dieser Dreiecke vorgenommen worden. Der zum QR-Code dieser Abbildung gehörende YouTube-Film zeigt später das Polyeder mit allen 168 Dreiecken und die unterteilte Fläche mit den sieben Henkeln ohne Einblicke ins Innere. Die verschiedenen Stufen der Unterteilungen sind im Film ebenfalls zu sehen.

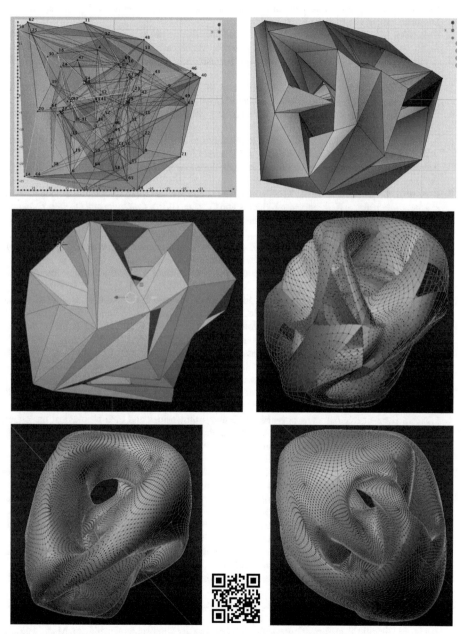

Abbildung 8.44 Bildschirmfotos des YouTube-Films, der die Polyederversion der Hurwitz'schen regulären Karte $\{3,7\}_{18}$ vom Geschlecht 7 so zeigt, dass man auch ins Innere der Fläche sehen kann

Literatur

1. Bokowski, J.: A geometric realization without self-intersections does exist for Dyck's regular map. Discrete Comput Geom. **6**, 583-589 (1989)
2. Bokowski, J.: On the geometric flat embedding of abstract complexes with symmetries. In: Hofmann, K. H. and Wille, R. (Eds.), Symmetry of Discrete Mathematical Structures and Their Symmetry Groups. A collection of Essays. Research and Exposition in Mathematics, **15**, Heldermann, Berlin, pp. 49-88 (1991)
3. Bokowski, J., Cuntz, M.: Hurwitz's regular map $(3,7)$ of genus 7: A polyhedral realization. Art Discrete Appl Math 1, 1-17 (2018) doi: 10.26493/2590-9770.1186.258
4. Faber, G.: Walther v. Dyck. Sonderabdruck aus Jahresbericht der Deutschen Mathematiker-Vereinigung, 45. Band, Heft 5/8, (1935)
5. Bokowski, J., G(e)vay, G.: On Polyhedral Realizations of Hurwitz's Regular Map $(3,7)_{18}$ of genus 7 with Geometric Symmetries. Erscheint in: Art Discrete Appl Math (Grünbaum volume) (2020)
6. Bokowski, J., Wills J.M.: Regular polyhedra with hidden symmetries. Math. Intelligencer, **10**, 27-32 (1988)
7. Bokowski, J., Kovič, J., Pisanski, T., Žitnik, A.: Selected open and solved problems in computational synthetic geometry, in K. Adiprasito, I. Bárány and C. Vîlcu (Eds.), *Convexity and Discrete Geometry including Graph Theory*, Springer Proceedings in Mathematics & Statistics, 148. Springer, Cham, pp. 219-229 (2016)
8. Boole Stott, A.; Geometrical deduction of semiregular from regular polytopes and space fillings, *Verhandel. Koninkl. Akad. Wetenschap. (Eerste sectie)*, **11.1**, 3-24 (1910)
9. Brehm, U.: Maximally symmetric polyhedral realizations of Dyck's regular map. Mathematika **34**,2, 229-236 (1987)
10. Brehm, U., Schulte, E.: Polyhedral maps. in J. E. Goodman and J. O'Rourke (Eds.), *Handbook of Discrete and Computational Geometry*, CRC Press, Boca Raton, pp. 345-358 (1997)
11. Brehm, U., Wills, J.M.: Polyhedral manifolds. in Gruber, P., M., Wills, J.M. (Eds.), *Handbook of Convex Geometry*, North-Holland, Amsterdam, Volume A, pp. 535-554 (1993)
12. Conder, M. D. E.: Regular maps and hypermaps of Euler characteristic -1 to -200, J. Comb. Theory Ser. B, 99, pp. 455-459 (2009) Associated lists available online: http://www.math.auckland.ac.nz/ conder (accessed on 22 January 2020)
13. Conder, M., Dobcsányi, P.: Determination of all regular maps of small genus. J. Comb. Th., Series B, 81 (2): 224-242 (2001) doi: 10.1006/jctb.2000.2008
14. Coxeter, H.S.M.: Regular skew polyhedra in 3 and 4 dimensions and their topological analogues. Proc. London Math. Soc. (2), Volume 43, Issue 2, Pages 33-62 (1937) (reprinted, Coxeter, H.S.M.: Twelve geeometric essays, Southern Illinois Univ. Press, Carbondale, 1968, p. 75-105)
15. Coxeter, H. S. M.: Regular Polytopes. Dover (1973)
16. Coxeter, H. S. M., Moser, W. O. J.: Generators and Relations for Discrete Groups, Ergebnisse der Mathematik und ihrer Grenzgebiete. 14 (4th ed.), Springer Verlag (1980)
17. Dyck, W.: Über Aufstellung und Untersuchung von Gruppe und Irrationalität regulärer Riemann'scher Flächen, *Math. Ann.* **17** 473-508 (1880)
18. Dyck, W.: Notiz über eine reguläre Riemann'sche Fläche vom Geschlecht 3 und die zugehörige Normalcurve vierter Ordnung. Math. Ann. **17**, 510-516 (1880)
19. The GAP Group, *GAP – Groups, Algorithms, and Programming, Version 4.9.2;* (https://www.gap-system.org) (2018)
20. Gévay, G., Schulte, E., Wills, J.M.: The regular Grünbaum polyhedron of genus 5, *Adv. Geom.* **14** 465-482 (2014)
21. Hurwitz, A.: Über algebraische Gebilde mit Eindeutigen Transformationen in sich. Math. Ann. 41 (3): 403-442 (1893) doi:10.1007/BF01443420
22. Klein, F.: Über die Transformationen siebenter Ordnung der elliptischen Functionen. Math. Ann. 14, 428-471 (1879) (Revidierte Version in *Gesammelte Mathematische Abhandlungen, Vol., 3*, Springer, Berlin, 1923)
23. Klein, F.: *Vorlesungen über das Ikosaeder und die Auflösung der Gleichungen fünften Grades*, Teubner, Leipzig (1884)

24. Klein, F., Fricke, R.: *Vorlesungen über die Theorie der elliptischen Modulfunktionen*, Teubner, Leipzig, Germany (1890)
25. Levy, S. (Editor): The Eightfold Way : The Beauty of Klein's Quartic Curve. Mathematical Sciences Research Institute Publications (2001)
26. Macbeath, A. M.: On a curve of genus 7, *Proc. London Math. Soc.* **15** (3) 527-542 (1965)
27. Macbeath, A. M.: Hurwitz groups and surfaces, In: S. Levy (Ed.), *The Eightfold Way*, MSRI Publications 35, Cambridge UP, Cambridge (1999)
28. McMullen, P., Schulte, E., *Abstract Regular Polytopes*, Encyclopedia of Mathematics and its Applications, **92**, Cambridge UP, Cambridge (2002)
29. McMullen, P., Schulz, Ch., Wills, J.M.: Equivelar polyhedral manifolds in E^3. *Israel J. Math.* **41** 331-346 (1982)
30. McMullen, P., Schulz, Ch., Wills, J.M.: Polyhedral manifolds in E^3 with unusually large genus. *Israel J. Math.* **46** 127-144 (1983)
31. McMullen, P., Schulz, Ch., Wills, J.M.: Infinite series of combinatorially regular maps in three-space. *Geom. Dedicata* **26** 299-307 (1988)
32. Schulte, E., Wills, J. M.: A polyhedral realization of Felix Klein's map $\{3,7\}_8$ on a Riemann surface of genus 3. J. London Math. Soc. (2) 32, 539-547 (1985)
33. Schulte, E., Wills, J. M.: On Coxeter' regular skew polyhedra, *Discrete Math.* **60** 253-262 (1986)
34. Schulte, E., Wills, J. M.: Convex-Faced Combinatorially Regular Polyhedra of Small Genus. Symmetry, 4, 1-14 (2012) doi:10.3390/sym4010001
35. Séquin, C. H.: My Search for Symmetrical Embeddings of Regular Maps. Conf. Proc., Bridges Pcs, Hungary, pp 85-94 (2010) http://archive.bridgesmathart.org/2010/bridges2010-85.html
36. Séquin, C. H.: Symmetrical immersions of low-genus non-orientable regular maps. Symmetry Festival, Delft, the Netherlands, August 2-7, pp. 31-34 (2013) Symmetry: Culture and Science (ISSN 0865-4824), Vol.24, Numbers 1-4, pp. 155-170 (2013)
37. van Wijk, J. J.: Symmetric tiling of closed surfaces: visualization of regular maps. Conf. Proc. SIGGRAPH, New Orleans, pp 49: 1-12 (ACM Transactions on Graphics), 28 (3): 12 (2009) doi: 10.1145/1531326.1531355

Kapitel 9
Sphärensysteme

Zusammenfassung Äquator und Breitenkreise auf unserer Erdkugel sind Großkreise. Wir betrachten Großkreise auf der Kugel als eindimensionale Sphären. Zu jedem Punkt P in einer Ebene, die man auf eine Kugel mit Mittelpunkt M gelegt hat, entsteht ein Großkreis, wenn man eine zur Geraden durch M und P senkrechte Ebene E durch M mit der Kugeloberfläche schneidet. Umgekehrt erhält man den Punkt aus dem Großkreis zurück, indem man durch den Mittelpunkt des Großkreises und senkrecht zu der Ebene, in der er liegt, eine Gerade legt, die dann in der Ebene wieder den Punkt P trifft. Das Nachdenken über Punktmengen in der Ebene und das Nachdenken über Mengen von Großkreisen auf dem Rand der Kugel betrifft daher dieselbe mathematische Struktur. Völlig analog entsprechen Punktmengen im dreidimensionalen Raum Mengen von Großsphären auf dem Rand der vierdimensionalen Kugel. Die Großsphärensysteme lassen sich zu topologischen Sphärensystemen verallgemeinern, und von dieser Verallgemeinerung, die dadurch auch eine Verallgemeinerung der Punktmengen ergibt, handelt dieses Kapitel.

9.1 Erste Beispielabbildungen

Zu Abb. 9.1: Jede Ebene durch den Mittelpunkt M einer Kugel definiert einen Großkreis, den Schnitt dieser Ebene mit dem Rand der Kugel.

Zusatzmaterial online

Zusätzliche Informationen sind in der Online-Version dieses Kapitel (https://doi.org/10.1007/978-3-662-61825-7_9) enthalten.

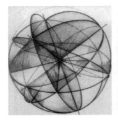 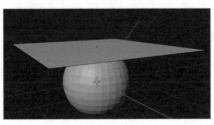 

Abbildung 9.1 Punkte in der Ebene können durch Großkreise auf der Kugel interpretiert werden ©Bild links: Cambridge University Press

Wenn diese Ebene nicht durch den oben liegenden *Nordpol* verläuft, dann schneidet die zu ihr senkrechte Gerade durch den Mittelpunkt M die im Nordpol liegende Tangentialebene auf der Kugel in einem Punkt P. Dieser Punkt P definiert umgekehrt auch die Ebene und den Großkreis, von dem wir ausgegangen waren.

Wir beschreiben die Situation nochmals, um den Übergang zur nächst höheren Dimension zu verstehen. Im rechten Bild von Abb. 9.1 ist die ursprüngliche dreidimensionale Kugel durch die Projektion in die Ebene zu einer zweidimensionalen Kugel geworden, d.h. zu einer Kreisscheibe.

Wir betrachten jetzt in Abb. 9.2 die Projektion einer vierdimensionalen Kugel in unseren dreidimensionalen Raum. Auf ihrem dreidimensionalen Rand wollen wir die Struktur von zweidimensionalen Sphären verstehen. Wir sehen nach der Projektion der vierdimensionalen Kugel in unseren dreidimensionalen Raum den *oberen* Teil des Randes der vierdimensionalen Kugel. Die zweidimensionalen Sphären auf dem Rand der vierdimensionalen Kugel sind nur als zweidimensionale Scheiben zu sehen, da deren Fortsetzung zu einer geschlossenen Kugeloberfläche auf dem *unteren* Teil des Randes der vierdimensionalen Kugel lag. Der äußere Rand des Modells in Abb. 9.2 entspricht dem Randkreis des vorher betrachteten Bildes in Abb. 9.1.

Das Modell in Abb. 9.2 habe ich gefertigt und bei einem Besuch in Paris meinem Kollegen Michel Las Vergnas geschenkt, da es eine Lösung seines Problems bis zur Dimension 7 betraf. Die entsprechende Würfelproblematik kann hier nicht beschrieben werden. Sie wurde mit weiteren Autoren in der Arbeit *On the cube problem of Las Vergnas*, [4], veröffentlicht. Das Foto wurde von Michel Las Vergnas in seinem Garten aufgenommen. Es zeigt die senkrechte Projektion des oberen Teils des Randes einer vierdimensionalen Kugel mit einem System zweidimensionaler Sphären in unseren dreidimensionalen Raum. In ihr sind die zweidimensionalen Sphären durch paarweise Schnitte mit anderen zweidimensionalen Sphären erkennbar. Die Schnitte von Paaren zweidimensionaler Sphären sind in diesem Fall eindimensionale Sphären, und sie sind durch die gebogenen Plastikröhren erkennbar. Antipodische Punkte auf der Kugel stimmen überein. Das Modell war eine entscheidende Hilfe, um die Lösung des mathematischen Problems von Michel Las Vergnas auch in höheren Dimensionen zu durchdenken. Es ist gut, die Beschreibung zu Abb. 9.1 noch einmal mit dieser Abbildung zu vergleichen. Statt der Kreisscheibe erhalten wir hier eine dreidimensionale Kugel.

Abbildung 9.2 In der Zusammenfassung zu diesem Kapitel wurde von einer vierdimensionalen Kugel gesprochen. Wenn man eine vierdimensionale Kugel orthogonal in unseren dreidimensionalen Raum projiziert, dann erhält man den Rand dieser vierdimensionalen Kugel als eine dreidimensionale Kugel. Eine solche Projektion zeigt diese Abbildung. Wir erhalten ja auch durch die Projektion einer dreidimensionalen Kugel in eine Ebene eine zweidimensionale Kugel, d.h. eine Kreisscheibe ©Cambridge University Press

Wir zeigen noch drei Keramikbeispiele zu Sphärensystemen, die einfacher zu verstehen sind, da sie eindimensionale Sphären auf der zweidimensionalen Sphäre betreffen.

Die beiden Beispiele in Abb. 9.4 besitzen keine eindrucksvollen Symmetrien, aber Abb. 9.3 hat zusätzlich eine ansprechende Symmetrie. In allen Fällen ging es darum, Beispiele zu finden, bei denen die Anzahl der topologischen Dreieckzellen bei vorgegebener Anzahl der eindimensionalen Sphären maximal war.

Abbildung 9.3 Dieser
Würfel mit abgeschnittenen
Ecken (es wäre ein archimedischer Körper, wenn alle Kanten gleich lang wären) dient
als Modell für eine 2-Sphäre
mit identifizierten entgegen-
gesetzten Punkten (d.h., er
kann als projektive Ebene
gedeutet werden), und das
Pseudogeraden-Arrangement
(je zwei Pseudogeraden
schneiden sich nur einmal)
hat für diese Pseudogeraden-
anzahl die maximale Anzahl
von Dreieckszellen. Bemer-
kenswert ist die Symmetrie
der Struktur

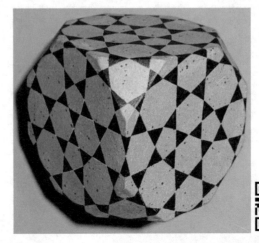

Abbildung 9.4 Die eindimensionalen topologischen Sphären (links) auf der Kugeloberfläche und die eindimensionalen topologischen Sphären (rechts) auf einer topologischen 2-Sphäre zeigen jeweils Beispiele,
bei denen sich die maximale Anzahl der Zellen mit nur drei Ecken ergibt. Beispiele dieser Art, auch unendliche Folgen mit dieser Eigenschaft waren Gegenstand von Untersuchungen in der Vergangenheit. Ein
Dreieck ist ein zweidimensionales Simplex, ein Tetraeder ist ein dreidimensionales Simplex. Die entgegengesetzte Frage, Zellzerlegungen durch (noch zu definierende) zweidimensionale topologische Sphärensysteme mit der minimalen Anzahl von Tetraederzellen zu finden, ist noch ungelöst

9.2 Warum studieren wir statt Punktmengen auch Sphärensysteme?

In der Zusammenfassung und bei den ersten Beispielabbildungen wurde mehrfach betont,
dass Großkreise und Großsphären als Punkte in der Ebene oder in höherdimensionalen
Räumen interpretiert werden können. Warum betrachtet man Sphärensysteme?

Eine Antwort ist nicht in wenigen Sätzen verständlich zu geben, und je nach Bezugs-
punkt des Lesers mit Kenntnissen aus der mathematischen Entwicklungsgeschichte hier-

zu, wird die Antwort wahrscheinlich verschieden ausfallen. Ich versuche dennoch, eine kurze Antwort zu geben. Viele Mathematiker haben in den 70-er Jahren des letzten Jahrhunderts auf unterschiedlichste Weise und in vielen Fällen völlig unabhängig voneinander und aus vielen völlig verschiedenen Motivationen heraus eine mathematische Struktur definiert und untersucht. Sie hat sich als eine interessante axiomatische Kennzeichnung von verallgemeinerten Punktmengen herausgestellt. So wie die komplexen Zahlen bei der Nullstellenbestimmung von Polynomen eine sinnvolle Verallgemeinerung darstellen, hat sich diese Verallgemeinerung von Punktmengen in der Ebene und in Räumen höherer Dimension ebenfalls für viele Fragen als sehr hilfreich erwiesen. Die Äquivalenz der Begriffsbildungen unterschiedlicher mathematischer Schulen hat sich erst nach vielen Jahren herausgestellt. Diese axiomatische Kennzeichnung hatte zunächst u.a. Verbindungen zur Graphentheorie, zur Optimierung, zur Chemie, zur Konvexgeometrie, und es gab die Beschreibung in Form topologischer Sphärensysteme. Für den Neuling auf diesem Gebiet ist die Einarbeitung in diese Thematik z.T. dadurch problematisch, dass die Begriffsbildungen aus so vielen unterschiedlichen Gebieten der Mathematik zusammenkamen und erst verständlich werden, wenn man die jeweiligen Zusammenhänge unterschiedlicher mathematischer Schulen erkennt. Inzwischen gibt es viel Literatur zu dieser Thematik, vgl. [5], [1], [2] und die dort angegebene Literatur.

Wir bleiben elementar in unseren Beschreibungen dieser noch immer relativ neuen mathematischen Struktur von abstrakten Punktmengen, indem wir nur die Verallgemeinerung der Großsphärensysteme auf topologische Sphärensysteme vornehmen. Damit haben wir eine konkrete topologische Struktur, mit der wir unsere Vorstellung verbinden können. Es trifft sich gut, wenn der Leser aus dem Kapitel über Konfigurationen schon mit dem Begriff der Pseudogeraden vertraut ist. Damit haben wir jedenfalls im zweidimensionalen Fall bereits die Sphärensysteme kennengelernt. Abb. 9.5 zeigt nochmals ein Pseudogeradenarrangement aus der Literatur als Beispiel eines Sphärensystems.

Ein Übersichtsartikel zu Pseudogeraden-Arrangements von S. Felsner und J. E. Goodman stammt aus dem Jahr 2017, siehe [7].

9.3 Sphärensysteme auf der dreidimensionalen Kugel

Im Kapitel über Punkt-Geraden-Konfigurationen hatten wir den Rand einer Kugel als projektive Ebene gedeutet, wenn man antipodische Punkte identifiziert. Die 1-Großsphären auf der Kugel konnten als Geraden in der Ebene oder als Punkte in der Ebene gedeutet werden. Die topologische Version einer eindimensionalen Sphäre auf der Kugel mit identifizierten antipodischen Punkten führte zum Begriff der Pseudogeraden. Das waren geschlossene Kurven in der projektiven Ebene, die sich nicht auf einen Punkt zusammenziehen lassen und bei einem Pseudogeraden-Arrangement haben alle Paare von Pseudogeraden genau einen Punkt gemein, in dem sie sich schneiden.

Das Beispiel in Abb. 9.6 zeigt ein Sphärensystem in der projektiven Ebene. Die beiden farbig markierten Zellen gehen durch die rote Ferngerade hindurch. Wir wollen sie in diesem Beispiel nicht als elftes Element des Pseudogeraden-Arrangements hinzunehmen. Im Fall der projektiven Ebene treten stets Dreiecke in der Zellzerlegung der Pseudogeraden

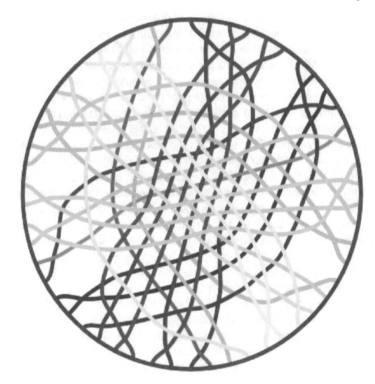

Abbildung 9.5 Ein weiteres Beispiel eines Pseudogeraden-Arrangements mit einer maximalen Anzahl von Dreiecken von H. Harborth [8]

auf, denn drei Pseudogeraden bilden ein Dreieck. Jede weitere Pseudogerade, die dieses Dreieck teilt, erzeugt wieder ein neues Dreieck.

Wir zeigen zwei weitere Beispiele von Pseudogeraden-Arrangements. Die wohlbekannte Pappus-Konfiguration in einer Keramikversion zeigt Abb. 9.7. Das Beispiel in Abb. 9.8 entstand aus einer Projektion des 600-Zells. Diese Beispiele betreffen keine offenen Probleme in der Geometrie, aber nachdem das Studium von Punktmengen zum Studium von Sphärensystemen erweitert wurde, gilt es zunächst, für diese Erweiterung Beispielmaterial zu betrachten.

Offen bleibt das sehr schwierige Problem, wie man beweisen kann, ob es zu einer solchen topologischen Erweiterung eine zugehörige Punktmenge gibt, aus der das vorgegebene Sphärensystem entstehen würde. In einigen vorherigen Kapiteln wurden Ergebnisse angegeben, die Lösungen dieser Problemematik betrafen, ohne dass dabei explizit darauf hingewiesen wurde. Ein Sphärensystem lag vor, und mit unterschiedlichen Methoden wurde entweder eine Punktmenge bestimmt, die dieses Sphärensystemen erzeugen konnte oder es wurde gezeigt, dass es eine solche Punktmenge nicht geben kann.

Abbildung 9.6 Ein Beispiel für ein Pseudogeraden-Arrangement mit zehn Elementen, wenn man den roten Randkreis nicht als elftes Element hinzunimmt. In diesem Fall hat die grüne Zelle drei Ecken und die lila Zelle hat fünf Ecken, da die gegenüberliegenden Punkte auf dem Kreis identifiziert wurden. Das Beispiel dient als Vorbereitung für ein Beispiel in der nächst höheren Dimension. Der rote Kreis wird dann zur Oberfläche einer Kugel

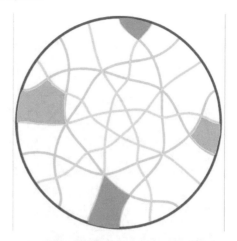

Abbildung 9.7 Wenn man ein Keramik-Modell erzeugt, dann sollte es am besten mit einem bekannten Satz aus der Geometrie im Zusammenhang stehen. Die gute Qualität des Werkstoffs überträgt sich dann im besten Fall auf die gute Aussage, die damit verbunden ist. Ob sich die drei Großkreise, die durch blaue Pfeile markiert sind, in einem Punkt schneiden? Im Kapitel über Konfigurationen stand die Antwort. Dieses Keramik-Modell zeigt den Schließungssatz von Pappus auf der Sphäre. Nachdem die acht Punkte und die neun Großkreise in dieser Konstellation festliegen, müssen sich die durch die blauen Pfeile dargestellten Großkreise in einem Punkt schneiden

9.4 Präzision der Definition eines Sphärensystems

In diesem Abschnitt soll eine genauere Definition eines Sphärensystems erfolgen, der vom Leser, der nicht mit Matrizen vertraut ist, getrost überschlagen werden kann. Mit der Kenntnis einer Vorlesung über Lineare Algebra im ersten Semester eines Mathematikstudiums oder eines Ingenieurstudiums kann man aber die folgenden Zeilen verstehen.

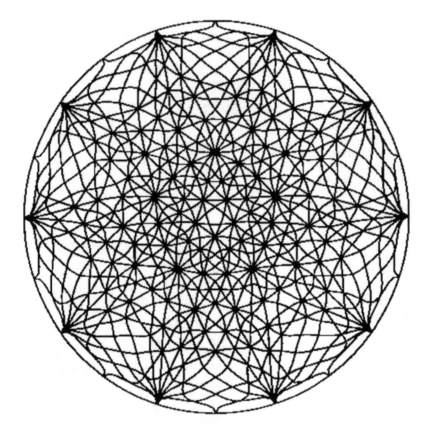

Abbildung 9.8 Dieses Beispiel für ein Pseudogeraden-Arrangement mit einer hohen Symmetrie entstand aus einer Punktmenge, die durch die Projektion des 600-Zells auf eine Ebene gewonnen wurde. Wenn man diese Verallgemeinerung der platonischen Körper auf die Dimension 4 kennengelernt hat, dann überrascht die hohe Symmetrie nicht. In diesem Fall war die Punktmenge bekannt, die zu der Pseudogeraden-Darstellung geführt hat. Es gibt aber viele Fälle in denen man zu einem Pseudogeraden-Arrangement klären möchte, ob es dazu eine Punktkonfiguration gibt. Diese Probleme sind in der Regel nicht einfach zu lösen. Heuristische Methoden wurden dazu in meiner Veröffentlichung [3] angegeben

Da bei dieser Erklärung der Begriff Matrix verwandt wird, sind vielleicht die von einigen Mathematikern als ungeschickt angesehenen gewählten Vokabeln *orientiertes Matroid* für ein *Sphärensystem mit orientierten Sphären* zu verstehen.

Wir betrachten eine $(n \times r)$-Matrix mit n Zeilen und r Spalten und $n > r$ mit reellen Einträgen und ohne Nullzeilen. Die Zeilen der Matrix deuten wir als eine geordnete Menge von Normalenvektoren von Hyperebenen durch den Ursprung im r-dimensionalen euklidischen Raum. Dann liefert jede Zeile der Matrix eine (orientierte) $(r-2)$-Großsphäre auf der Einheitskugel als Schnitt dieser (orientierten) Hyperebene mit dem Rand der r-Einheitskugel um den Nullpunkt. Wir betrachten nicht nur von der Matrix herrührende geordnete Systeme von (orientierten) $(r-2)$-Großsphären auf der $(r-1)$-Sphäre, sondern auch i. Allg. weitere geordnete Systeme (orientierter) **topologischer (!)** $(r-2)$-Sphären, von denen wir gute paarweise Schnitteigenschaften fordern, die wir von Großsphärenpaaren gewohnt sind. Wir sprechen dann generell von einem **Sphärensystem**. Topologisch äquivalente Sphärensysteme unterscheiden wir nicht. Die dadurch definierten Äquivalenzklassen auch in der Menge der Matrizen sind Gegenstand dieses Kapitels. Die gute Schnitteigenschaft kann man so formulieren: Wir fordern, dass es zu jeder Teilmenge von $r+2$ topologischen $(r-2)$-Sphären von den insgesamt n topologischen Sphären eine Menge von $r+2$ Großsphären gibt, die zu diesem Teilsystem von $r+2$ topologischen Sphären topologisch äquivalent (d.h. homöomorph) ist.

9.5 Ein ungelöstes Problem für Sphärensysteme

Analog zur projektiven Ebene kann man im projektiven dreidimensionalen Raum Pseudoebenen-Arrangements betrachten und studieren. Im Fall eines Ebenen-Arrangements kann man zeigen, dass es im projektiven Raum mindestens so viele Tetraederzellen gibt, wie es die Anzahl der Ebenen angibt. Wenn wir in diesem Fall von den Großsphären zu topologischen Sphären übergehen, dann kann man zeigen, dass es Beispiele gibt, in denen die Anzahl der topologischen, i. Allg. also krummlinigen Tetraederzellen kleiner sein kann, als es die Anzahl der Pseudoebenen angibt. Das kleinste Beispiel dieses Falles hat acht Pseudoebenen und nur sieben Tetraederzellen.

Ein topologisches Modell zu diesem Beispiel wurde von mir für das Interdiszipläre Zentrum in Bielefeld angefertigt. Das Modell des projektiven Raumes ist hierbei eine dreidimensionale Kugel, bei der antipodische Punkte zu verheften sind.

Das Bild in Abb. 9.9 zeigt acht Pseudoebenen im dreidimensionalen projektiven Raum, deren Zellzerlegung nur sieben Tetraederzellen besitzt. Ein Vormodell befindet sich auf dem Cover meines Buches [2]. Es kann keine entsprechenden acht Ebenen mit derselben Zellzerlegung geben, denn dann hätten wir mindestens acht Tetraederzellen. Das Modell zeigt das kleinste Beispiel mit der Eigenschaft für k Pseudoebenen, bei dem die Anzahl der Tetraderzellen kleiner ist als bei einer entsprechenden Zellzerlegung von k Ebenen. Dieses Modell wurde von mir für das Interdisziplinäre Zentrum in Bielefeld gefertigt. Zwei ineinander liegende Tetraeder mit ihren parallelen Kanten definieren durch ihre Seitenflächen acht Ebenen, die weit außerhalb der Tetraeder zu Pseudoebenen verformt werden. Das wird im Folgenden beschrieben. Im Zentrum befindet sich eine Tetraederzelle. Zu jeder der sechs Kantenrichtungen entstehen als Verlängerung der Kanten und durch die Schnittgeraden der zwei durch sie verlaufenden Ebenen jeweils vier Geraden, die sich im Modell des projektiven Raumes als Kugel auf dem Rand der Kugel in antipodischen Punkten schneiden würden. Aus jedem dieser Schnittpunkte von jeweils vier Ebenen entsteht jeweils eine Tetraederzelle, die durch ein Viereck auf dem Rand der Kugel durchtrennt wird. Die Kugel muss man sich als unsichtbare Hülle um das Modell vorstellen. Es verbleibt zu zeigen, dass alle weiteren Zellen keine Tetraederform besitzen. Die Symmetrie hilft, das zu erkennen.

Von der inneren kleinen Tetraederzelle betrachte man seine verlängerten sechs Kanten als Pseudogeraden. Sie verlaufen jeweils bis zum Rand einer gedachten Kugel um das

Abbildung 9.9 Das Modell für das Interdisziplinäre Zentrum in Bielefeld ©Cambridge University Press

Abbildung 9.10 Man kann ein Pseudoebenen-Arrangement verändern, indem man eine Pseudoebene, die ein Tetraeder begrenzt, über den gegenüberliegenden Eckpunkt des Tetraeders verschiebt. Eine solche Verschiebung erzeugt eine Mutation des Sphärensystems. Daher wurden auch die Tetraederzellen mitunter als Mutationen bezeichnet. Die Tetraederzelle in Lampenform getöpfert sollte mich stets an das Mutationsproblem erinnern.

Modell und danach vom antipodischen Punkt des Randes dieser Kugel zurück. Bei diesem Wechsel der Pseudogeraden vom Punkt auf der 2-Sphäre zum antipodischen Punkt, erkennt man auf jeder Seite ein halbes Tetraeder. Die 2-Sphäre teilt jeweils zwei disjunkte Kanten eines solchen Tetraeders.

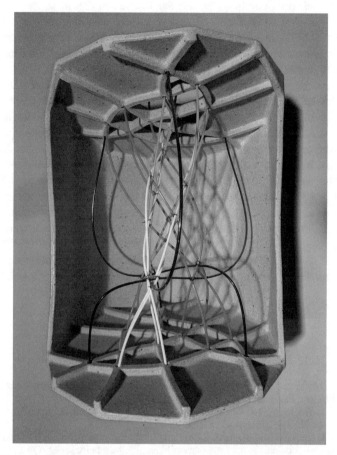

Abbildung 9.11 Auch dieses Keramik-Modell zeigt Aspekte des Beispiels mit acht Ebenen und nur sieben Mutationen. Die linke und rechte Seite des Modells ist als Rand der Kugel im Modell des projektiven Raumes zu deuten. Die jeweils vier gleichfarbigen Pseudogeraden in Gelb, Grün und Rot entsprechen jeweils vier Pseudogeraden, die im Zentrum parallel zu Tetraederkanten verlaufen

Die Beschreibung des Bielefelder Modells war vielleicht zu kurz. Ich bringe daher nochmals eine Erläuterung zu diesem Modell. Die beiden konzentrischen Tetraeder in Rot und Blau definieren über ihre acht Seiten acht Ebenen im dreidimensionalen projektiven Raum, für den wir uns die dreidimensionale Kugel mit antipodischen Punkten auf ihrem Rand als Modell vorstellen. Der Rand der Kugel ist Modell für die Fernebene, wie bei der Kreisscheibe, als Modell für die projektive Ebene, ihr Randkreis beschreibt die Ferngerade. Von den acht Ebenen gibt es sechsmal zwei Paare zweier paralleler Ebenen, die sechsmal vier parallele Schnittgeraden definieren. Die Zahl sechs entspricht den sechs Kanten eines Tetraeders. Wir haben also sechsmal vier parallele Kanten, die sich jeweils in einem Fernpunkt auf dem Rand der Modellkugel *schneiden*. Durch diese sechs Punkte verlaufen jeweils vier Ebenen. So weit die Ausgangslage.

Jetzt ändern wir die Schnitteigenschaft der Ebenen in diesen sechs Fernpunkten lokal, indem wir sie dort so zu Pseudoebenen *verbiegen*, dass sich jeweils statt nur einem Schnittpunkt vier Schnittpunkte von jeweils drei dieser Ebenen ergeben. Das liefert dann dort sechs Tetraederzellen in der projektiven Ebene, und das kleine Tetraeder im Zentrum ist die siebte Tetraederzelle.

Mutationsproblem: Entscheide, ob es ein System von Pseudoebenen im projektiven Raum gibt, das keine Tetraederzelle hat. Abb. 9.10 erinnert mich an diese Problematik. Abb. 9.11 zeigt auf andere Weise die Zellstruktur des Modells aus Bielefeld. Die besten Ergebnisse in der Literatur zu diesem Problem finden sich in den Arbeiten [9] und [6].

Ein Beweisansatz könnte so starten. Angenommen, es gibt ein solches Beispiel ohne Tetraederzelle mit n Pseudoebenen. Dann gibt es auch ein Beispiel, bei dem die Anzahl n der Pseudoebenen minimal ist. Mit sieben Pseudoebenen gibt es immer eine Tetraederzelle. Also gilt $n \geq 8$. Dann muss aber die achte Pseudoebene ein Tetraeder zerteilt haben, und zwar so, dass zwei disjunkte Kanten dieser Tetraederzelle auf verschiedenen Seiten dieser Pseudoebene liegen. Dies sind dann Prismen, deren Seitenflächen man verlängern kann . . . Wenn man nachweisen kann, dass dabei an anderen Stellen Tetraederzellen entstehen, die durchtrennt werden müssen, kann man evtl. eine Argumentationskette finden, sodass man wenigstens für die Zahl n eine gute untere Schranke findet, die deutlich besser ist als $n > 8$.

Literatur

1. Björner, A., Las Vergnas, M., Sturmfels, B., White, N., Ziegler, G. M.: Oriented Matroids. Cambridge University Press, (1993), 2nd ed. (1999)
2. Bokowski, J.: Computational Oriented Matroids. Equivalence classes of matrices within a natural framework. Cambridge University Press (2006)
3. Bokowski, J.: On Heuristic Methods for Finding Realizations of Surfaces. In: Discrete Differential Geometry, pp 255-260. Part of the Oberwolfach Seminars book series (OWS, volume 38) A.I. Bobenko, P. Schroder, J.M. Sullivan and G.M. Ziegler, eds. Birkhäuser Verlag Basel/Switzerland (2008)
4. Bokowski, J., Guedes de Oliviera, A., Thiemann, U. et al.: On the cube problem of Las Vergnas. Geom Dedicata 63: 25-43 (1996) doi.org/10.1007/BF00181184
5. Bokowski, J., Sturmfels, B.: Computational Synthetic Geometry. Lecture Notes in Mathematics 1355, Springer (1989)
6. Bokowski, J., Rohlfs, H.: On a Mutation Problem for Oriented Matroids. European Journal of Combinatorics, (2001) doi:10.1006/eujc.2000.0483
7. Felsner, S., Goodman, J. E.: Pseudoline arrangements. Chapter 5 in: Handbook of Discrete and Computational Geometry. Herausgeber Csaba D. Toth, Joseph O'Rourke. CRC Press, 1928 Seiten (2017)
8. Harborth, H.: Some simple arrangements of pseudolines with a maximum number of triangles. Ann. New York Acad. Sci., 440: 31-33 (1985)
9. Richter-Gebert, J.: Oriented matroids with few mutations. Discrete Comput Geom 10, 251-269 (1993) doi:10.1007/BF02573980

Kapitel 10
Integralgeometrie

Zusammenfassung *Die interessantesten mathematischen Probleme sind i. Allg. diejenigen, die man verhältnismäßig einfach formulieren kann, die vielfältige Anwendungsmöglichkeiten in der Mathematik oder anderen Gebieten versprechen und die auch rein für sich betrachtet einen gewissen Reiz haben.* So begann ich mit der Einführung zu der Thematik meiner unveröffentlichten Habilitationsschrift [3], und weiter: *Das zur Einführung in die Problematik der Arbeit gedachte Problem hat Chancen, als ein solches angesehen zu werden. Wir erlauben uns dabei, eine nichtmathematische Formulierung: Gegeben sei ein durch Glaswände begrenzter konvexer Körper im gewöhnlichen Raum. Wir bilden eine Seifenblase, die zusammen mit der Glaswand ein vorgegebenes Volumen umschließt. Wie klein kann die Oberfläche der Seifenhaut werden?* Dieses Kapitel behandelt eine kleine Auswahl von Themen aus der Integralgeometrie. Sie zeigt eine weitere Vielfalt von Fragestellungen der Geometrie.

10.1 Die Teilung einer Pizza für zwei Personen

In diesem Kapitel streifen wir Aspekte der Integralgeometrie, die durch Wilhelm Blaschke ins Leben gerufen wurde [2]. Es gibt ausführliche Forschungsmonografien auf diesem Gebiet, die im Literaturverzeichnis aufgeführt, aber ohne mathematisches Vorwissen kaum verstehbar sind, vgl. die älteren Werke von Santalo [12] und [13], einem Schüler von Blasche, und die Monografien von Schneider und Weil, [16] und insbesondere [15].

Manchmal hilft es, ein Problem einfach zu beschreiben, obwohl es dann trivial erscheint. Versuchen wir es dennoch, um höherdimensionale Argumente zu vermeiden. Die dreidimensionale Thematik in Abb. 10.1 betrifft die Problematik, das Volumen eines Körpers in zwei (vielleicht sogar in mehrere) Teile durch eine (nicht unbedingt zusammenhängende) Trennfläche so zu zerlegen, dass einerseits die vorgegebenen Volumenanteile abgetrennt werden und dass andererseits der Flächeninhalt der Trennfläche minimal ausfällt. Im Buch von Collatz und Wetterling [8] über Optimierungsaufgaben findet sich ein solches Problem als Kohlenkellerproblem. Man möchte für mehrere Parteien eines Hauses z.B. gleichgroße Kellerräume durch Mauern abteilen und fragt sich, wie das mit

---

Zusatzmaterial online

Zusätzliche Informationen sind in der Online-Version dieses Kapitel (https://doi.org/10.1007/978-3-662-61825-7_10) enthalten.

möglichst wenig Mauersteinen erreicht werden kann. Die Bestimmung einer Trennfläche ist schwierig. Wenn das nicht gelingt, möchte man den Flächeninhalt der Trennfläche wenigstens abschätzen. Dieses Problem kann man in allen Dimensionen behandeln, es gibt exakte Lösungen und Abschätzungen, die z.T. mit integralgeometrischen Methoden gefunden wurden, vgl. z.B. [5]. Die Ausgangsfrage dieser Thematik kam dazu aus einem anderen Gebiet der Mathematik, auf die wir hier nicht eingehen wollen. Wir vereinfachen die Problemstellung und wählen statt des Körpers eine Fläche, statt der Trennfläche eine Trennkurve und statt des Flächeninhalts der Trennfläche die Länge der Trennkurve.

Abbildung 10.1 Die Fläche einer Seifenhaut, die das Würfelvolumen in zwei Teile zerlegt. Bei vorgegebenen Volumenanteilen auf den Seiten einer Trennfläche, die diese Volumina voneinander trennt, ist der erforderliche Flächeninhalt der Trennfläche schwer zu ermitteln. Die Seifenhaut bildet eine Minimalfläche, sie erreicht eine Stabilität, die in der Architektur wünschenswert ist, vgl. z.B. die Dachkonstruktion des Olympiastadions in München oder die Seifenschaumstruktur der Schwimmhalle in Peking (Olympiade 2008)

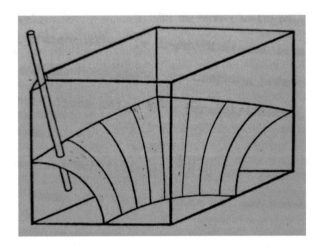

Betrachten wir dazu eine Pizza, die sich zwei Personen mit unterschiedlichem Appetit teilen möchten. Wir nehmen an, dass die Pizza gedanklich als Kreisscheibe auf dem Teller serviert wurde, und wir möchten einer Person ein Drittel der Pizza gönnen, während die andere Person den Rest, also zwei Drittel, erhält. Die entsprechende Frage in diesem zweidimensionalen Fall lautet dann: Wie schneidet man dazu die Pizza, um das Flächenverhältnis 2 : 1 und dabei die minimale Schnittlänge zu erhalten? Die Antwort erhält man in diesem einfachen Fall auch mit Methoden der Variationsrechnung. Die Trennkurve muss Teil eines Kreises sein, und die beiden Tangenten vom Kreis der Pizza und die Tangente vom Kreisteil des Schnittes müssen senkrecht aufeinander stehen, vgl. Abb. 10.2. Der gerade Schnitt durch die Pizza ist also nur bei der Halbierung die kürzeste. Natürlich interessiert das Ergebnis bei der Pizza niemanden, aber wenn die Problematik beim Stanzen von Blechen auftritt, dann ist eine Minimierung der Schnittlänge durchaus von Interesse. Im übrigen vermeidet diese Betrachtung alle Aspekte der Maßtheorie und die höherdimensionalen Betrachtungen und Abschätzungen aus meiner Arbeit mit E. Sperner in [5] sowie die Argumente in der daraufhin erfolgten Arbeit [14].

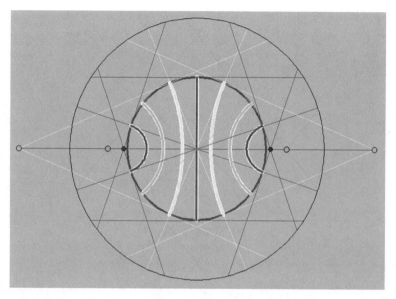

Abbildung 10.2 Mehrere Trennkurven einer blauen Kreisscheibe mit minimaler Kurvenlänge bei Vorgabe der Flächeninhalte, die sie trennen. Die Tangenten in den Randpunkten von der blauen Kreisscheibe und in denen der Trennkurven stehen jeweils senkrecht aufeinander

10.2 Vorsicht bei geometrischen Wahrscheinlichkeiten

Wir betrachten einen Kreis mit dem Radius 1 und werfen eine Gerade zufällig auf diesen Kreis, die den Kreis so trifft, dass wir eine Sehnenlänge zwischen 0 und 2 erhalten. Wir fragen nach der Wahrscheinlichkeit, dass die Sehnenlänge größer oder gleich $\sqrt{3}$ ausfällt. Dazu geben wir drei Antworten.

In Abb. 10.3 haben wir den Rand des Kreises mit dem Radius 1 grün gezeichnet. Über die zufällig geworfene schwarze Gerade, die den Kreis trifft, wollen wir nachdenken. Das schwarze gleichschenklige Dreieck hat die Kantenlänge $\sqrt{3}$, denn das blau gefüllte Dreieck ist rechtwinklig, und mit dessen horizontaler Länge $\sqrt{3}/2$ bestätigen wir (nach Pythagoras): Die Summe der Quadrate der Kathetenlängen stimmt mit dem Quadrat der Hypothenusenlänge überein, $3/4 + 1/4 = 1$.

Für die erste Antwort betrachten wir eine horizontale Gerade und schieben sie parallel durch den Kreis. Dann haben wir, bevor und nachdem der blaue Kreis vom Radius $1/2$ getroffen wird, eine Sehnenlänge von kleiner als $\sqrt{3}$, und wenn der blaue Kreis getroffen wird, dann ist die Sehnenlänge größer oder gleich $\sqrt{3}$. Genau in der Hälfte aller Fälle tritt der gesuchte Fall ein. Die gefragte Wahrscheinlichkeit ergibt sich zu $1/2$.

Für die zweite Antwort nutzen wir den rot und schwarz gezeichneten Halbkreis. Die Gerade trifft einen Randpunkt, zu dem wir den Halbkreis zeichnen. Die roten Winkelbereiche ergeben Sehnenlängen, die kleiner oder gleich $\sqrt{3}$ ausfallen, im schwarzen Winkelbereich haben wir die gewünschte Sehnenlänge größer oder gleich $\sqrt{3}$. Die gefragte Wahrscheinlichkeit ergibt sich also zu $1/3$.

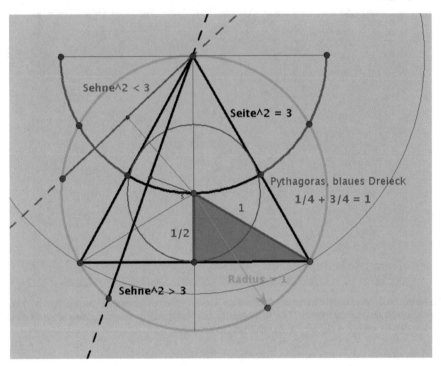

Abbildung 10.3 Die zufällig geworfene Gerade auf den Kreis mit dem Radius 1 soll den Kreis treffen. Wir versuchen, die Wahrscheinlichkeit dafür zu ermitteln, dass die entstandene Sehnenlänge größer oder gleich $\sqrt{3}$ ausfällt

Um den Widerspruch zu klären, betrachten wir einen dritten Fall. Dazu markieren wir zu jeder Lage der Geraden den Lotfußpunkt vom Mittelpunkt des Kreises auf die Gerade, so wie wir es bei der rot gezeichneten Gerade sehen. Wir stellen fest, dass ein solcher Punkt auch die Gerade bestimmt, über die wir nachdenken. Also vergleichen wir die beiden Punktmengen, die zu den Sehnenlängen gehören, über die wir nachdenken sollen. Wenn diese Punkte im blauen Kreis liegen, dann ist die Sehnenlänge größer oder gleich $\sqrt{3}$. Diese Fläche ist aber nur ein Viertel der Fläche des grünen Kreises. Die gefragte Wahrscheinlichkeit ergibt sich also zu $1/4$.

Ich habe diesen Fall immer wieder in Proseminaren im ersten Studienjahr mit Mathematikstudenten besprochen. Eine Lösung aus dem Kreis der Studenten wurde mir nie gegeben. Daraus habe ich geschlossen, dass diese Thematik bis zum Abitur offenbar nicht in der Schule erörtert wurde. Wie mag es dem Leser gehen? Ich empfinde es als hilfreich, diesen Fall dem Leser besser in Erinnerung zu lassen, bis ich später in diesem Kapitel eine Lösung dieser Problematik angebe. Jeder Leser kann eine Weile darüber nachdenken, ob er selbst eine Entscheidung treffen kann, welche der drei Lösungen wohl richtig ist. Eine Klärung dieser Frage wird es aber geben.

Leichter zu beantworten ist die Frage, welches die kleinste positive Zahl ist. Wenn es eine gäbe, könnte man sie ja halbieren ... Ist die obige Frage nach der Wahrscheinlichkeit eventuell von ähnlichem Charakter? Ist die Frage eventuell falsch gestellt?

10.3 Ein Flughafenproblem

Die folgende Frage klingt anwendungsorientierter. Wir denken uns vereinfacht die Landebahn für einen neu zu bauenden Flughafen als eine Strecke der Länge von 4 km. Wir verlangen von dem geplanten Flughafen, dass eine solche Strecke für jede denkbare Windrichtung zur Verfügung steht. Wir wollen die Fläche eines solchen Flughafens so klein wie möglich wählen. Welche Form wird das sein? Natürlich denken viele zunächst an einen Kreis. Etwas später kommt die Antwort, es könnte das Reuleaux-Dreieck sein. Die überraschende Antwort ist aber: Jede noch so kleine Fläche kann noch unterboten werden. Es gibt zu dieser Frage keine Antwort. Man benötigt zum Verständnis dieser Thematik nur Schulmathematik, aber ein Seminarvortrag dazu benötigt sicher eine gute Stunde, und nicht jeder Hörer kann den Erklärungen leicht folgen. Wer mehr dazu lesen möchte, kann das im Buch von Meschkowski [11] tun.

10.4 Cauchys Formel zur Oberflächenberechnung

In dem Buch *Vorlesungen über Inhalt, Oberfläche und Isoperimetrie* von H. Hadwiger (1975), [9] lesen wir: *Ein konvexer Körper (Eikörper) ist eine beschränkte, abgeschlossene und konvexe Punktmenge.*

Ein Mitarbeiter der Deutschen Presseagentur (dpa) hatte vor Jahren in der Zeit vor Ostern die Idee, sich beim Präsidialamt der Technischen Universität Darmstadt zu erkundigen, wer wohl von den Wissenschaftlern etwas Kompetentes zu Ostereiern sagen könnte. Es ist heute schwer zu klären, warum er an das Dekanat des Fachbereichs Mathematik verwiesen wurde. Warum ich dann vom Dekanat mit der Aufgabe betraut wurde, mich mit dem Herrn zu unterhalten, lag wohl daran, dass ich als Konvexgeometer bekannt war und ein Osterei jedenfalls auch ein konvexer Körper ist oder, in der Sprache von Hugo Hadwiger, sogar ein Eikörper. Der bedeutende Schweizer Konvexgeometer Hugo Hadwiger hatte als wichtiger Vertreter dieser speziellen Zunft der Mathematiker, zwei Bücher über Konvexgeometrie geschrieben. Die Minkowski'schen Quermaßintegrale, darunter verbergen sich Begriffe wie Volumen und Oberfläche, waren mit ihren Eigenschaften von ihm hervorragend dargestellt worden. Ich hatte selbst mit Hadwiger eine Arbeit darüber geschrieben [6], und hatte damit die Prägung der mathematischen Sprache von ihm in diesem Teil der Mathematik aufgenommen. Die deutsche Sprache war im Jahr 1975 noch Wissenschaftssprache, und in seinem Buch sprach er die konvexen Körper als *Eikörper* an. Ich hatte meinen Kollegen, der die Optimierung an unserem Fachbereich vertrat, zu dem Gespräch mit dem Herrn von der Presseagentur hinzugebeten und dem Pressevertreter eine Formel von Cauchy aus der Integralgeometrie erklärt, die es erlaubt, die Oberfläche von einem

Ei durch den Mittelwert aller Schatteninhalte zu ermitteln, die durch Parallelprojektionen vom Ei auf zur Projektionsrichtung senkrechte Ebenen entstehen. Mein Kollege erklärte ihm, dass er in der Lage wäre, den Weg des Osterhasen zu allen kinderreichen Familien in Darmstadt so zu bestimmen, dass seine Weglänge insgesamt minimal ausfallen würde. Es war die Travelling-Salesman-Problematik angewandt auf den Osterhasen-Lieferweg für Darmstadt.

Es kam daraufhin zu einem dpa-Artikel über die angesprochenen Thematiken. Ich erinnere mich, dass ich am nächsten Tag einen Anruf meiner Frau bekam. Ich solle dem Hessischen Fernsehen den Versuchsaufbau zur Bestimmung der Eioberfläche noch am selben Tag zeigen. Sie würden mit einem Kamerateam in die Uni kommen, um dies zu filmen. Ich bin selten so schnell zur Uni geeilt, habe auf dem Weg zur Uni im Kaufhaus eine große Papp-Ei-Attrappe aus dem Schaufenster leihweise erbeten und die Sekretärin in der Uni angerufen, sie möchte mir doch eine Tischlampe in mein Arbeitszimmer stellen. In der Uni habe ich dann die Integralformel von Cauchy [7] an meine Tafel geschrieben, die Jahreszahl von 1850 stand darunter, und danach kam das Kamerateam vom Hessischen Fernsehen und filmte die Schattenprojektionen vom Ei auf die jeweiligen Projektionsflächen. Noch am selben Tag konnte ich mich im Hessischen Fernsehen als Eiexperte sehen in Verbindung mit einer Firma, die offensichtlich am Fließband Eier färbt. Meine Erfahrung mit den Medien hat mir aber auch gezeigt, dass ein ernsthafter Beitrag in den Medien über Mathematik möglich ist. Im Internet fand ich die Formulierung: *Der Satz von Cauchy ist ein Resultat der Integralgeometrie, das auf den französischen Mathematiker Augustin-Louis Cauchy zurückgeht und besagt, dass für jeden konvexen Körper der gemittelte Flächeninhalt seiner Parallelprojektionen in die Ebene stets ein Viertel seiner Oberfläche beträgt.*

10.5 Das Ei als Stehaufmännchen

Wir haben bisher fast durchweg Fragen behandelt, die durch Forschungsarbeiten gelöst wurden bzw. noch offen sind und auf eine Bearbeitung warten. Die folgende Frage klingt vielleicht für einen Abiturienten als unangreifbar, aber von einem Ingenieur ist zu erwarten, dass er mit seinen Mathematikkenntnissen die folgende Frage bearbeiten kann, wenngleich es auch für ihn nicht einfach sein mag. Da das Ei gerade zur Berechnung seiner Oberfläche behandelt wurde, erfolgt hier als Einschub eine Frage, die für einen Ingenieur jedenfalls gut verstehbar sein sollte. Für eine Klausur für Studenten des Maschinenbaus und des Bauingenieurwesens versuchte ich, an der Ruhr-Universität in Bochum eine anwendungsorientierte Aufgabe zu formulieren. Dazu denken wir uns ein Ei, und zur Vereinfachung der Problematik soll das Ei die Form eines Ellipsoids haben. Dann haben wir einen einfacheren Rotationskörper, und die Guldin'schen Regeln aus der Analysis sind einfacher anzuwenden. Wir wollen sie aber hier nicht erklären. Wir können damit jedoch die Oberfläche des Ellipsoids bestimmen und wieder vereinfacht annehmen, dass das Volumen der Eierschale durch die Oberfläche des Eies und deren Dicke bestimmt werden kann. Durch die Vorgabe des spezifischen Gewichts der Eierschale gewinnen wir also deren Gewicht, und der Schwerpunkt der Eierschale liegt im Mittelpunkt des Ellipsoids. Wir denken uns das Ei ausgepustet durch zwei kleine Löcher oben und unten, die wir bei Bedarf wieder verschließen können. Das obere Loch nutzen wir, um warmes Wachs in das Ei einzufüllen. Das untere Loch bleibt dabei verschlossen. Während das Wachs erkaltet und fest wird, soll das Ei in der Einfüllstellung gehalten werden. Jetzt gilt es, die Höhe des Schwerpunkts des mit Wachs gefüllten Eies zu bestimmen und das Gewicht des Wachses in Abhängigkeit von der Höhe zu ermitteln. Andererseits ist die Krümmung des Eies am tiefsten Punkt von Bedeutung. Durch diese Krümmung kann man das Ei in seinem Rollverhalten mit einer Kugel vergleichen, die diese Krümmung aufweist. Wenn nun der Gesamtschwerpunkt der Eierschale mit dem Wachs unterhalb des Mittelpunktes der durch die Krümmung bestimmten Kugel liegt, dann haben wir ein Stehaufmännchen. Das Ei stellt sich so auf, wie es bei der Befüllung mit Wachs stand. Die Frage lautete: *Bei welcher Wachsmenge haben wir den tiefsten Gesamtschwerpunkt und damit das beste Stehaufmännchen?* Es ist klar, dass das Ei ohne Wachs umfällt und das voll mit Wachs gefüllte Ei ebenfalls. Aber es gibt eine optimale Füllhöhe für das Stehaufmännchen, die zu bestimmen war. Nochmal: Mit den Analysiskenntnissen eines Maschinenbauingeniers oder eines Bauingenieurs, ist diese Aufgabe gut zu lösen.

Mir wurde zur nächsten Vorlesung von den Studenten ein ausgepustetes Ei mit Wachs gefüllt auf den Overheadprojektor gelegt. Woran die Studenten nicht gedacht hatten? . . . Jeder Overheadprojektor hatte damals einen *Heizofen* in Form einer Glühbirne.

10.6 Kollision zweier Würfel

Wir stellen uns vor, dass ein Würfel in zufälliger Weise auf einen zweiten gleichgroßen Würfel geworfen wird, wie es Abb. 10.4 zeigt. Es ist dann klar, dass es höchst unwahrscheinlich ist, dass eine Ecke des einen Würfels auf eine Ecke des anderen Würfels trifft oder eine Seitenfläche des einen Würfels genau auf die Seitenfläche des anderen Würfels. Aber trifft dann eher eine Kante des einen Würfels auf eine Kante des anderen, oder trifft eher eine Ecke des einen Würfels eine Seitenfläche des anderen? Diese Frage hatte W. J. Firey gestellt, und von P. McMullen wurde die Frage in weit allgemeinerer Fassung gelöst [10].

Nach der Problematik der Wahrscheinlichkeitsaussage von Geraden, die zufällig auf Kreise fallen, und dem Hinweis, es sei Vorsicht geboten, soll hier zunächst eine Klärung der aufgeworfenen Frage erfolgen. Bei der Schilderung der Problematik handelt es sich um das Bertrand'sche Pardoxon, [?]. Die Frage nach der Wahrscheinlichkeit war nicht genau genug gestellt. Man muss den sogenannten Wahrscheinlichkeitsraum genau angeben, der für die Fragestellung benutzt werden soll, andernfalls sind viele Antworten möglich. Das Maß zur Bestimmung der Geradenmengen muss erklärt werden. Eine vernünftige Forderung an ein solches Maß ist die Bewegungsinvarianz. Wenn dieses Maß verwendet wird, dann ist auch die entsprechende Frage bei der Kollision zweier Würfel eindeutig beantwortbar. Im Fall der zufällig geworfenen Geraden ist die dritte Version die, die das bewegungsinvariante Maß verwendet. Im Internet findet man unter

https://de.wikipedia.org/wiki/Bertrand-Paradoxon

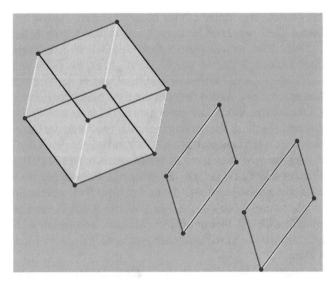

Abbildung 10.4 Zwei Würfel im Raum treffen nach einem Wurf zufällig aufeinander. Wird eher eine Kante eine Kante treffen oder trifft häufiger eine Ecke des einen Würfels auf eine Seite des anderen?

eine schöne Darstellung der Problematik, die die unterschiedlichen Geradenverteilungen beschreibt.

An vielen Stellen in vorherigen Kapiteln hätte man die Minkowski-Summe zweier Mengen gut erklären können. Um aber neue Konzepte gering zu halten, wurde darauf verzichtet. Die Argumentation bei dieser Lösung von McMullen hat aber entscheidend auch die Minkowski-Summe der beiden Würfel mit eingesetzt. Deshalb soll hier doch die Minkowski-Summe der beiden Würfel noch durch Abb. 10.5 beschrieben werden. Wenn man einen Würfel festhält und den anderen Würfel nur durch Translationen (also nicht durch Drehungen) in die Lage überführt, bei der eine feste Ecke des zweiten Würfels alle acht Positionen der Ecken des ersten Würfels einnimmt und man danach die konvexe Hülle dieser acht Würfel bildet, dann hat man die Minkowski-Summe dieser beiden Würfel gebildet. Abb. 10.5 zeigt den ersten festen Würfel in Rosa und einige der acht anderen Würfel werden durch einige Seiten markiert. Das Bild kann man auch als die Projektion eines sechsdimensionalen Würfels interpretieren. Die sechs Kantenrichtungen des sechsdimensionalen Würfels entsprechen den sechs Kantenfarben Lila, Blau und Grün des Ausgangswürfels und Rot, Gelb und Schwarz des zweiten Würfels.

10.7 Die Oberfläche der Lunge

Im Springer-Kalender des Jahres 1979 fand ich ein eindrucksvolles Bild. Es war die Aufnahme eines mikroskopischen Ausschnitts der menschlichen Lunge. Durch das Anbringen von zufällig geworfenen Nadeln konnte man die Schnittanzahlen dieser Nadeln mit

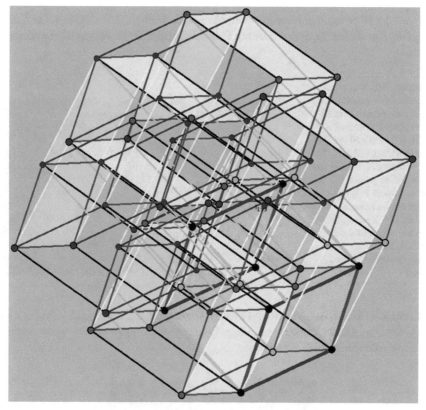

Abbildung 10.5 Zwei Würfel im Raum treffen nach einem Wurf zufällig aufeinander. Wird eher eine Kante eine Kante treffen oder trifft häufiger eine Ecke des einen Würfels auf eine Seite des anderen?

den Rändern der Lungenbläschen zählen. Durch Methoden der Integralgeometrie erhält man dadurch dreidimensionale Informationen: Man gewinnt eine Schätzung für die Lungenoberfläche. Die Dichteinformationen, die man längs der Strahlen in Medien gewinnt, werden umgerechnet in räumliche Dichteinformationen. Denkt der Patient bei diesen Verfahren an die zugrunde liegende Mathematik?

10.8 Ungleichungen zwischen Minkowski'schen Quermaßintegralen

Spätestens wenn Mathematiker eine Vorlesung über Maßtheorie gehört haben, wissen sie, dass man nicht für alle Mengen im gewöhnlichen Raum von einem Volumen oder einer Oberfläche sprechen kann. Wir gehen darauf nicht näher ein und denken z.B. nur an konvexe Mengen mit ihrem Volumen oder ihrer Oberfläche, denn bei konvexen Mengen tritt diese Problematik nicht auf. Volumen und Oberfläche sind zwei wichtige Funktionale in

einer von der Dimension abhängigen endlichen Serie weiterer Minkowski'scher Quermaßintegrale, die wir hier über den äußeren Parallelkörper einer konvexen Menge definieren
wollen.

Abbildung 10.6 Das zweidimensionale Volumen (die
Fläche) des äußeren Parallelkörpers eines konvexen Polygons im Abstand r ist ein Polynom in der Variablen r. Die
gesamte Fläche A_r besteht aus
der konstanten grünen Fläche
A des konvexen Polygons,
plus der roten Fläche, die sich
zu r x U, U = Umfang des
Polygons, ergibt, und dem
r^2-Fachen der Fläche π eines
Kreises mit dem Radius 1,
$A_r = A + r \times U + r^2 \times \pi$

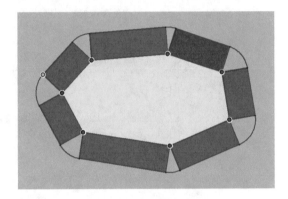

In der Cinderella-Datei *Aeusserer-Parallel-Koerper.cdy* kann man den Wert für r durch
Verschieben des grünen Punktes verändern. Solange das Polygon konvex bleibt, kann man
auch seine roten Eckpunkte verschieben.

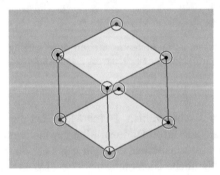

Abbildung 10.7 Die konvexe Hülle der Kugeln vom Radius r in allen Eckpunkten eines konvexen Polyeders (hier ist der Fall eines Würfels skizziert) bezeichnen wir als seinen äußeren Parallelkörper. Sein
Volumen ist ein Polynom in der Variablen r. In der Dimension 3 kommt im Vergleich zum ebenen Fall ein
weiterer Koeffizient hinzu

Wir übertragen jetzt dieses Konzept auf unseren Raum. Als erstes Beispiel betrachten wir einen Würfel. In jeden Eckpunkt setzen wir eine Kugel vom Radius r und bilden
die konvexe Hülle aller acht Kugeln. Diesen Körper bezeichnen wir dann als den äußeren Parallelkörper des Würfels im Abstand r. Wir berechnen sein Volumen, V_r. Es besteht
zunächst aus dem Volumen des Würfels V, dann aus der Summe aller Volumina von Qua-
dern, die parallel zu den Seiten des Würfels entstanden sind. Dieses Volumen ist r x O,

wenn O die Oberfläche des Würfels ist. In jeder Ecke des Würfels befindet sich ein Achtel eines Kugelausschnitts mit dem Radius r. Insgesamt haben wir dadurch das Volumen einer Kugel mit dem Radius r, also $(4 \times \pi \times r^3)/3$. Es bleiben noch Volumina entlang der Kanten, die quadratisch vom Radius abhängen: $V_r = V + r \times O + r^2 \times (?) + r^3 \times (4 \times \pi)/3$. Das Fragezeichen steht bis auf einen Proportionalitätsfaktor für das Integral der mittleren Krümmung eines konvexen Körpers.

Wir können dieses Polynom auch in höheren Dimensionen bilden. Die Koeffizienten (bis auf Proportionalitätsfaktoren) in dem Polynom vom Volumen des äußeren Parallelkörpers eines konvexen Körpers in der Dimension n, also Volumen, Oberfläche, Integral der mittleren Krümmung usw., werden seit Minkowski als die Minkowski'schen Quermaßintegrale bezeichnet.

Wenn wir also geometrische Körper betrachten, bei denen man von einem Volumen und einer Oberfläche sprechen kann, wie klein kann dann die Oberfläche werden, wenn das Volumen bekannt ist? Die Antwort ist als isoperimetrische Ungleichung bekannt und gilt in allen Dimensionen und besagt, dass wir die Kugel als die Extremsituation für diesen Fall kennen. Es gibt aber eine Vielzahl weiterer ungelöster Fragen in diesem Zusammenhang, erst recht, wenn wir weitere geometrische Größen wie z.B. den Durchmesser eines konvexen Körpers, den Umkugelradius eines konvexen Körpers, dessen größte Breite oder andere Minkowski'sche Quermaßintegrale miteinbeziehen.

Eine interessante Ungleichung, [4], die den Umkugelradius R und drei Minkowski'sche Quermaßintegrale W_i, W_j, W_k einbezieht, lautet z.B.

$$c_{i,j,k}R^i W_i + c_{jki}R^j W_j + c_{kij}R^k W_k \geq 0.$$

Dabei steht W_i für ein in der Literatur angegebenes i-tes Minkowski'sches Quermaßintegral und die Koeffizienten bedeuten $c_{rmn} := (n-m)(r+1)$. Dabei gingen Methoden aus der Differentialgeometrie ein, die hier darzustellen, den Rahmen sicher sprengen würden. Eine Fülle von historischen Beispielen solcher geometrischer Ungleichungen findet sich in den Büchern von Hadwiger [9], und Schneider [15].

Literatur

1. Bertrandsches Paradoxon. In: Guido Walz (Hrsg.): Lexikon der Mathematik. 1. Auflage. Spektrum Akademischer Verlag, Mannheim/Heidelberg (2000)
2. Blaschke, W.: Vorlesungen über Integralgeometrie, 2 Bände 1935, 1937, 3. Auflage VEB Deutscher Verlag der Wissenschaften (1955)
3. Bokowski, J.: Schranken für Trennflächeninhalte in konvexen Körpern. Habilitationsschrift, Abteilung für Mathematik, Ruhr-Universität Bochum (1979)
4. Bokowski, J., Heil, E.: Integral representations of quermassintegrals and Bonnesen-Style inequalities. Arch. Math. 47, 79-89 (1986)
5. Bokowski, J., Sperner, E.: Zerlegung konvexer Körper durch minimale Trennflächen. J. Reine Angew. Math. 311/312, 80-100 (1979)
6. Bokowski, J., Hadwiger, H., Wills, J.M.: Eine Erweiterung der Croftonschen Formeln für konvexe Körper. Mathematika (1976) doi: 10.1112/S0025579300008810
7. Cauchy, A.-L.: Memoire sur la rectification des courbes et la quadrature der surfaces courbes. Mm. Acad. Sci., Band 22 (3) (1850)

8. Collatz, L., Wetterling, W.: Optimierungsaufgaben. Berlin, Heidelberg, New York (1971)
9. Hadwiger, H.: Vorlesungen über Inhalt, Oberfläche und Isoperimetrie. Springer Berlin, Göttingen, Heidelberg. Die Grundlehren der Mathematischen Wissenschaften 93 (1975)
10. McMullen, P.: A dice probability problem. Mathematika, Volume 21, Issue , pp. 193-198 (1974) Published online by Cambridge University Press (2010) doi:10.1112/S0025579300008573
11. Meschkowski, H.: Ungelöste und unlösbare Probleme der Geometrie. Vieweg, Braunschweig, 168 S. (1960) doi: 10.1007/978-3-322-98556-9
12. Santaló, L. A.: Introduction to Integral Geometry, Hermann, Paris (1953)
13. Santaló, L. A.: Integral geometry and geometric probability, Addison Wesley 1976, Cambridge UP (2004)
14. Santaló, L. A.: An inequality between the parts into which a convex body is divided by a plane section. Rendiconti del Circolo Matematico di Palermo, Volume 32, Issue 1, pp 124-130 (1983)
15. Schneider, R.: Convex bodies: the Brunn-Minkowski theory, Cambridge UP, (1993), 2. Auflage (2014)
16. Schneider, R., Wolfgang Weil: Integralgeometrie, Teubner (1992)

Index

© Springer-Verlag GmbH Deutschland, ein Teil von Springer Nature 2020
J. Bokowski, *Schöne Fragen aus der Geometrie*,
https://doi.org/10.1007/978-3-662-61825-7